Ingenieurwissenschaftliche Bibliothek
Engineering Science Library

Herausgeber/Editors: István Szabó, Wolfgang Zander, Berlin

Peter C. Müller

Stabilität und Matrizen

Matrizenverfahren in der Stabilitätstheorie
linearer dynamischer Systeme

Springer-Verlag Berlin Heidelberg GmbH 1977

Dr. rer. nat. Dipl.-Math. PETER CHRISTIAN MÜLLER
Privatdozent und Wissenschaftlicher Rat am Lehrstuhl B für Mechanik
der Technischen Universität München

Mit 18 Abbildungen

ISBN 978-3-540-07981-1   ISBN 978-3-662-13030-8 (eBook)
DOI 10.1007/978-3-662-13030-8

Library of Congress Cataloging in Publication Data Müller, Peter Christian, 1940 – Stabilität und Matrizen. (Ingenieurwissenschaftliche Bibliothek) Bibliography: p. Includes index. 1. Differential equations, Linear. 2. Stability. 3. Matrices.
I. Title. QA372.M883   515'.35   77–1797

2060/3020 - 5 4 3 2 1 0

Vorwort

Stabilität und Matrizen - dieser Titel des Buches soll die enge Verbindung zwischen dem Problem der Stabilität bei Systemen von linearen gewöhnlichen Differentialgleichungen und der Matrizenalgebra zum Ausdruck bringen. Die Zusammenhänge zwischen der Stabilität eines linearen dynamischen Systems und den Eigenwerten der Systemmatrix stellen ein interessantes Forschungs- und Anwendungsgebiet für Mathematiker und Ingenieure dar. Im Mittelpunkt der Untersuchungen steht dabei die Ljapunovsche Matrizengleichung, die sich ergibt, wenn eine quadratische Form als Ljapunov-Funktion für ein System linearer Differentialgleichungen herangezogen wird. Die Eigenschaften ihrer Lösungen kennzeichnen die Eigenwertverteilung der Systemmatrix und damit das Stabilitätsverhalten des dynamischen Systems. Ergebnisse der Matrizenalgebra und neuerdings auch der linearen Regelungstheorie führen zu notwendigen und hinreichenden Aussagen über asymptotische Stabilität, Grenzstabilität und Instabilität linearer Systeme. Als Nebenprodukt wird das Hurwitz-Kriterium algebraisch ohne funktionentheoretische Hilfsmittel bewiesen.

Besondere Bedeutung finden die aufgestellten Kriterien in der Mechanik. Die Matrizenverfahren lassen den Einfluß der Dämpfungskräfte, der gyroskopischen Kräfte, der konservativen Fesselungskräfte und der zirkulatorischen Kräfte auf das Stabilitätsverhalten linearer mechanischer Systeme hervorragend erkennen. Die klassische Vorgehensweise, Energieausdrücke zur Beurteilung der Stabilität mechanischer Schwingungssysteme heranzuziehen, wird durch die Methoden der Matrizenalgebra und der Regelungstheorie erneut gerechtfertigt und sogar erweitert. So findet z.B. der Stabilitätssatz von Thomson und Tait in seiner verbesserten Form neue Anwendungsmöglichkeiten. Allgemein läßt sich damit das qualitative Verhalten komplizierter mechanischer Systeme meist noch übersichtlich beschreiben.

Das Buch ist aus einer Schrift über "Matrizenverfahren in der Stabilitätstheorie linearer dynamischer Systeme" entstanden, die 1974 zur Habilitation an der Technischen Universität München für das Fachgebiet "Mechanik" führte. Für die Anregung zu dieser Arbeit und die wohlwollende Förderung danke ich herzlich Herrn Professor Dr. K. Magnus. Vorlesungstätigkeit, Vorträge und weitere Forschungen ergaben die vorliegende überarbeitete Fassung, die dankenswerterweise vom Herausgeber dieser Reihe, Herrn Professor Dr. I. Szabó, in der Ingenieurwissenschaftlichen Bibliothek aufgenommen wurde. Für das sorgfältige Schreiben danke ich Frau U. Appold. Und schließlich gilt mein Dank noch den Mitarbeitern des Springer-Verlags für die geduldige und gute Zusammenarbeit.

München, August 1977   Peter C. Müller

Inhaltsverzeichnis

1. Einleitung und Überblick

1.1. Einleitung

Das Stabilitätsverhalten von dynamischen Systemen wurde in der analytischen Mechanik schon frühzeitig mit Hilfe von Energieausdrücken
untersucht. Kennzeichnend hierfür ist der Stabilitätssatz von Lagrange und Dirichlet, der besagt, daß ein konservatives System mit
endlich vielen Freiheitsgraden eine stabile Gleichgewichtslage aufweist, wenn die potentielle Energie in dieser Gleichgewichtslage ein
isoliertes Minimum besitzt. Solche Stabilitätssätze sind in ihrer
physikalischen Interpretation sehr anschaulich und lassen sehr gut
den Einfluß verschiedener Kräftearten auf die Stabilität von Bewegungen mechanischer Systeme erkennen. Diese Betrachtungen sind insbesondere für lineare Systeme erfolgreich weiterentwickelt worden.
Klassische Ergebnisse sind hier die beiden Sätze von Thomson und Tait
[138], die aussagen, daß ein konservatives, statisch instabiles, mechanisches System nur dann durch Hinzufügen von Kreiselkräften stabilisiert werden kann, wenn die Anzahl der instabilen Freiheitsgrade
gerade ist, daß aber beim Vorhandensein vollständig dissipativer
Dämpfungskräfte diese gyroskopische Stabilisierung nicht möglich ist
und das Stabilitätsverhalten dann allein durch die konservativen Lagekräfte entschieden wird. Im Laufe der letzten zwei Jahrzehnte ist
auch der Einfluß nichtkonservativer (zirkulatorischer) Lagekräfte er-
kannt und untersucht worden, so daß heute zahlreiche Stabilitätssätze dieser Art zur Verfügung stehen, die es erlauben, das qualitative
Verhalten komplizierter Systeme schnell zu überblicken. Frühere zusammenfassende Darstellungen finden sich bei Merkin [79], Ziegler
[156] und insbesondere bei Magnus [74].

Parallel zu den Energie-Betrachtungen für mechanische dynamische Sy-

steme entwickelte sich eine Stabilitätstheorie für allgemeine dynamische Systeme. Für lineare, zeitinvariante Systeme wurden die algebraischen Stabilitätskriterien von Hermite [42], Routh [121] und
Hurwitz [46] angegeben, die sich auch geometrisch gemäß den Kriterien von Michailov [83], Leonhard [67] und Cremer [20] interpretieren lassen. Für nichtlineare Systeme wurde die Stabilitätstheorie
von Ljapunov [69] zur grundlegenden Methode zur Analyse des Bewe-
gungsverhaltens. Diese Theorie ist eine Verallgemeinerung der Energiebetrachtungen bei mechanischen dynamischen Systemen und kann heute gerade als deren nachträgliche mathematische Grundlage aufgefaßt
werden. Insbesondere können für lineare, zeitinvariante mechanische
Systeme die Ergebnisse der Energiebetrachtungen mit Hilfe der Ljapunovschen Stabilitätstheorie nicht nur bewiesen, sondern zusätzlich
neue Resultate gefunden werden, die über die früheren Stabilitätssätze der Mechanik hinausgehen. So ist der Satz von Thomson und Tait
für durchdringende (statt vollständiger) Dämpfungskräfte verallgemeinert worden.

Für die Anwendung der Energie-Stabilitätsbetrachtungen und der Ljapunovschen Stabilitätstheorie auf lineare, zeitinvariante Systeme
erweist sich die Matrizenalgebra als wesentliches Hilfsmittel. Im
Mittelpunkt dieser Überlegungen steht dabei die sogenannte Ljapunovsche Matrizengleichung. Die Eigenschaften ihrer Lösungen charakterisieren die Eigenwertverteilung des dynamischen Systems, so daß auf
dessen Stabilitätsverhalten eindeutig geschlossen werden kann. Diese
Zusammenhänge zwischen Ljapunov-Gleichung und Systemeigenwerten wurden in der Matrizenalgebra intensiv untersucht und fanden ihren Niederschlag in Arbeiten z.B. von Ostrowski und Schneider [107], Carlson
und Schneider [12], Snyders und Zakai [134], Wimmer [150] und Müller
[98]. Die drei letztgenannten Arbeiten berücksichtigen dabei die
Struktureigenschaften der Steuerbarkeit und der Beobachtbarkeit linearer dynamischer Systeme, die von Kalman [47,50] zur Lösung von rege-
lungstheoretischen Problemen aufgedeckt wurden, aber auch für die
Stabilitätsanalyse wichtig sind.

Im vorliegenden Buch wird mit Hilfe der Ljapunovschen Matrizengleichung und der Steuer- und Beobachtbarkeitskriterien der grundsätzliche Aufbau der Stabilitätssätze für lineare, zeitinvariante Systeme,
dabei insbesondere für mechanische Systeme, beschrieben. Hierbei wird
ein zusammenfassender Überblick über die Matrizenverfahren in der Sta-

bilitätstheorie linearer dynamischer Systeme gegeben. Im Kapitel 2
sind alle benötigten Eigenschaften von endlich-dimensionalen, linearen, dynamischen Systemen zusammengestellt. Neben der Beschreibung
linearer allgemeiner Systeme und der Klärung der Begriffe der Steuerbarkeit und der Beobachtbarkeit steht hierbei die Charakterisierung der Bewegungsgleichungen linearer, zeitinvarianter, gewöhnlicher mechanischer Systeme im Vordergrund. Die Betrachtungen werden
durch Beispiele erläutert. Im 3. Kapitel wird das Stabilitätsproblem umrissen. Es werden verschiedene Stabilitätsdefinitionen und
die Ljapunovsche Stabilitätstheorie aufgeführt. Letztere ergibt für
lineare Systeme den Zugang zur Ljapunovschen Matrizengleichung, die
im 4. Kapitel ausführlich diskutiert wird. Nachdem auf zahlreiche
Anwendungsgebiete für diese Gleichung eingegangen wurde, wird ihre
Lösung analytisch und numerisch ermittelt. Deren Eigenschaften werden im Abschnitt 4.4 über Trägheitsaussagen vom Standpunkt der Matrizenalgebra aus in Verbindung gesetzt mit den Eigenwerten des dynamischen Systems. Diese Ergebnisse führen direkt zur Lösung des
Stabilitätsproblems. Im Kapitel 5 werden notwendige und hinreichende Stabilitäts- und Instabilitätssätze für lineare, zeitinvariante,
allgemeine Systeme formuliert und deren Zusammenhang mit den bekannten algebraischen und geometrischen Stabilitätskriterien aufgezeigt. Eine Erweiterung der Stabilitätssätze für zeitvariante Systeme wird ebenfalls behandelt. Das Kapitel 6 umfaßt die Stabilitätsbetrachtungen für lineare, zeitinvariante, mechanische Systeme.
Hierbei werden Stabilitätssätze bewiesen, die den Einfluß der verschiedenen Kräftearten auf das Bewegungsverhalten mechanischer Systeme kennzeichnen. Die Ergebnisse werden an Beispielen verdeutlicht. Die wesentlichsten Stabilitätsaussagen für lineare, zeitinvariante, dynamische Systeme sind zusammen mit Hinweisen auf die
zugeordneten Kapitel im folgenden Überblick zusammengefaßt.

1.2. Überblick

Die Matrizenverfahren in der Stabilitätstheorie linearer dynamischer Systeme

$$\underline{\dot{x}}(t) = \underline{A}\,\underline{x}(t) \ , \ \underline{x}(0) = \underline{x}_0 \qquad (1.1)$$

beruhen auf der Charakterisierung der Eigenwerte der Matrix $\underline{A}$
durch die Eigenwerte der symmetrischen Lösungsmatrix $\underline{P} = \underline{P}'$ der
Ljapunovschen Matrizengleichung

$$\underline{A}' \, \underline{P} + \underline{P} \, \underline{A} = - \, \underline{Q} \ . \tag{1.2}$$

Hierbei ist $\underline{Q} = \underline{Q}' \geq \underline{0}$ eine gegebene symmetrische, positiv semidefinite Matrix[1]. Entsprechend den allgemeinen Ausführungen in Kapi-
tel 4 über die Ljapunov-Gleichung (1.2) und den in Kapitel 5 aufgeführten Kriterien für das in Kapitel 3 formulierte Stabilitätsproblem lassen sich mit Hilfe der Beobachtbarkeitsmatrix (Abschnitt
2.2)

$$\underline{Q}_B = [\ \underline{Q} \quad \underline{A}'\underline{Q} \ \dots \ \underline{A}'^{n-1}\underline{Q} \ ] \quad (n = \dim \underline{x}) \tag{1.3}$$

die notwendigen und hinreichenden Stabilitäts- und Instabilitätssätze gemäß Tabelle 1.1 angeben. Diese Stabilitätskriterien erlauben es
auch, die bekannten Routh-Hurwitz-Kriterien ohne funktionen- oder
gleichungstheoretische Methoden herzuleiten (Abschnitt 5.2). Eine
Verallgemeinerung der in Tabelle 1.1 wiedergegebenen Kriterien auf
zeitvariante Systeme $\underline{\dot{x}}(t) = \underline{A}(t)\underline{x}(t)$ ist in Abschnitt 5.3 vorgenommen.

Lineare mechanische Systeme

$$\underline{M} \, \underline{\ddot{z}}(t) + (\underline{D} + \underline{G}) \, \underline{\dot{z}}(t) + (\underline{K} + \underline{N}) \, \underline{z}(t) = \underline{0} \tag{1.4}$$

mit einem f-dimensionalen Vektor $\underline{z}$ der verallgemeinerten Koordina-
ten und entsprechenden Matrizen $\underline{M} = \underline{M}' > \underline{0}$, $\underline{D} = \underline{D}'$, $\underline{G} = - \, \underline{G}'$,
$\underline{K} = \underline{K}'$ und $\underline{N} = - \, \underline{N}'$, die sich als Massen-, Dämpfungs-, gyroskopi-
sche, konservative und nichtkonservative Fesselungsmatrizen deuten
lassen, können mittels des Zustandsvektors

$$\underline{x} = \begin{bmatrix} \underline{z} \\ \\ \underline{\dot{z}} \end{bmatrix}$$

---

[1] Spaltenvektoren werden durch kleine, unterstrichene Buchstaben, z.B.
$\underline{x}$, Zeilenvektoren durch transponierte Spaltenvektoren, z.B. $\underline{x}'$,
und Matrizen durch große, unterstrichene Buchstaben, z.B. $\underline{A}$, gekennzeichnet.

Tabelle 1.1. Stabilitäts- und Instabilitätsbedingungen[2] für lineare,
zeitinvariante Systeme (1.1).

$$\dot{\underline{x}} = \underline{A}\,\underline{x} \ , \quad \underline{A}'\underline{P} + \underline{P}\,\underline{A} = -\,\underline{Q} \ , \quad \underline{Q}_B = [\ \underline{Q}\ \ \underline{A}'\underline{Q}\ \cdots\ \underline{A}'^{\,n-1}\underline{Q}\ ]$$

Stabilität		Instabilität
Asympt.Stabilität (Satz 5.1)	Grenzstabilität (Satz 5.2)	(Satz 5.3)
$\underline{Q} \geq \underline{O}$ $\underline{P} > \underline{O}$ $\mathrm{Rg}\ \underline{Q}_B = n$	$\underline{Q} \geq \underline{O}$ $\underline{P} > \underline{O}$ $\mathrm{Rg}\ \underline{Q}_B < n$	$\underline{Q} \geq \underline{O}$ $\underline{x}_0'\,\underline{P}\,\underline{x}_0 < 0$ $\underline{x}_0 = \underline{Q}_B\,\underline{q}$

ebenfalls in der Form (1.1) dargestellt werden:

$$\dot{\underline{x}}(t) = \begin{bmatrix} \underline{O} & \underline{E}_f \\[2ex] -\underline{M}^{-1}(\underline{K}+\underline{N}) & -\underline{M}^{-1}(\underline{D}+\underline{G}) \end{bmatrix} \underline{x}(t), \quad \underline{x}(O) = \begin{bmatrix} \underline{z}_0 \\[2ex] \dot{\underline{z}}_0 \end{bmatrix} . \tag{1.5}$$

Damit lassen sich die Stabilitätskriterien der Tabelle 1.1 auf mechanische Systeme (1.4) übertragen. Gemäß der Charakterisierung der
Bewegungsgleichungen linearer, zeitinvarianter, gewöhnlicher mecha-
nischer Systeme in Abschnitt 2.3 werden in Kapitel 6 Stabilitäts-
und Instabilitätssätze bewiesen, die den Einfluß der einzelnen Kräf-
tearten - Dämpfungs-, Kreisel-, konservative und nichtkonservative
Lagekräfte - erkennen lassen. Die wesentlichsten Ergebnisse sind in
Tabelle 1.2 zusammengefaßt. Von großer Bedeutung sind hierbei die
Sätze für konservative M-K- und M-G-K-Systeme sowie für dissipative
M-D-K- und M-D-G-K-Systeme, da sie weitgehend alle diesbezüglich in

---

[2] Die Schreibweise $\underline{Q} \geq \underline{O}$ und $\underline{P} > \underline{O}$ bedeutet, daß $\underline{Q}$ eine positiv
semidefinite und $\underline{P}$ eine positiv definite Matrix darstellen.

Tabelle 1.2. Stabilitäts- und Instabilitätsbedingungen für lineare, mechanische Systeme (1.4).

System	Satz	Asympt. stabilität	Grenz-stabilität	In-stabilität
$\underline{M}\,\ddot{\underline{z}} + \underline{K}\,\underline{z} = \underline{O}$	6.5	—	$\underline{K} > \underline{O}$	$\underline{K} \ngtr \underline{O}$
$\underline{M}\,\ddot{\underline{z}} + \underline{G}\,\dot{\underline{z}} + \underline{K}\,\underline{z} = \underline{O}$	Folg. 6.1	—	$\underline{K} > \underline{O}$ $\underline{K} = \underline{O},\ \det \underline{G} \neq O$	—
	6.7	—	$\underline{K} < \underline{O},\ \det \underline{K} > O$ $\underline{G}$ geeignet	$\det \underline{K} < O$
	6.8	—	—	$\underline{K} + \frac{1}{4}\,\underline{G}'\,\underline{M}^{-1}\underline{G} < O$
$\underline{M}\,\ddot{\underline{z}} + \underline{D}\,\dot{\underline{z}} + \underline{K}\,\underline{z} = \underline{O}$	6.9	$\underline{D} \geq \underline{O},\ \underline{K} > \underline{O}$ $\underline{M}\,\ddot{\underline{z}} + \underline{K}\,\underline{z} = \underline{D}\,\underline{u}$ vollst. steuerbar	$\underline{D} \geq \underline{O},\ \underline{K} \geq \underline{O}$ $\underline{D} + \underline{K} > \underline{O}$	—
	6.10	$\underline{D} > \underline{O},\ \underline{K} > \underline{O}$	$\underline{D}\,\underline{M}^{-1}\,\underline{K} = \underline{K}\,\underline{M}^{-1}\,\underline{D}$ $\underline{D} \geq \underline{O},\ \underline{K} \geq \underline{O}$ $\underline{D} + \underline{K} > \underline{O}$	sonst
	6.11	—	—	$\underline{D} \geq \underline{O},\ \underline{K} \not\geq \underline{O}$
$\underline{M}\,\ddot{\underline{z}} + (\underline{D} + \underline{G})\,\dot{\underline{z}} + \underline{K}\,\underline{z} = \underline{O}$	6.4	—	—	$\det \underline{K} < O$ $\mathrm{Sp}\,\underline{M}^{-1}\underline{D} < O$
	6.13	$\underline{D} \geq \underline{O},\ \underline{K} > \underline{O}$	—	$\underline{D} \geq \underline{O},\ \underline{K} \ngtr \underline{O}$ $\det \underline{K} \neq O$
		$\underline{M}\,\ddot{\underline{z}} + \underline{G}\,\dot{\underline{z}} + \underline{K}\,\underline{z} = \underline{D}\,\underline{u}$ vollst. steuerbar		
	6.15	—	$\underline{D} \geq \underline{O},\ \underline{K} \geq \underline{O}$ $\underline{K} + (\underline{D} - \underline{G})(\underline{D} + \underline{G}) > \underline{O}$	—
	6.16	—	—	$\underline{D} \geq \underline{O},\ \underline{K} < \underline{O}$

(Tabelle 1.2)

System	Satz	Asympt. stabilität	Grenz-stabilität	In-stabilität
$\underline{M}\,\ddot{\underline{z}} + (\underline{K}+\underline{N})\,\underline{z} = \underline{O}$	6.17	—	$\underline{M}^{-1}(\underline{K}+\underline{N})$ $= \underline{B}_1\,\underline{B}_2$ $\underline{B}_i = \underline{B}_i' > \underline{O}$	—
	6.18	—	$\underline{K} \not> \underline{O}$ $Sp\,\underline{M}^{-1}\underline{K} > 0$ $\underline{N}$ geeignet	$\underline{K} > \underline{O}$ $\underline{N}$ geeignet
$\underline{M}\,\ddot{\underline{z}} + (\underline{D}+\underline{G})\,\dot{\underline{z}} +$ $+ (\underline{K}+\underline{N})\,\underline{z} = \underline{O}$	6.4	—	—	$\det(\underline{K}+\underline{N}) < 0$ $Sp\,\underline{M}^{-1}\underline{D} < 0$
	6.19	$\underline{K} > \underline{O}$ $\underline{D} > d_O\underline{E}_f$ d_O (6.66b)	—	—
	6.21	—	—	$\underline{G}=\underline{O},\ \underline{K}=\underline{O}$ $\underline{N} \neq \underline{O}$ $\underline{G}=\underline{O},\ \underline{K}<\underline{O}$
	6.22	$\det\underline{N} \neq 0$ | $\det\underline{N} = 0$ $\underline{K} = \underline{O}$ $\underline{D} + \underline{G}$ geeignet		—
		$\underline{K}<\underline{O},\det\underline{K}>0$ $\underline{D},\underline{G},\underline{N}$ geeig- net	—	$\underline{K} < \underline{O}$ $\det\underline{K} < 0$
	6.20 Folg. 6.7	Transformations - Theorem $\underline{z}(t) = \underline{L}(t)\,\underline{\zeta}(t)$ $\overline{\underline{M}}\,\ddot{\underline{\zeta}} + (\overline{\underline{D}}+\overline{\underline{G}})\,\dot{\underline{\zeta}} + \overline{\underline{K}}\,\underline{\zeta} = \underline{O}$ $(\sim$ Sätze 6.12 - 6.16$)$		

der Praxis auftretenden Fälle umfassen. Für Systeme mit nichtkonservativen Lagekräften, d.h. mit zirkulatorischen Kräften - $\underline{N}\,\underline{z}(t)$,
die für sogenannte mitgehende Kräfte kennzeichnend sind, steht eine
nicht so vollständige Palette von Stabilitätssätzen zur Verfügung.
Einerseits können einige grundsätzliche Aussagen über die stabilisierende oder destabilisierende Wirkung von zirkulatorischen Kräften
gemacht werden, können weiterhin hinreichende Stabilitätsaussagen
für vollständig gedämpfte Systeme angegeben werden, aber andererseits bildet die genaue Bestimmung von Stabilitätsgrenzen meist
große Schwierigkeiten, wie mit der Angabe eines noch ungelösten Problems in Abschnitt 6.2.6 gezeigt wird. Auch muß bei zirkulatorischen
Systemen zwischen echten und nur scheinbar nichtkonservativen Lagekräften unterschieden werden. Letztere treten infolge der Darstellung von Dämpfungskräften in ungünstig gewählten Koordinatensystemen auf. Sie können mit dem Transformations-Theorem (Satz 6.20)
vollständig behandelt werden. Trotz dieser Einschränkungen erweisen
sich die Matrizenverfahren gerade für lineare mechanische Systeme
als äußerst nützlich. Während die algebraischen Kriterien von Routh
und Hurwitz nur den Einfluß einzelner Systemparameter erkennen lassen und eine physikalische Interpretation der Ergebnisse für Systeme höherer Ordnung immer schwieriger wird, können die allgemeinen
qualitativen Aussagen der Matrizenverfahren auch für Systeme hoher
Ordnung anschaulich das Stabilitätsverhalten in Abhängigkeit der
verschiedenen Kräftearten klären."Allgemeine qualitative Aussagen
können aber für einen Konstrukteur gerade im Stadium des Entwurfs
von Geräten nützlich sein und ein Analytiker wird oft dank solcher
Aussagen das Verhalten komplizierter Systeme besser übersehen können" (Magnus [74]).

2. Lineare Systeme

Die bezüglich ihres Stabilitätsverhaltens zu untersuchenden linearen
dynamischen Systeme werden hier im allgemeinen beschränkt auf endlich-dimensionale dynamische Prozesse, die kontinuierlich mit der
Zeit t ablaufen und durch lineare gewöhnliche Differentialgleichungen und lineare algebraische Gleichungen beschrieben werden können.

Im folgenden wird unterschieden zwischen den linearen allgemeinen
Systemen, deren Dynamik letztlich einem System von Differentialgleichungen 1. Ordnung genügt, und den speziellen linearen mechanischen
Systemen, die sich durch ein System von Differentialgleichungen
2. Ordnung beschreiben lassen. Diese linearen Systeme sollen kurz
dargestellt und mit Hilfe der Theorie der gewöhnlichen Differentialgleichungen und der Matrizentheorie behandelt werden. Einzelne Beispiele, die in den weiteren Kapiteln wieder aufgegriffen werden,
dienen zur Veranschaulichung.

2.1. Allgemeine Systeme

Lineare allgemeine Systeme werden vorteilhaft mit Hilfe von Eingangs-,
Zustands- und Ausgangsgrößen beschrieben [49,128]. Dabei bezeichnet
man einen Zustand $\underline{x}$ eines dynamischen Systems als eine endliche
Menge von Zahlen x_i, i = 1,...,n , die zu einem beliebigen Zeitpunkt $t = \tau$ bekannt sein muß, um das zukünftige Verhalten des Systems für jeden Zeitpunkt $t \geq \tau$ und für alle Eingangssignale $u_k(t)$,
k = 1,....,r , $t > \tau$, vorausbestimmen zu können. Die Zustandsgrößen
$x_i(t)$ dienen dazu, das Übertragungsverhalten des dynamischen Systems

von den Eingangsgrößen $u_k(t)$ zu den Ausgangsgrößen $y_j(t)$,
$j = 1,\ldots,m$, unabhängig vom speziellen Charakter der Eingangsgrößen
zu beschreiben (Bild 2.1).

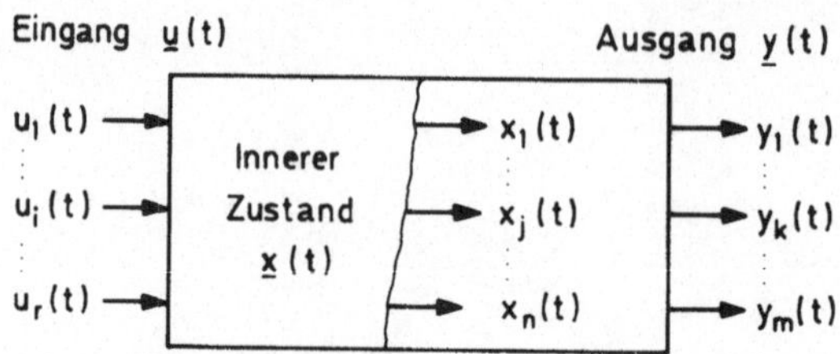

Bild 2.1. Zur Definition des Zustands eines
dynamischen Systems

Die einzelnen Variablen x_i , u_k , y_j faßt man zu Vektoren zusammen:

$$\underline{x} = \begin{bmatrix} x_1 \\ \cdot \\ \cdot \\ \cdot \\ x_n \end{bmatrix} \quad , \quad \underline{u} = \begin{bmatrix} u_1 \\ \cdot \\ \cdot \\ \cdot \\ u_r \end{bmatrix} \quad , \quad \underline{y} = \begin{bmatrix} y_1 \\ \cdot \\ \cdot \\ \cdot \\ y_m \end{bmatrix} \quad . \tag{2.1}$$

Dabei sind $\underline{x}$ der n-dimensionale Zustandsvektor, $\underline{u}$ der r-dimensio-
nale Eingangsvektor und $\underline{y}$ der m-dimensionale Ausgangsvektor. Als
Eingangsgrößen treten Störungen oder Steuerungen auf, die Ausgangsgrößen entsprechen am System vorgenommenen Messungen.

2.1.1. Systemgleichungen

Im Zustandsraum lassen sich lineare, endlich-dimensionale, zeitkontinuierliche, dynamische Systeme durch folgende Vektorgleichungen beschreiben:

$$\dot{\underline{x}}(t) = \underline{A}(t)\,\underline{x}(t) + \underline{B}(t)\,\underline{u}(t) \quad , \quad \underline{x}(t_0) = \underline{x}_0 \quad , \tag{2.2}$$

$$\underline{y}(t) = \underline{C}(t)\,\underline{x}(t) + \underline{D}(t)\,\underline{u}(t) \quad . \tag{2.3}$$

Die Systemmatrix $\underline{A}(t)$, die Eingangsmatrix $\underline{B}(t)$, die Ausgangsmatrix $\underline{C}(t)$ und die Durchgangsmatrix $\underline{D}(t)$ haben die mit den Vektoren (2.1) verträglichen Dimensionen $n \times n$, $n \times r$, $m \times n$ und $m \times r$. Die Differentialgleichung (2.2) heißt Zustandsgleichung und kennzeichnet das dynamische Verhalten des Systems; die Gleichung (2.3) heißt Ausgangsgleichung und charakterisiert die Messungen am System. Die Durchgangsmatrix $\underline{D}(t)$ ist für die meisten technischen Systeme die Nullmatrix. Ein Blockdiagramm des Wirkungsablaufs des linearen Systems bei $\underline{D} = \underline{O}$ zeigt Bild 2.2 .

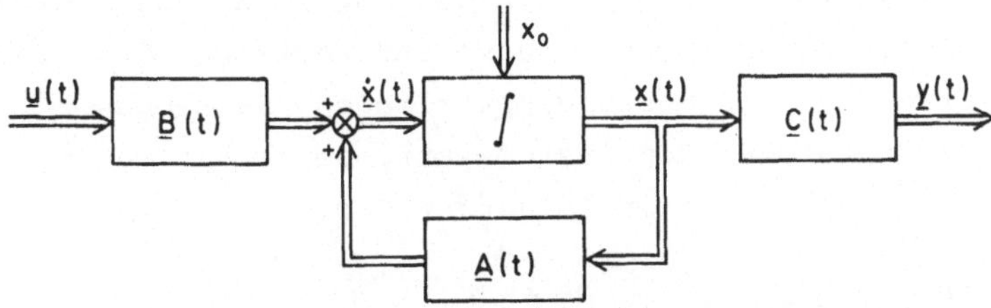

Bild 2.2. Blockdiagramm eines linearen allgemeinen Systems $(\underline{D} = \underline{O})$

<u>Beispiel 1: Magnetschwebebahn</u>

Für den Entwurf einer Höhenregelung einer Magnetschwebebahn kann als einfachstes Ersatzsystem ein gegenüber der Fahrbahn magnetisch abgestützter Ein-Massen-Schwinger verwendet werden, Bild 2.3 .

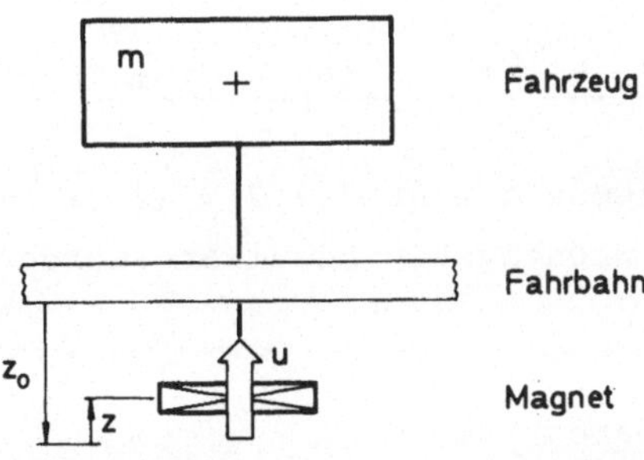

Bild 2.3. Ersatzmodell für die Vertikalbewegung einer Magnetschwebebahn (Beispiel 1)

Nach [32] ergeben sich für kleine Abweichungen aus der Gleichgewichtslage (Lage z_0 , Strom I_0 des Magneten, Spannung U_0 des
Magneten) folgende Bewegungsgleichungen:

$$m\ddot{z} = l\,i + k\,z ,$$

$$T\dot{i} = -i - c\dot{z} + \frac{1}{R}u ,$$

wobei z , i und u die Auslenkung, den Strom und die Spannung gegenüber dem Gleichgewichtszustand bedeuten. Die Größen c , k , l ,
R und T sind positive Gerätedaten des Magneten [32]. Weiterhin
mögen der Spaltabstand zwischen Trasse und Fahrzeug, d.h. letztlich
z , und der Strom i als Messungen vorliegen. Faßt man z , $\dot{z}$ und
i als die Zustandsgrößen des Systems auf, so erhält man die Systemgleichungen (2.2) und (2.3) in folgender Form

$$\left.\begin{array}{l}
\begin{bmatrix} \dot{z} \\[2mm] \dot{\dot{z}} \\[2mm] \dot{i} \end{bmatrix} =
\begin{bmatrix} 0 & 1 & 0 \\[2mm] \dfrac{k}{m} & 0 & \dfrac{1}{m} \\[2mm] 0 & -\dfrac{c}{T} & -\dfrac{1}{T} \end{bmatrix}
\begin{bmatrix} z \\[2mm] \dot{z} \\[2mm] i \end{bmatrix} +
\begin{bmatrix} 0 \\[2mm] 0 \\[2mm] \dfrac{1}{RT} \end{bmatrix} u , \\[15mm]
\begin{bmatrix} y_1 \\[2mm] y_2 \end{bmatrix} =
\begin{bmatrix} 1 & 0 & 0 \\[2mm] 0 & 0 & 1 \end{bmatrix}
\begin{bmatrix} z \\[2mm] \dot{z} \\[2mm] i \end{bmatrix} .
\end{array}\right\} \qquad (2.4)$$

2.1.2. Fundamentalmatrix; Lösung der Systemgleichungen

Die Lösungen von Systemen der Art (2.2), (2.3) sind bekannt (z.B.
[10,16,49,128]). Die wichtigsten Resultate werden hier zusammengestellt.

Zu dem homogenen linearen System

$$\dot{\underline{x}}(t) = \underline{A}(t)\,\underline{x}(t) , \quad \underline{x}(t_0) = \underline{x}_0 , \qquad (2.5)$$

mit stetiger Koeffizientenmatrix $\underline{A}(t)$ existiert stets ein Hauptsystem von n linear unabhängigen Vektorfunktionen $\varphi_i(t,t_0)$ mit

$$\dot{\varphi}_i(t,t_0) = \underline{A}(t)\underline{\varphi}_i(t,t_0) \ , \quad \underline{\varphi}_i(t_0,t_0) = \underline{e}_i \ , \quad i = 1,..,n \ , \qquad (2.6)$$

wobei $\underline{e}_i$ den i-ten Einheitsvektor bedeutet. Diese Lösungen werden spaltenweise in der Fundamentalmatrix (Transitionsmatrix)

$$\underline{\Phi}(t,t_0) = [\ \underline{\varphi}_1(t,t_0) \ .... \ \underline{\varphi}_n(t,t_0) \ ] \qquad (2.7)$$

zusammengefaßt. Die allgemeine Lösung von (2.5) ergibt sich aus einer geeigneten Linearkombination der $\underline{\varphi}_i(t,t_0)$, die sich mit (2.7) als

$$\underline{x}(t) = \underline{\Phi}(t,t_0) \ \underline{x}_0 \qquad (2.8)$$

schreiben läßt.

Die stets reguläre Fundamentalmatrix weist folgende Eigenschaften auf:

$$\dot{\underline{\Phi}}(t,t_0) = \underline{A}(t) \ \underline{\Phi}(t,t_0) \ , \quad \underline{\Phi}(t_0,t_0) = \underline{E}_n \ , \qquad (2.9)$$

$$\underline{\Phi}(t_2,t_0) = \underline{\Phi}(t_2,t_1) \ \underline{\Phi}(t_1,t_0) \ , \qquad (2.10)$$

$$\underline{\Phi}^{-1}(t,t_0) = \underline{\Phi}(t_0,t) \ , \qquad (2.11)$$

$$\det \underline{\Phi}(t,t_0) = \exp\left(\int_{t_0}^{t} \mathrm{Sp}\underline{A}(\tau) \, d\tau\right) \ . \qquad (2.12)$$

Hierbei bedeuten $\underline{E}_n$ die n-dimensionale Einheitsmatrix und

$$\mathrm{Sp} \, \underline{A} = \sum_{i=1}^{n} a_{ii}$$

die Spur der Matrix $\underline{A}$, die als Summe der Diagonalelemente a_{ii} von $\underline{A}$ erklärt ist.

Die Lösung der inhomogenen Differentialgleichung (2.2) ergibt sich mit der Methode der Variation der Konstanten zu

$$\underline{x}(t) = \underline{\Phi}(t,t_0)\underline{x}_0 + \int_{t_0}^{t} \underline{\Phi}(t,\tau)\underline{B}(\tau)\underline{u}(\tau)d\tau \ , \qquad (2.13)$$

womit sich der Meßverlauf als

$$\underline{y}(t) = \underline{C}(t)\underline{\Phi}(t,t_0)\underline{x}_0 + \int_{t_0}^{t} \underline{C}(t)\underline{\Phi}(t,\tau)\underline{B}(\tau)\underline{u}(\tau)d\tau + \underline{D}(t)\underline{u}(t) \qquad (2.14)$$

angeben läßt.

Die Fundamentalmatrix ist der wesentliche Begriff zur allgemeinen analytischen Lösung linearer Differentialgleichungssysteme. Im Falle zeitinvarianter Systeme können Berechnungsvorschriften für $\underline{\Phi}(t,t_0)$ angegeben werden.

2.1.3. Lineare zeitinvariante Systeme

2.1.3.1 Fundamentalmatrix als Exponentialreihe. - Für ein lineares zeitinvariantes homogenes System

$$\underline{\dot{x}}(t) = \underline{A}\,\underline{x}(t) \ , \quad \underline{x}(0) = \underline{x}_0 \ , \qquad (2.15)$$

kann man als Zeitanfangspunkt stets $t_0 = 0$ wählen und schreibt dann für die Fundamentalmatrix

$$\underline{\Phi}(t,t_0) = \underline{\Phi}(t) \ . \qquad (2.16)$$

Die Eigenschaften (2.9 - 12) lauten dann

$$\underline{\dot{\Phi}}(t) = \underline{A}\,\underline{\Phi}(t) \ , \quad \underline{\Phi}(0) = \underline{E}_n \ , \qquad (2.17)$$

$$\underline{\Phi}(t_1 + t_2) = \underline{\Phi}(t_1)\underline{\Phi}(t_2) \ , \qquad (2.18)$$

$$\underline{\Phi}^{-1}(t) = \underline{\Phi}(-t) \ , \qquad (2.19)$$

$$\det \underline{\Phi}(t) = \exp(t \ \mathrm{Sp}\underline{A}) \qquad (2.20)$$

Die Berechnung von $\underline{\Phi}(t)$ kann mit der stets konvergenten unendlichen Matrizenreihe

$$\underline{\Phi}(t) = e^{\underline{A}t} \equiv \underline{E}_n + \frac{\underline{A}t}{1!} + \frac{\underline{A}^2 t^2}{2!} + \frac{\underline{A}^3 t^3}{3!} + \ldots = \sum_{k=0}^{\infty} \frac{(\underline{A}t)^k}{k!} \qquad (2.21)$$

geschehen [158, S.268 und S.429], jedoch stellt das nicht die einzige Möglichkeit zur Berechnung von $\underline{\Phi}(t)$ dar, wie im folgenden gezeigt wird.

Die Lösung inhomogener Systeme erfolgt wieder gemäß (2.13) und (2.14) mit $\underline{\Phi}(t)$ anstelle von $\underline{\Phi}(t,t_0)$ sowie $\underline{\Phi}(t)\underline{\Phi}(-\tau)$ anstelle von $\underline{\Phi}(t,\tau)$.

<u>2.1.3.2 Eigenwerte, Eigenvektoren.</u> - Das Verhalten linearer zeitinvarianter Systeme (2.15) kann nicht nur durch die Fundamentalmatrix, sondern auch durch Eigenwerte und Eigenvektoren gekennzeichnet werden [158, § 13 und § 19].

Sucht man für (2.15) invariante Bewegungsrichtungen, d.h. solche partikuläre Lösungen, bei denen der Zustandsvektor $\underline{x}(t)$ und seine Ableitung $\underline{\dot{x}}(t)$ dieselbe Richtung besitzen, so gelangt man mit einem Ansatz

$$\underline{x}(t) = \underline{\tilde{x}} \, e^{\lambda t} \qquad (2.22)$$

gemäß (2.15) zu der Eigenwertaufgabe

$$(\lambda \underline{E}_n - \underline{A})\underline{\tilde{x}} = \underline{0} \ . \qquad (2.23)$$

Damit dieses algebraische homogene System eine nichttriviale Lösung $\underline{\tilde{x}}$ aufweist, muß λ eine Nullstelle der charakteristischen Gleichung

$$p(\lambda) \equiv \det(\lambda\underline{E}_n - \underline{A}) \equiv \lambda^n + a_1\lambda^{n-1} + \ldots + a_{n-1}\lambda + a_n = 0 \qquad (2.24)$$

sein. Solche Nullstellen $\lambda = \lambda_i$ werden als Eigenwerte bezeichnet, die zugehörigen Lösungsvektoren $\underline{\tilde{x}} = \underline{x}_{iR}$ als Rechts-Eigenvektoren.

Neben den Rechts-Eigenvektoren $\underline{x}_{iR}$ können auch Links-Eigenvektoren $\underline{x}_{iL}$ betrachtet werden, die Lösungen der transponierten Eigenwertaufgabe sind:

$$\tilde{\underline{x}}'(\lambda\underline{E}_n - \underline{A}) = \underline{O} ,$$

d.h.
$$(\lambda\underline{E}_n - \underline{A}')\tilde{\underline{x}} = \underline{O} .$$

$$(2.25)$$

Eigenvektoren zu verschiedenen Eigenwerten sind linear unabhängig. Im Falle mehrfacher Eigenwerte müssen Fallunterscheidungen vorgenommen werden. Hierzu wird zwischen der Vielfachheit v_i der Nullstelle λ_i und dem Defekt $d_i = n - \text{Rang}(\lambda_i\underline{E}_n - \underline{A})$ unterschieden $(1 \le d_i \le v_i)$.

a) $d_i = v_i$ für alle Eigenwerte. - Zu jedem Eigenwert λ_i existieren $d_i = v_i$ linear unabhängige Eigenvektoren $\underline{x}_{iR}$ (bzw. $\underline{x}_{iL}$). Faßt man diese n Eigenvektoren spaltenweise in einer regulären Modalmatrix $\underline{X}_R$ (bzw. $\underline{X}_L$) zusammen und führt eine Diagonalmatrix $\underline{\Lambda}$ der Eigenwerte λ_i ein,

$$\underline{X}_R = [\underline{x}_{1R}\cdots\underline{x}_{nR}], \quad \underline{X}_L = [\underline{x}_{1L}\cdots\underline{x}_{nL}], \quad \underline{\Lambda} = \text{diag}[\lambda_1,\ldots,\lambda_n], \quad (2.26)$$

so ergibt (2.23) bzw. (2.25)

$$\underline{A}\,\underline{X}_R = \underline{X}_R\,\underline{\Lambda} \tag{2.27}$$

bzw.

$$\underline{X}'_L\,\underline{A} = \underline{\Lambda}\,\underline{X}'_L . \tag{2.28}$$

Bei geeigneter Normierung der Eigenvektoren bilden die Links- und Rechtseigenvektoren dieser diagonalähnlichen Matrix $\underline{A}$ ein Biorthonormalsystem, d.h. es gilt [158, S.156]

$$\underline{X}'_L\,\underline{X}_R = \underline{E}_n . \tag{2.29}$$

Die Beziehungen (2.27) und (2.28) lassen sich als eine Ähnlichkeitstransformation der Matrix $\underline{A}$ auffassen,

$$\underline{X}_R^{-1}\,\underline{A}\underline{X}_R = \underline{\Lambda} . \tag{2.30}$$

Eine Koordinatentransformation (siehe hierzu Abschnitt 2.1.4)
$\underline{x}(t) = \underline{X}_R \, \underline{\bar{x}}(t)$ bewirkt eine Entkopplung des homogenen Differentialgleichungssystems (2.15):

$$\underline{\dot{\bar{x}}}(t) = \underline{\Lambda} \, \underline{\bar{x}}(t) \; . \tag{2.31}$$

Ein Koordinatensystem, dessen Basis die Eigenvektoren sind, wird
als ein System von Normal- oder Hauptkoordinaten bezeichnet.

b) $d_i < v_i$ für mindestens einen Eigenwert λ_i . - Zu einem Eigenwert λ_i mit $d_i < v_i$ existieren nur d_i linear unabhängige
Rechts-Eigenvektoren

$$\underline{x}_{i_1 R} \; , \quad \underline{x}_{i_2 R} \; , \quad \cdots \; , \quad \underline{x}_{i_{d_i} R}$$

(das Problem der Links-Eigenvektoren verläuft in gleicher Weise).
Um wie im Fall a) eine Koordinatentransformation auf (verallgemeinerte) Normalkoordinaten zu erhalten, werden die fehlenden, linear
unabhängigen $v_i - d_i$ Vektoren aus den Gleichungssystemen für die
Hauptvektorketten

$$(\lambda_i \, \underline{E}_n - \underline{A}) \, \underline{x}_{i_k R}^{(j)} = - \, \underline{x}_{i_k R}^{(j-1)} \; , \tag{2.32}$$

$$j = 2, \dots, \rho_k \; , \quad \underline{x}_{i_k R}^{(1)} = \underline{x}_{i_k R} \; , \quad k = 1, \dots, d_i \; , \quad \sum_{k=1}^{d_i} \rho_k = v_i$$

gewonnen. Hierbei ist ρ_k derjenige Zählindex, für den (2.32) noch
eine linear unabhängige Lösung $\underline{x}_{i_k R}^{(\rho_k)}$ ergibt, während sich für
$j = \rho_k + 1$ keine weitere linear unabhängige Lösung einstellt. Bei
dieser Bestimmung der Hauptvektorketten ist zu beachten, daß bei
der Berechnung der Hauptvektoren j-ter Stufe die bereits bekannten
Hauptbektoren (j-1)-ter Stufe einem "Reinigungsprozeß" unterworfen
werden müssen, so daß die in (2.32) auftretenden rechten Seiten
$-\underline{x}_{i_k R}^{(j-1)}$ gerade diejenigen linear unabhängigen Hauptvektoren (j-1)-
ter Stufe darstellen, für die (2.32) lösbar ist. Kann durch keine
Linearkombination der Hauptvektoren (j-1)-ter Stufe solch eine
rechte Seite erzeugt werden, so ist der Algorithmus abgeschlossen.
Diese Hauptvektoren führen genau auf die Modalmatrix $\underline{X}_R$. Die
Spalten in dieser Matrix, die dem Eigenwert λ_i zugeordnet sind,

lauten

$$\underline{X}_R = [\ \ldots;\ \underline{x}_{i_1 R},\ \underline{x}_{i_1 R}^{(2)},\ldots,\ \underline{x}_{i_1 R}^{(\rho_1)};\ldots;\ \underline{x}_{i_{d_i} R},\ \underline{x}_{i_{d_i} R}^{(2)},\ldots,\ \underline{x}_{i_{d_i} R}^{(\rho_{d_i})};\ldots]\ .$$

$$(2.33)$$

Die zugehörige Ähnlichkeitstransformation führt auf die Jordanmatrix

$$\underline{X}_R^{-1}\ \underline{A}\ \underline{X}_R = \underline{J} = \underline{diag}\ [\ldots;\ \underline{J}_{i_1};\ldots;\ \underline{J}_{i_{d_i}};\ \ldots\ ]\ ,\qquad (2.34)$$

wobei die Jordankästchen $\underline{J}_{i_k}$ durch

$$\underline{J}_{i_k} = \begin{bmatrix} \lambda_i & 1 & & \underline{O} \\ & \ddots & \ddots & \\ & & \ddots & 1 \\ \underline{O} & & & \lambda_i \end{bmatrix}_{(\rho_k \times \rho_k)} \qquad (2.35)$$

definiert sind. Im Gegensatz zur Diagonalmatrix $\underline{\Lambda}$ im Fall a) sind hier für $\rho_k > 1$ die Elemente der ersten oberen Nebendiagonalen jeweils mit einer 1 besetzt.

c) Sonderfall: Frobeniusmatrix. - Wird ein homogenes dynamisches System durch eine skalare Differentialgleichung n-ter Ordnung beschrieben,

$$z^{(n)}(t) + a_1 z^{(n-1)}(t) + \ldots + a_{n-1}\dot{z}(t) + a_n z(t) = 0\ ,\qquad (2.36)$$

so ist eine Zustandsraumdarstellung (2.15) mit

$$\underline{x} = \begin{bmatrix} z \\ \dot{z} \\ \cdot \\ \cdot \\ z^{(n-1)} \end{bmatrix}\ ,\quad \underline{A}_F = \begin{bmatrix} 0 & 1 & 0 & \cdot & \cdot & \cdot & 0 \\ 0 & 0 & 1 & \cdot & \cdot & \cdot & 0 \\ & & & & & & \\ 0 & 0 & 0 & \cdot & \cdot & \cdot & 1 \\ -a_n & -a_{n-1} & -a_{n-2} & \cdot & \cdot & \cdot & -a_1 \end{bmatrix} \qquad (2.37)$$

möglich. Dieser Typ der Matrix $\underline{A}_F$ in (2.37) wird als Frobeniusmatrix bezeichnet und es gilt: Zu jedem Eigenwert existiert genau ein Eigenvektor: $d_i = 1 \le v_i$. Der Rechts-Eigenvektor ist gegeben durch

$$\underline{x}_{iR} = \begin{bmatrix} 1 & \lambda_i & \lambda_i^2 & \cdots & \lambda_i^{n-1} \end{bmatrix}^T . \qquad (2.38)$$

Die $v_i - d_i$ Hauptvektoren erhält man zu

$$\underline{x}_{iR}^{(j)} = \frac{1}{(j-1)!} \frac{d^{j-1}}{d\lambda^{j-1}} \begin{bmatrix} 1 & \lambda & \lambda^2 & \cdots & \lambda^{n-1} \end{bmatrix}^T \bigg|_{\lambda = \lambda_i} , \qquad (2.39)$$
$$j = 2,..,v_i .$$

2.1.3.3. Berechnung der Fundamentalmatrix mittels Modaltransformation.

– Durch die Ähnlichkeitstransformation $\underline{x}(t) = \underline{X}_R \underline{\bar{x}}(t)$ mit der Modalmatrix (2.33) auf (verallgemeinerte) Normalkoordinaten geht das System (2.15) über in

$$\underline{\dot{\bar{x}}}(t) = \underline{J}\, \underline{\bar{x}}(t) , \quad \underline{\bar{x}}(0) = \underline{X}_R^{-1} \underline{x}(0) . \qquad (2.40)$$

Hierzu lautet die Fundamentalmatrix

$$\underline{\bar{\Phi}}(t) = e^{\underline{J}t} = \underline{\text{diag}} \begin{bmatrix} \cdots; & e^{\underline{J}_{i_1}t}, & \cdots, & e^{\underline{J}_{i_{d_i}}t}; & \cdots \end{bmatrix} \qquad (2.41)$$

mit

$$e^{\underline{J}_{i_k}t} = e^{\lambda_i t} \begin{bmatrix} 1 & \frac{t}{1!} & \frac{t^2}{2!} & \cdots\cdots & \frac{t^{\rho_k-1}}{(\rho_k-1)!} \\ & 1 & \frac{t}{1!} & \ddots & \vdots \\ & & 1 & \ddots & \frac{t^2}{2!} \\ & \underline{0} & & \ddots & \frac{t}{1!} \\ & & & & 1 \end{bmatrix} . \qquad (2.42)$$
$$(\rho_k \times \rho_k)$$

Durch Rücktransformation erhält man die Fundamentalmatrix des ursprünglichen Systems (2.15):

$$\underline{\Phi}(t) = \underline{X}_R \, e^{\underline{J}t} \, \underline{X}_R^{-1} \; . \tag{2.43}$$

In dem häufig auftretenden Fall $\underline{J} = \underline{\Lambda}$, d.h. im Fall 2.1.3.2 a) wird die Modalmatrix $\underline{X}_R$ gemäß (2.26) verwendet und es gilt

$$\underline{\Phi}(t) = \underline{X}_R \, e^{\underline{\Lambda}t} \, \underline{X}_R^{-1} \quad \text{mit} \quad e^{\underline{\Lambda}t} = \underline{\text{diag}}(e^{\lambda_i t}) \; . \tag{2.44}$$

Die Berechnung der Fundamentalmatrix ist hiermit zurückgeführt auf die Berechnung der Elementarlösungen $e^{\underline{J}_{ik}t} \underline{x}_{ikR}$, die man auch als Eigenschwingungen bezeichnet. Die allgemeine Lösung ist eine Überlagerung der in den Normalkoordinaten dargestellten Elementarlösungen.

2.1.3.4. Satz von Cayley und Hamilton. - Der Satz von Cayley und Hamilton besagt, daß jede quadratische Matrix $\underline{A}$ ihrer eigenen charakteristischen Gleichung (2.24) genügt [158, S.178-180]:

$$p(\underline{A}) \equiv \underline{A}^n + a_1\underline{A}^{n-1} + \ldots + a_{n-1}\underline{A} + a_n\underline{E}_n = \underline{O} \; . \tag{2.45}$$

Jede Matrizenpotenz $\underline{A}^k$ mit $k \geq n$ kann daher durch ein Matrizenpolynom höchstens $(n-1)$ten Grades beschrieben werden. Damit läßt sich die unendliche Matrizenreihe (2.21) für die Fundamentalmatrix durch ein endliches Ersatzpolynom darstellen:

$$\underline{\Phi}(t) = \alpha_0(t)\underline{E}_n + \alpha_1(t)\underline{A} + \ldots + \alpha_{n-1}(t)\underline{A}^{n-1} \; . \tag{2.46}$$

Die Berechnung der Koeffizientenfunktionen $\alpha_i(t)$ folgt aus den n linearen Beziehungen

$$\frac{d^{j-1}}{d\lambda^{j-1}} \left[\alpha_0(t) + \alpha_1(t)\lambda + \ldots + \alpha_{n-1}(t)\lambda^{n-1} \right] \Big|_{\lambda=\lambda_i} = t^{j-1} e^{\lambda_i t} \; , \tag{2.47}$$

$$j = 1,\ldots,\nu_i \; ; \quad i = 1,\ldots,s \; ,$$

wobei s die Anzahl der verschiedenen Eigenwerte λ_i und ν_i deren Vielfachheiten sind [158, § 20.2].

2.1.4. Koordinatentransformationen

Im Abschnitt 2.1.3.2 ist der Begriff der Koordinatentransformation
im Zusammenhang mit der Modalmatrix (2.26) oder (2.33) schon erwähnt
worden. Hierin kommt zum Ausdruck, daß die Wahl der Zustandskoordinaten nicht eindeutig ist. Derselbe physikalisch-technische Prozeß
kann in verschiedenen Koordinatensystemen dargestellt werden. Ziel
solcher Koordinatentransformationen ist es, die Systemgleichungen in
bestimmte, speziellen Problemfragen angepaßte Formen zu bringen, wie
es in Abschnitt 2.1.3.3 zum Ausdruck kommt.

Beispiel 1: Magnetschwebebahn

Wählt man für die Höhenregelung einer Magnetschwebebahn statt der
Zustandskoordinaten $z, \dot{z}, i$ (siehe (2.4)) die Zustandskoordinaten
$z, \dot{z}, \ddot{z}$, d.h. eliminiert man den Strom i mittels z und $\ddot{z}$, so
ergibt sich statt (2.4) die äquivalente Darstellung

$$\left.\begin{array}{l}
\begin{bmatrix} \dot{z} \\ \dot{\dot{z}} \\ \ddot{\dot{z}} \end{bmatrix} = \begin{bmatrix} 0 & 1 & 0 \\ 0 & 0 & 1 \\ \dfrac{k}{mT} & \dfrac{k}{m} - \dfrac{cl}{mT} & -\dfrac{1}{T} \end{bmatrix} \begin{bmatrix} z \\ \dot{z} \\ \ddot{z} \end{bmatrix} + \begin{bmatrix} 0 \\ 0 \\ \dfrac{1}{mTR} \end{bmatrix} u \;, \\[3em]
\begin{bmatrix} y_1 \\ y_2 \end{bmatrix} = \begin{bmatrix} 1 & 0 & 0 \\ -\dfrac{k}{l} & 0 & \dfrac{m}{l} \end{bmatrix} \begin{bmatrix} z \\ \dot{z} \\ \ddot{z} \end{bmatrix} .
\end{array}\right\} \qquad (2.48)$$

□

Der Übergang von einer Systemdarstellung $(\underline{x})$ zu einer anderen $(\underline{\bar{x}})$ geschieht im Rahmen der linearen Theorie durch eine reguläre, stetig-
differenzierbare Matrix $\underline{T}(t)$:

$$\underline{x}(t) = \underline{T}(t)\, \underline{\bar{x}}(t) \;. \qquad (2.49)$$

Die Systemgleichungen (2.2) und (2.3) gehen dabei über in

$$\dot{\underline{\bar{x}}}(t) = \underline{\bar{A}}(t)\underline{\bar{x}}(t) + \underline{\bar{B}}(t)\underline{u}(t) \;, \quad \underline{\bar{x}}(t_0) = \underline{T}^{-1}(t_0)\underline{x}(t_0) \;, \qquad (2.50)$$

$$\underline{y}(t) = \overline{\underline{C}}(t)\overline{\underline{x}}(t) + \overline{\underline{D}}(t)\underline{u}(t) \tag{2.51}$$

mit

$$\overline{\underline{A}}(t) = \underline{T}^{-1}(t)\underline{A}(t)\underline{T}(t) - \underline{T}^{-1}(t)\underline{\dot{T}}(t) \, , \tag{2.52}$$

$$\overline{\underline{B}}(t) = \underline{T}^{-1}(t)\underline{B}(t) \, , \quad \overline{\underline{C}}(t) = \underline{C}(t)\underline{T}(t) \, , \quad \overline{\underline{D}}(t) = \underline{D}(t) \, . \tag{2.53}$$

Für die späteren Stabilitätsbetrachtungen sind die Ljapunovschen
Transformationen von besonderer Bedeutung. Eine Transformationsma-
trix $\underline{T}(t)$ ist eine Ljapunovsche Matrix, wenn gilt [30, Bd.II,
S.102-103]:

> 1. $\underline{T}(t)$ besitzt für $t \geq t_0$ eine stetige Ab-
>   leitung $\underline{\dot{T}}(t)$;
> 2. $\underline{T}(t)$ und $\underline{\dot{T}}(t)$ sind für $t \geq t_0$ beschränkt;
> 3. $\underline{T}(t)$ ist gleichmäßig regulär, d.h.

$$| \det \underline{T}(t) | > c > 0 \quad (t \geq t_0) \, . \tag{2.54}$$

Mit $\underline{T}(t)$ ist dann auch $\underline{T}^{-1}(t)$ eine Ljapunov-Matrix und das Produkt zweier Ljapunovschen Matrizen weist wiederum die drei gefor-
derten Eigenschaften auf.

Für die zeitinvarianten Systeme (2.15) sind gewöhnlich nur zeitin-
variante reguläre Transformationen $\underline{T}(t) = \underline{T}$ von Interesse. Die Beziehung (2.52) geht dann über in

$$\overline{\underline{A}} = T^{-1} A T \tag{2.55}$$

und stellt eine Ähnlichkeitstransformation dar [158, S.54]. Ähnlichkeitstransformationen sind Ljapunovsche Transformationen. Sie haben
die wichtige Eigenschaft, daß wegen

$$\overline{p}(\lambda) = \det(\lambda\underline{E}_n - \overline{\underline{A}}) = \det\left[\underline{T}(\lambda\underline{E}_n - \overline{\underline{A}})\underline{T}^{-1}\right]$$

$$\tag{2.56}$$

$$= \det(\lambda\underline{E}_n - \underline{A}) = p(\lambda)$$

die charakteristischen Polynome (2.24) ähnlicher Matrizen übereinstimmen und damit $\underline{A}$ und $\underline{\bar{A}}$ dieselben Eigenwerte aufweisen.

Beispiel 1: Magnetschwebebahn

Die Darstellungen (2.4) und (2.48) für das Magnetschwebebahnregelsystem gehen durch die Transformation

$$
\begin{bmatrix} z \\ \dot{z} \\ \ddot{z} \end{bmatrix} = \begin{bmatrix} 1 & 0 & 0 \\ 0 & 1 & 0 \\ \frac{k}{m} & 0 & \frac{1}{m} \end{bmatrix} \begin{bmatrix} z \\ \dot{z} \\ i \end{bmatrix}
$$

ineinander über. In beiden Fällen lautet die charakteristische Gleichung

$$
p(\lambda) \equiv \lambda^3 + \frac{1}{T}\lambda^2 - (\frac{k}{m} - \frac{cl}{mT})\lambda - \frac{k}{mT} = 0 \; .
$$

$\square$

2.2. Steuerbarkeit und Beobachtbarkeit

Die Begriffe der "Steuerbarkeit" und "Beobachtbarkeit" dynamischer Systeme wurden von Kalman [47,50] um 1960 in die Regelungstheorie eingeführt. Diese Eigenschaften kennzeichnen die Möglichkeiten, wie man mit einer Steuerung ein dynamisches System beeinflussen bzw. welche Informationen man aus den Messungen über den Zustand des Systems erhalten kann. Diese beiden Systemeigenschaften haben sich als sehr wesentliche Voraussetzungen für den Entwurf von Regelsystemen herausgestellt [2, 10, 16, 26, 49, 128]. Aber nicht nur bei der Reglersynthese, sondern auch bei einer Stabilitätsanalyse gewinnen diese Eigenschaften grundlegende Bedeutung, wie in den Abschnitten 4.4, 5.1, 6.2.4 ausführlich gezeigt wird. So sei hier vorgreifend erwähnt, daß das Problem der durchdringenden Dämpfung bei mechanischen Systemen auf Steuer- bzw. Beobachtbarkeitsfragen zurückgeführt werden kann [95], siehe Abschnitt 6.2.4 . Im folgenden werden Definitionen und Kriterien für diese Eigenschaften entsprechend [2, 10, 16, 26, 49, 128, 132] zusammengestellt.

2.2.1. Definitionen

Der Begriff der Steuerbarkeit soll dazu dienen, Aussagen darüber zu
machen, ob und in welcher Zeit der Zustandsvektor eines Systems
(2.2) durch den Eingangsvektor von einem beliebigen alten Zustand in
einen beliebigen neuen übergeführt werden kann.

Definition 2.1: Vollständige Steuerbarkeit

Ein dynamisches System (2.2) wird vollständig steuerbar in dem Intervall $[t_0, t_1]$ genannt, wenn es für jeden Zustand $\underline{x}_0$ zur Zeit t_0
und jeden gewünschten Endzustand $\underline{x}_1$ zur Zeit $t_1 > t_0$ einen solchen Eingang $\underline{u}(t)$ im Intervall $[t_0, t_1]$ gibt, daß gemäß (2.13)
$\underline{x}(t_1) = \underline{x}_1$ wird.

Definition 2.2: Gleichmäßige Steuerbarkeit

Ein dynamisches System (2.2) wird gleichmäßig steuerbar genannt,
wenn es eine endliche Intervallänge τ gibt, so daß das System (2.2)
in jedem Intervall $[t_0, t_0 + \tau]$ für beliebiges t_0 $(-\infty < t_0 < \infty)$
vollständig steuerbar ist und dabei die Steuerenergie

$$0 < c_1(\underline{x}_0, \underline{x}_1, \tau) = c_1 < \int_{t_0}^{t_0+\tau} \underline{u}'(\sigma)\underline{u}(\sigma)\,d\sigma < c_2 = c_2(\underline{x}_0, \underline{x}_1, \tau)$$

gleichmäßig beschränkt bleibt.

Die duale Eigenschaft zur Steuerbarkeit ist die Beobachtbarkeit. Sie
dient dazu, um Aussagen darüber zu gewinnen, ob und wie schnell aus
der Kenntnis des Ausgangsvektors der Zustandsvektor bestimmt werden
kann.

Definition 2.3: Vollständige Beobachtbarkeit

Ein System (2.2, 2.3) wird vollständig beobachtbar in dem Intervall
$[t_0, t_1]$ genannt, wenn irgendein Zustand $\underline{x}_0$ zur Zeit t_0 aus der
Kenntnis des Systemausgangs $\underline{y}(t)$ (und des Systemeingangs $\underline{u}(t)$) im
Intervall $[t_0, t_1]$ bestimmt werden kann.

Definition 2.4: Gleichmäßige Beobachtbarkeit

Ein System (2.2, 2.3) wird gleichmäßig beobachtbar genannt, wenn es
eine endliche Intervallänge τ gibt, so daß das System (2.2, 2.3)
in jedem Intervall $[t_0, t_0 + \tau]$ für beliebiges t_0 $(-\infty < t_0 < \infty)$ vollständig beobachtbar ist und dabei der Informationsgehalt des Meßver-
laufs $\underline{y}(t)$ gemäß

$$0 < d_1(\underline{x}_0, \tau) = d_1 < \int_{t_0}^{t_0 + \tau} \underline{y}'(\sigma)\underline{y}(\sigma)d\sigma < d_2 = d_2(\underline{x}_0, \tau)$$

gleichmäßig beschränkt bleibt.

Der Vergleich jeweils der ersten mit der zweiten Definition zeigt,
daß die zweite eine Verschärfung darstellt und die genannten Systemeigenschaften nicht nur in einem bestimmten Zeitintervall $[t_0, t_1]$ gewährleistet sein sollen, sondern in jedem Intervall der Länge τ .

2.2.2. Kriterien für lineare zeitvariante Systeme

Um die folgenden Kriterien für Steuerbarkeit und Beobachtbarkeit zu
begründen, sei das Steuerbarkeitsproblem etwas genauer untersucht.
Entsprechend der Definition 2.1 wird gemäß (2.13) verlangt, daß für
beliebige Vektoren $\underline{x}_0 = \underline{x}(t_0)$, $\underline{x}_1 = \underline{x}(t_1)$ die Beziehung

$$\underline{\Phi}(t_0, t_1)\underline{x}_1 - \underline{x}_0 = \int_{t_0}^{t_1} \underline{\Phi}(t_0, \tau)\underline{B}(\tau)\underline{u}(\tau)d\tau \qquad (2.57)$$

mit einer geeigneten Steuerung $\underline{u}(t)$ in $[t_0, t_1]$ erfüllt werden muß.
Da bei dieser Betrachtung $\underline{x}_0$ und $\underline{x}_1$ willkürlich sind, d.h. die
linke Seite von (2.57) bei Variation von $\underline{x}_0$ und $\underline{x}_1$ den gesamten
Zustandsraum überdeckt, muß notwendig die Matrix $\underline{\Phi}(t_0, t)\underline{B}(t)$ n linear unabhängige Zeilenvektorfunktionen in $[t_0, t_1]$ aufweisen. Das ist
aber genau dann der Fall, wenn die zugehörige Gramsche Matrix

$$\underline{W}_S(t_1, t_0) = \int_{t_0}^{t_1} \underline{\Phi}(t_0, \tau)\underline{B}(\tau)\underline{B}'(\tau)\underline{\Phi}'(t_0, \tau)d\tau \qquad (2.58)$$

regulär und damit positiv definit ist [30, Bd. I, S.228-229]. Ist umgekehrt $\underline{W}_S(t_1,t_0)$ regulär, so läßt sich (2.57) mit

$$\underline{u}(t) = - \underline{B}'(t)\underline{\Phi}'(t_0,t)\underline{W}_S^{-1}(t_1,t_0) \, [\, \underline{x}_0 - \underline{\Phi}(t_0,t_1)\underline{x}_1 \,] \qquad (2.59)$$

erfüllen. Damit ist der Beweisgedanke der folgenden Sätze demon-
striert.

Satz_2.1:_Vollständige_Steuerbarkeit

Das System (2.2) ist in $[t_0,t_1]$ genau dann vollständig steuerbar,
wenn die Steuerbarkeitsmatrix (1. Art) $\underline{W}_S(t_1,t_0)$ (2.58) regulär
ist:

$$\operatorname{Rg} \underline{W}_S(t_1,t_0) = n \qquad (2.60)$$

(Rg bedeutet den Rang einer Matrix).

Satz_2.2:_Gleichmäßige_Steuerbarkeit

Das System (2.2) ist für jedes Zeitintervall der Länge τ genau dann
gleichmäßig steuerbar, wenn es zwei positive Konstanten $c_1 = c_1(\tau)$
und $c_2 = c_2(\tau)$ gibt, so daß für alle t_0

$$\underline{0} < c_1\underline{E}_n \leq \underline{W}_S(t_0 + \tau, \, t_0) \leq c_2\underline{E}_n \qquad (2.61)$$

gilt.

Hierbei bedeuten die Ordnungsrelationen $<$ ($\leq$) zwischen zwei symme-
trischen Matrizen $\underline{A} < \underline{B}$ ($\underline{A} \leq \underline{B}$) , daß die Matrix $\underline{B} - \underline{A}$ positiv
(semi-) definit ist; dabei ist eine Matrix $\underline{M} = \underline{M}'$ positiv (semi-)
definit, wenn die zugehörige quadratische Form $\underline{x}'\underline{M}\underline{x}$ positiv (semi-)
definit ist [30, Bd. I, S.279-282; 158, S.127-130].

Entsprechend gelten mit der Beobachtbarkeitsmatrix (1. Art)

$$\underline{W}_B(t_1,t_0) = \int_{t_0}^{t_1} \underline{\Phi}'(\tau,t_0)\underline{C}'(\tau)\underline{C}(\tau)\underline{\Phi}(\tau,t_0)d\tau \qquad (2.62)$$

die folgenden beiden Sätze.

Satz 2.3: Vollständige Beobachtbarkeit

Das System (2.2, 2.3) ist in $[t_0, t_1]$ genau dann vollständig beobachtbar, wenn gilt

$$\text{Rg } \underline{W}_B(t_1, t_0) = n \ . \tag{2.63}$$

Satz 2.4: Gleichmäßige Beobachtbarkeit

Das System (2.2, 2.3) ist für jedes Zeitintervall der Länge τ genau dann gleichmäßig beobachtbar, wenn es zwei positive Konstanten $d_1 = d_1(\tau)$ und $d_2 = d_2(\tau)$ gibt, so daß für alle t_0

$$\underline{0} < d_1 \underline{E}_n \leq \underline{W}_B(t_0 + \tau, t_0) \leq d_2 \underline{E}_n \tag{2.64}$$

gilt.

Die in den Sätzen auftretenden Steuer- und Beobachtbarkeitsmatrizen haben folgende Eigenschaften [10, S.78 und S.88-89]:

a) Steuerbarkeitsmatrix

    (I) $\underline{W}_S(t_1, t_0)$ symmetrisch;

    (II) $\underline{W}_S(t_1, t_0) \geq \underline{0}$ für $t_1 > t_0$;

    (III) $\underline{W}_S(t_1, t)$ genügt der linearen Matrizengleichung

$$\dot{\underline{W}}_S(t_1, t) = \underline{A}(t)\underline{W}_S(t_1, t) + \underline{W}_S(t_1, t)\underline{A}'(t) - \underline{B}(t)\underline{B}'(t) \ , \tag{2.65}$$

$$\underline{W}_S(t_1, t_1) = \underline{0} \ ;$$

    (IV) $\underline{W}_S(t_1, t_0)$ genügt der Funktionalgleichung

$$\underline{W}_S(t_1, t_0) = \underline{W}_S(t, t_0) + \underline{\Phi}(t_0, t)\underline{W}_S(t_1, t)\underline{\Phi}'(t_0, t) \ . \tag{2.66}$$

b) Beobachtbarkeitsmatrix

    (I) $\underline{W}_B(t_1, t_0)$ symmetrisch;

    (II) $\underline{W}_B(t_1, t_0) \geq \underline{0}$ für $t_1 > t_0$;

    (III) $\underline{W}_B(t_1, t)$ genügt der linearen Matrizengleichung

$$\dot{\underline{W}}_B(t_1,t) = - \underline{A}'(t)\underline{W}_B(t_1,t) - \underline{W}_B(t_1,t)\underline{A}(t) - \underline{C}'(t)\underline{C}(t) \ ,$$

$$\tag{2.67}$$

$$\underline{W}_B(t_1,t_1) = \underline{O} \ ;$$

(IV) $\underline{W}_B(t_1,t_0)$ genügt der Funktionalgleichung

$$\underline{W}_B(t_1,t_0) = \underline{W}_B(t,t_0) + \underline{\Phi}'(t,t_0)\underline{W}_B(t_1,t)\underline{\Phi}(t,t_0) \ . \tag{2.68}$$

Es sei angemerkt, daß die Matrizendifferentialgleichungen (2.65) und (2.67) genau vom Typ der Ljapunovschen Matrizendifferentialgleichung (3.16) sind, die bei der Stabilitätsuntersuchung zeitvarianter Systeme in den Abschnitten 3.3 und 5.3 auftritt.

Die genannten Kriterien haben den Nachteil, daß man entweder die Fundamentalmatrix kennen muß, damit man die Integrale (2.58) und (2.62) auswerten kann, oder daß man die bilinearen Differentialgleichungen (2.65) und (2.67) lösen muß. Beides ist aufwendig. Man ist daher bestrebt, Kriterien aufzustellen, die allein mit der Kenntnis der gegebenen Matrizen $\underline{A}(t)$, $\underline{B}(t)$ und $\underline{C}(t)$ auskommen. Das gelingt, wenn man $\underline{B}(t)$ und $\underline{C}(t)$ (n-1)mal und $\underline{A}(t)$ (n-2)mal stetig differenzierbar voraussetzt.

Diese weiteren Kriterien sollen für den Steuerbarkeitsfall plausibel gemacht werden. Ist das System (2.2) nicht vollständig steuerbar, so gilt nach den vorherigen Überlegungen

$$\underline{c}'\underline{\Phi}(t_0,t)\underline{B}(t) \equiv \underline{O} \ , \quad t_0 \leq t \leq t_1 \ ,$$

für einen konstanten Vektor $\underline{c} \neq \underline{O}$. Durch (n-1)malige Differentiation erhält man hieraus

$$\underline{c}'\underline{\Phi}(t_0,t)\underline{B}_i(t) \equiv 0 \ , \quad t_0 \leq t \leq t_1 \ ,$$

wobei sich die Matrizen $\underline{B}_i(t)$ rekursiv aus

$$\underline{B}_{i+1}(t) = \dot{\underline{B}}_i(t) - \underline{A}(t)\underline{B}_i(t) \ , \ \underline{B}_0(t) = \underline{B}(t) \ , \ i = 0,\dots,n-2 \ , \tag{2.69}$$

ergeben. Damit lassen sich nun mit Hilfe der Steuerbarkeitsmatrix (2. Art)

$$\underline{Q}_S(t) = [\; \underline{B}_0(t) \;\; \underline{B}_1(t) \; \ldots \; \underline{B}_{n-1}(t) \;] \qquad (2.70)$$

und entsprechend mittels der Beobachtbarkeitsmatrix (2. Art)

$$\underline{Q}_B(t) = [\; \underline{C}_0'(t) \;\; \underline{C}_1'(t) \; \ldots \; \underline{C}_{n-1}'(t) \;] \qquad (2.71)$$

mit

$$\underline{C}_{i+1}(t) = \dot{\underline{C}}_i(t) + \underline{C}_i(t)\underline{A}(t) \;,\; \underline{C}_0(t) = \underline{C}(t) \;,\; i = 0,\ldots,n-2 \;, \quad (2.72)$$

die vereinfachten Steuer- und Beobachtbarkeitskriterien formulieren.

Satz 2.5: Vollständige Steuerbarkeit

Das System (2.2) ist dann (und bei analytischen Systemen auch nur dann) vollständig steuerbar im Intervall $[t_0,t_1]$, wenn

$$Rg\; \underline{Q}_S(t) = n \qquad (2.73)$$

für einen Zeitpunkt t innerhalb $[t_0,t_1]$ gilt.

Satz 2.6: Gleichmäßige Steuerbarkeit

Ist die Eingangsmatrix $\underline{B}(t)$ bezüglich $Sp\; \underline{B}'(t)\underline{B}(t)$ gleichmäßig nach unten beschränkt,

$$Sp\; \underline{B}'(t)\underline{B}(t) > b > 0 \;,\; -\infty < t < +\infty \;,$$

so ist ein analytisches System (2.2) genau dann gleichmäßig steuerbar, wenn

$$Rg\; \underline{Q}_S(t) = n$$

für mindestens ein t (und damit für fast alle t) gilt.

Satz 2.7: Vollständige Beobachtbarkeit

Das System (2.2, 2.3) ist dann (und bei analytischen Systemen auch nur dann) vollständig beobachtbar im Intervall $[t_0,t_1]$, wenn

$$Rg\; \underline{Q}_B(t) = n \qquad (2.74)$$

für einen Zeitpunkt t innerhalb $[t_0, t_1]$ gilt.

<u>Satz 2.8: Gleichmäßige Beobachtbarkeit</u>

Ist die Ausgangsmatrix $\underline{C}(t)$ bezüglich $\mathrm{Sp}\ \underline{C}(t)\underline{C}'(t)$ gleichmäßig
nach unten beschränkt,

$$\mathrm{Sp}\ \underline{C}(t)\underline{C}'(t) > c > 0\ ,\ -\infty < t < +\infty\ ,$$

so ist ein analytisches System (2.2, 2.3) genau dann gleichmäßig beobachtbar, wenn

$$\mathrm{Rg}\ \underline{Q}_B(t) = n$$

für mindestens ein t (und damit für fast alle t) gilt.

<u>2.2.3. Kriterien für lineare zeitinvariante Systeme</u>

Im Falle linearer zeitinvarianter Systeme

$$\left.\begin{aligned}
\underline{\dot{x}}(t) &= \underline{A}\ \underline{x}(t) + \underline{B}\ \underline{u}(t)\ ,\ \underline{x}(0) = \underline{x}_0\ ,\\[2mm]
\underline{y}(t) &= \underline{C}\ \underline{x}(t) + \underline{D}\ \underline{u}(t)
\end{aligned}\right\} \qquad (2.75)$$

fallen die beiden Definitionen von vollständiger und gleichmäßiger
Steuer- bzw. Beobachtbarkeit begrifflich zusammen, so daß im folgenden nur noch von vollständiger Steuer- oder Beobachtbarkeit geschrie-
ben wird.

Aus den Sätzen 2.5 und 2.7 folgen sofort die Kalmanschen Kriterien
[50].

<u>Satz 2.9: Vollständige Steuerbarkeit (Kalman)</u>

Das zeitinvariante System (2.75) ist genau dann vollständig steuerbar, wenn

$$\mathrm{Rg}\ \underline{Q}_S = \mathrm{Rg}\ [\ \underline{B}\quad \underline{AB}\ \dots\ \underline{A}^{n-1}\underline{B}\ ] = n \qquad (2.76)$$

gilt.

Satz_2.10:_Vollständige_Beobachtbarkeit__(Kalman)

Das zeitinvariante System (2.75) ist genau dann vollständig beobachtbar, wenn

$$Rg\ \underline{Q}_B = Rg\left[\ \underline{C}'\quad \underline{A}'\underline{C}'\ \ldots\ \underline{A}'^{n-1}\ \underline{C}'\ \right] = n \qquad (2.77)$$

gilt.

Der Aufbau der Matrizen $\underline{Q}_S$ und $\underline{Q}_B$ mit Matrizen $\underline{A}^k\underline{B}$ und $\underline{A}'^k\underline{C}'$
nur bis zur Ordnung $k = n-1$ ist wesentlich durch den Satz von
Cayley und Hamilton (Abschnitt 2.1.3.4) begründet.

Beispiel_1:_Magnetschwebebahn

Entsprechend der Systemdarstellung (2.48) ist das Höhenregelproblem
einer Magnetschwebebahn wegen

$$Rg\ \underline{Q}_S = Rg\begin{bmatrix} 0 & 0 & 1 \\ 0 & 1 & -\dfrac{1}{T} \\ 1 & -\dfrac{1}{T} & \dfrac{1}{T^2} + \dfrac{k}{m} - \dfrac{cl}{mT} \end{bmatrix}\dfrac{1}{mTR} = 3$$

und

$$Rg\ \underline{Q}_B = \begin{bmatrix} 1 & -\dfrac{k}{l} & 0 & \dfrac{k}{Tl} & 0 & -\dfrac{k}{T^2 l} \\ 0 & 0 & 1 & -\dfrac{c}{T} & 0 & \dfrac{c}{T^2} \\ 0 & \dfrac{m}{l} & 0 & -\dfrac{m}{Tl} & 1 & \dfrac{m}{T^2 l} - \dfrac{c}{T} \end{bmatrix} = 3$$

sowohl vollständig steuerbar als auch vollständig beobachtbar.
                                                                          □

Für die zeitinvarianten Systeme können zusätzlich zu den Kalmanschen
Kriterien noch Aussagen mit Hilfe der Eigenvektoren angegeben werden.
Nach [39] können Steuer- und Beobachtbarkeitsuntersuchungen direkt
bezüglich der Eigenschwingungen des homogenen Systems vorgenommen
werden. Die folgenden Kriterien sind daher besonders gut für physikalische Interpretationen geeignet. Auf die numerischen Unterschiede
der verschiedenen Kriterien wird in [71] eingegangen.

Satz 2.11: Vollständige Steuerbarkeit (Hautus)

Das zeitinvariante System (2.75) ist genau dann vollständig steuer-
bar, wenn es keinen Linkseigenvektor $\underline{x}_{iL}$ von $\underline{A}$ gibt, der orthogonal zu den Spaltenvektoren von $\underline{B}$ ist:

$$\underline{x}'_{iL}\,\underline{A} = \lambda_i\,\underline{x}'_{iL} \ , \quad \underline{x}'_{iL}\,\underline{B} \neq \underline{O} \qquad\qquad (2.78)$$

für alle Linkseigenvektoren

↔ vollständige Steuerbarkeit.

Satz 2.12: Vollständige Beobachtbarkeit (Hautus)

Das zeitinvariante System (2.75) ist genau dann vollständig beobachtbar, wenn es keinen Rechtseigenvektor von $\underline{A}$ gibt, der orthogonal
zu den Zeilenvektoren von $\underline{C}$ ist:

$$\underline{A}\,\underline{x}_{iR} = \lambda_i\,\underline{x}_{iR} \ , \quad \underline{C}\,\underline{x}_{iR} \neq \underline{O} \qquad\qquad (2.79)$$

für alle Rechtseigenvektoren

↔ vollständige Beobachtbarkeit.

Beispiel 1: Magnetschwebebahn

Untersucht man Steuer- und Beobachtbarkeit des Magnetschwebebahnpro-
blems (2.48) nach den Kriterien (2.78) und (2.79), so geht man am
günstigsten wie folgt vor.

a) Steuerbarkeit

Man nimmt die Existenz von $\underline{x}'_{iL}$ mit $\underline{x}'_{iL}\underline{B} = \underline{O}$ an: das bedeutet mit
$\underline{x}'_{iL} = [x_1\ x_2\ x_3]$ die Annahme $x_3 = O$. Mit diesem eingeschränkten
Vektor $\underline{x}'_{iL} = [x_1\ x_2\ O]$ wird überprüft, ob eine nichttriviale Lö-
sung des Linkseigenvektorproblems existiert. Aus $\underline{x}'_{iL}\underline{A} = \lambda_i\underline{x}'_{iL}$
folgt:

$$O = \lambda_i x_1 \ , \quad x_1 = \lambda_i x_2 \ , \quad x_2 = \lambda_i x_3 = O \ ,$$

woraus sich nur $x_1 = x_2 = O$ ergibt. Es existiert daher im Wider-
spruch zur Annahme kein Linkseigenvektor $\underline{x}_{iL} \neq \underline{O}$ mit $\underline{x}'_{iL}\underline{B} = \underline{O}$.
Das System ist also vollständig steuerbar.

b) Beobachtbarkeit

Entsprechende Überlegungen zu a) ergeben aus $\underline{C}\,\underline{x}_{iR} = \underline{0}$ den eingeschränkten Rechtseigenvektor $\underline{x}_{iR} = [0\ x_2\ 0]'$. Aus $\underline{A}\,\underline{x}_{iR} = \lambda_i \underline{x}_{iR}$
folgt damit

$$x_2 = \lambda_i \cdot 0 \ , \quad 0 = \lambda_i x_2 \ , \quad (\frac{k}{m} - \frac{cl}{mT})x_2 = \lambda_i \cdot 0 \ ,$$

was sofort auf den trivialen Vektor $\underline{x}_{iR} = \underline{0}$ führt. Das System ist
also vollständig beobachtbar.

$\square$

Für konstante Matrizen $\underline{A}$, $\underline{B}$, $\underline{C}$ kann man die Begriffe der vollständigen Steuer- und Beobachtbarkeit loslösen von der Vorstellung eines
dynamischen Systems (2.75) und direkt von der Steuerbarkeit des Matrizenpaares $(\underline{A},\underline{B})$ oder von der Beobachtbarkeit des Matrizenpaares
$(\underline{A},\underline{C})$ sprechen. Man versteht dann darunter die Gültigkeit von (2.76)
bzw. (2.78) für $(\underline{A},\underline{B})$ und (2.77) bzw. (2.79) für $(\underline{A},\underline{C})$. Offensichtlich ist $(\underline{A},\underline{B})$ genau dann steuerbar, wenn $(\underline{A}',\underline{B}')$ beobachtbar ist.

Ist das Matrizenpaar $(\underline{A},\underline{B})$ nicht (vollständig) steuerbar, so existiert ein linearer Unterraum R_S der Dimension $0 < k_S < n$,

$$k_S = \text{Rg}\ \underline{Q}_S = \text{Rg}\,[\ \underline{B}\quad \underline{AB}\ \cdots\ \underline{A}^{n-1}\,\underline{B}\,] \qquad (2.80)$$

der von k_S linear unabhängigen Spalten der Matrix $\underline{Q}_S$ aufgespannt
wird, d.h.

$$R_S = \left\{\ \underline{x}\ :\ \underline{x} = \underline{Q}_S\,\underline{q}\quad \text{mit beliebigen } nr \times 1\text{-Vektoren}\quad \underline{q}\ \right\}\ . \quad (2.81)$$

Der zu R_S orthogonale lineare Unterraum $R_S^{\perp}$ hat die Dimension
$n - k_S$; Vektoren dieses Unterraums sind orthogonal zu den Spalten
von $\underline{Q}_S$:

$$R_S^{\perp} = \left\{\ \underline{x}\ :\ \underline{x}'\underline{Q}_S = \underline{0}\ \right\}\ . \qquad (2.82)$$

Der Gesamtraum X_n wird also durch die Steuerbarkeitseigenschaft un-
terteilt in einen steuerbaren Unterraum R_S und in einen nichtsteu-
erbaren Unterraum $R_S^{\perp}$.

Ist entsprechend das Matrizenpaar $(\underline{A},\underline{C})$ nicht (vollständig) beobachtbar, so setzt sich der gesamte Zustandsraum zusammen aus einem k_B-di-
mensionalen, beobachtbaren Unterraum

$$R_B = \left\{ \underline{x} : \underline{x} = \underline{Q}_B\,\underline{q} \ \text{ mit beliebigen } nm \times 1\text{-Vektoren } \underline{q} \right\} \qquad (2.83)$$

und einem dazu orthogonalen, $(n-k_B)$-dimensionalen, nicht beobachtbaren Unterraum

$$R_B^{\perp} = \left\{ \underline{x} : \underline{x}'\underline{Q}_B = \underline{0} \right\}. \qquad (2.84)$$

Hierbei ist

$$k_B = \mathrm{Rg}\ \underline{Q}_B = \mathrm{Rg}\ [\ \underline{C}' \quad \underline{A}'\underline{C}' \quad \cdots \quad \underline{A}'^{\,n-1}\underline{C}'\ ]\ . \qquad (2.85)$$

Aus diesen Betrachtungen ergeben sich mit den Sätzen 2.11 und 2.12
zwei einfache Folgerungen.

Folgerung 2.1: Vollständige Steuerbarkeit von $(\underline{A},\underline{B})$

Das Matrizenpaar $(\underline{A},\underline{B})$ ist genau dann vollständig steuerbar, wenn das
Matrizenpaar $(\underline{A} + \underline{BK},\underline{B})$ für jede Matrix $\underline{K}$ vollständig steuerbar
ist.

Folgerung 2.2: Vollständige Beobachtbarkeit von $(\underline{A},\underline{C})$

Das Matrizenpaar $(\underline{A},\underline{C})$ ist genau dann vollständig beobachtbar, wenn
das Matrizenpaar $(\underline{A} + \underline{LC},\underline{C})$ für jede Matrix $\underline{L}$ vollständig beobachtbar ist.

2.3. Gewöhnliche mechanische Systeme

Unter einem "gewöhnlichen mechanischen System" wird hier ein endlich-
dimensionaler dynamischer Prozeß verstanden, der kontinuierlich mit
der Zeit abläuft und durch ein System von gewöhnlichen Differentialgleichungen 2. Ordnung beschrieben wird. Dieser Typ von Prozeß tritt
besonders häufig in der Mechanik, aber auch in der Elektrotechnik
auf. Die einzelnen Terme in den Differentialgleichungen lassen sich
dabei besonders anschaulich als Trägheits-, Dämpfungs- und gyroskopische Kräfte sowie als konservative und zirkulatorische Lagekräfte
bzw. als Selbstinduktionen, Ohmsche Widerstände, Gyratoren und Kapazitäten interpretieren.

2.3.1. Mechanische Systeme

Jedes physikalisch-technische Objekt kann nicht in seiner tatsächlichen Form analysiert werden. Die Analyse beschränkt sich nur auf sein Abbild, auf ein (idealisiertes) Ersatzsystem: "Nicht die technischen Gegenstände selbst, sondern geeignet gewählte Idealgebilde, die Ersatzsysteme, bilden die Objekte der Mechanik" [52, S.6].

Die hier verwendeten Ersatzsysteme sollen endlich viele Freiheitsgrade aufweisen. Nach [104, Bd.II, S.144] bezeichnet man dann als ein mechanisches System ein System von Massenpunkten und starren Körpern, das eine endliche Anzahl von Freiheitsgraden besitzt und bei dem die von den Bindungen herrührenden Reaktionskräfte bei einer virtuellen Verrückung keine virtuelle Arbeit leisten (siehe auch [24, S.48; 29, § 4; 38, S.75 und S.219]).

Obwohl mechanische Systeme stets Bauteile mit kontinuierlich verteilter Masse oder kontinuierlich verteilter Elastizität enthalten, begnügt man sich bei vielen Problemen mit der Näherung eines endlichen (diskreten) Ersatzsystems obiger Definition. Ausgehend vom physikalischen System wird durch eine Diskretisierung - unter Umständen mit Hilfe von Identifizierungsverfahren - ein Ersatzsystem aufgestellt. Häufig werden starre Körper (mit Lagerungen), Federn, Dämpfer und Stellmotore als Elemente des Ersatzsystems zugelassen [103, S.18; 125, 127]. Die Anzahl m der starren Körper und die Art der Lagerungen mit k Zwangsbedingungen ergeben die Zahl der Freiheitsgrade

$$f = 6m - k \; , \tag{2.86}$$

wobei $0 \le k \le 6m$ ist. Das zugehörige mathematische Modell wird durch Bewegungsgleichungen für f voneinander unabhängige Parameter $z_1, \ldots, z_f$ beschrieben, welche die Lage des mechanischen Systems in Bezug auf ein gewähltes Koordinatensystem eindeutig festlegen (Lagekoordinaten; verallgemeinerte Koordinaten).

2.3.2. Bewegungsgleichungen

Die Herleitung der Bewegungsgleichungen mechanischer Systeme ist ein klassisches Problem der Analytischen Mechanik [24,29,38,103] und soll

hier nicht wiederholt werden. Die konkrete Aufstellung der Bewe-
gungsgleichungen kann nach der Lagrangeschen Methode, ausgehend von
Energieausdrücken, oder nach der Newton-Eulerschen Methode mit Hil-
fe von Impuls- und Drallsatz erfolgen (s. z.B. [103, Kap.2]). Das
Ergebnis dieser Methoden ist für holonome Systeme ein nichtlineares
Differentialgleichungssystem 2f-ter Ordnung in den verallgemeinerten
Koordinaten z_i , $i = 1,\ldots,f$, das sich mit dem Lagevektor

$$\underline{z} = [\ z_1\ \ z_2\ \ldots\ z_f\ ]' \tag{2.87}$$

als

$$\underline{M}(\underline{z}(t),t)\ddot{\underline{z}}(t) + \underline{g}(\underline{z}(t),\dot{\underline{z}}(t),t) = \underline{O} \tag{2.88}$$

mit einer regulären f × f-Massenmatrix $\underline{M}$ und einer f × 1-Vektorfunk-
tion $\underline{g}$ darstellen läßt. Die Bewegungsgleichung (2.88) ist charak-
teristisch für endlich-dimensionale mechanische Systeme, bei denen
sowohl die Bindungen holonom sind als auch die eingeprägten Kräfte
nur von den verallgemeinerten Koordinaten $\underline{z}$ oder deren Ableitungen
$\dot{\underline{z}}$ abhängen. Diese Systeme werden als gewöhnliche mechanische Systeme oder als gewöhnliche Mehrkörpersysteme bezeichnet [103, S.39;
127]. Treten nichtholonome Bindungen oder allgemeine eingeprägte
Kräfte (z.B. mit einer Abhängigkeit von $\int_o^t \underline{z}(\tau)d\tau$ oder mit einer Abhängigkeit von einer nichtmechanischen Größe wie in Beispiel 1) auf,
so liegt ein allgemeines mechanisches System vor, das sich nicht
durch eine Vektordifferentialgleichung des Typs (2.88) beschreiben
läßt; für diese Systeme ist eine Zustandsraumbeschreibung (im linearen Fall entsprechend (2.2)) zweckmäßig. Die Stabilitätsuntersuchungen
in Kapitel 6 gehen stets von gewöhnlichen mechanischen Systemen aus,
so daß sich die weitere Beschreibung von mechanischen Systemen auf
diesen Fall beschränken kann.

Ist $\underline{z} = \underline{O}$, $\dot{\underline{z}} = \underline{O}$ eine Gleichgewichtslage von (2.88), d.h. gilt
$\underline{g}(\underline{O},\underline{O},t) \equiv \underline{O}$, so kann bei Beschränkung auf kleine Abweichungen aus
dieser Gleichgewichtslage unter der Voraussetzung der einmaligen Dif-
ferenzierbarkeit eine Linearisierung von (2.88) bezüglich $\underline{z}$ und $\dot{\underline{z}}$
vorgenommen werden:

$$\underline{M}(t)\ddot{\underline{z}}(t) + \underline{P}(t)\dot{\underline{z}}(t) + \underline{Q}(t)\underline{z}(t) = \underline{h}(t) \ . \tag{2.89}$$

Ist das mechanische System zusätzlich noch skleronom, so geht (2.89) über in

$$\underline{M}\,\underline{\ddot{z}}(t) + (\underline{D} + \underline{G})\underline{\dot{z}}(t) + (\underline{K} + \underline{N})\underline{z}(t) = \underline{0} \ , \qquad (2.90)$$

wobei $\underline{M} = \underline{M}'$, $\underline{D} = \underline{D}'$, $\underline{G} = -\underline{G}'$, $\underline{K} = \underline{K}'$, $\underline{N} = -\underline{N}'$ symmetrische oder schiefsymmetrische Matrizen der Ordnung f bedeuten. Eine genaue Klassifizierung der einzelnen Terme erfolgt in Abschnitt 2.3.3 .

Weist ein mechanisches System (2.90) zusätzlich noch eine Beeinflussung durch Stellmotore auf, so geht (2.90) über in

$$\underline{M}\,\underline{\ddot{z}}(t) + (\underline{D} + \underline{G})\underline{\dot{z}}(t) + (\underline{K} + \underline{N})\underline{z}(t) = \underline{S}\,\underline{u}(t) \qquad (2.91)$$

und stellt ein gesteuertes mechanisches System mit einem $r \times 1$-Steuervektor $\underline{u}(t)$ und einer $f \times r$-Stellmatrix $\underline{S}$ dar.

Die Bewegungsgleichungen (2.89 - 2.91) sind äquivalent einer Zustandsraumdarstellung (2.2, 2.3) bzw. (2.75). Bei gewöhnlichen mechanischen Systemen ist $\underline{M}$ eine reguläre Matrix. Mit dem Zustandsvektor

$$\underline{x} = \begin{bmatrix} \underline{z} \\ \\ \underline{\dot{z}} \end{bmatrix} \qquad (2.92)$$

der Ordnung $n = 2f$ geht (2.89) bzw. (2.91) daher über in die Zustandsraumdarstellung

$$\underline{\dot{x}}(t) = \begin{bmatrix} \underline{0} & \underline{E}_f \\ -\underline{M}^{-1}(t)\underline{Q}(t) & -\underline{M}^{-1}(t)\underline{P}(t) \end{bmatrix} \underline{x}(t) + \begin{bmatrix} \underline{0} \\ \underline{M}^{-1}(t)\underline{h}(t) \end{bmatrix} \qquad (2.93)$$

bzw.

$$\underline{\dot{x}}(t) = \begin{bmatrix} \underline{0} & \underline{E}_f \\ -\underline{M}^{-1}(\underline{K} + \underline{N}) & -\underline{M}^{-1}(\underline{D} + \underline{G}) \end{bmatrix} \underline{x}(t) + \begin{bmatrix} \underline{0} \\ \underline{M}^{-1}\underline{S} \end{bmatrix} \underline{u}(t) \ . \qquad (2.94)$$

Mit dem Übergang von den Bewegungsgleichungen (2.89 - 2.91) zu den Zustandsgleichungen (2.2, 2.3, 2.75) steht auch für mechanische Systeme die Theorie allgemeiner linearer Systeme der Abschnitte 2.1

und 2.2 zur Verfügung. Auf einige Besonderheiten infolge der speziellen Gestalt der Systemmatrix $\underline{A}$ bei mechanischen Systemen wird in den Abschnitten 2.3.4 und 2.3.5 eingegangen.

2.3.3. Charakterisierung der Bewegungsgleichungen linearer, zeitinvarianter, gewöhnlicher mechanischer Systeme

Die Anwendung des Lagrangeschen Formalismus führt bei zeitinvarianten, gewöhnlichen mechanischen Systemen bei Beschränkung auf kleine Abweichungen von einer Gleichgewichtslage oder allgemeiner von einer partikulären Lösung auf die Bewegungsgleichung (2.90):

$$\underline{M}\,\ddot{\underline{z}}(t) + (\underline{D} + \underline{G})\dot{\underline{z}}(t) + (\underline{K} + \underline{N})\underline{z}(t) = \underline{O}\ .$$

Eventuell vorhandene zyklische Koordinaten seien bereits nach dem Routhschen Verfahren eliminiert (siehe z.B. [29, § 13], so daß $\underline{z}$ nur die interessierenden nichtzyklischen Lagekoordinaten enthält.

2.3.3.1. Kräftearten - Die einzelnen Terme in (2.90) lassen sich

häufig als bestimmte verallgemeinerte Kräfte interpretieren [74; 75, S.214]. Jedoch sei darauf hingewiesen, daß die mathematischen Symmetrie- und Schiefsymmetrie-Eigenschaften der einzelnen Matrizen sich nicht immer eindeutig den physikalischen Kräftebezeichnungen zuordnen lassen. Hierauf wurde in [145] aufmerksam gemacht.

Massenmatrix $\underline{M} = \underline{M}' > \underline{O}$

Mit $\underline{M}$ ist die Massenmatrix des Systems bezeichnet, da $-\underline{M}\,\ddot{\underline{z}}(t)$ Trägheitskräfte darstellen. Nach dem Lagrangeschen Formalismus ist

$$T = \frac{1}{2}\,\dot{\underline{z}}'(t)\underline{M}\,\dot{\underline{z}}(t) \tag{2.95}$$

der in $\dot{\underline{z}}$ quadratische Ausdruck der kinetischen Energie des mechanischen Systems. Daher ist die Massenmatrix symmetrisch und positiv definit,

$$\underline{M} = \underline{M}' > \underline{O}\ . \tag{2.96}$$

Werden die Bewegungsgleichungen nach dem Newton-Euler Formalismus hergeleitet, so kann bei ungeschickter Elimination der Schnittkräfte

eine nichtsymmetrische Massenmatrix $\overline{M}$ auftreten. Anstelle von
(2.90) hat man dann das Differentialgleichungssystem

$$\overline{M}\,\ddot{z}(t) + \overline{M}\,M^{-1}(D + G)\dot{z}(t) + \overline{M}\,M^{-1}(K + N)z(t) = 0$$

hergeleitet, das man jedoch mit der aus der kinetischen Energie
(2.95) bekannten Matrix M durch Linksmultiplikation mit $M\,\overline{M}^{-1}$
wieder in die Form (2.90) überführen kann. In [125] ist darauf hingewiesen, daß diese Schwierigkeit sofort entfällt, wenn man den New-
ton-Euler-Formalismus gleich mit verallgemeinerten Koordinaten
durchführt. In [102, Kap.2.2; 103, S.31-33] ist auch ein systemati-
scher Eliminationsprozeß angegeben, der stets auf eine symmetrische
Massenmatrix M und damit auf (2.90) führt.

Dämpfungsmatrix $\underline{D} = \underline{D}'$

Mit D ist die Dämpfungsmatrix des Systems bezeichnet, da $-D\,\dot{z}(t)$
geschwindigkeitsproportionale nichtkonservative Kräfte sind, durch
die der Energieinhalt des Systems verkleinert (Dämpfung) oder ver-
größert (Anfachung) werden kann. Sie können von der Rayleigh-Funktion

$$R = \frac{1}{2}\,\dot{z}'(t)\,D\,\dot{z}(t) \tag{2.97}$$

abgeleitet werden. Die Matrix D ist daher symmetrisch

$$D = D' \; . \tag{2.98}$$

Ist sie darüber hinaus positiv definit, dann wird dem System bei jeder Bewegungsform Energie entzogen; in diesem Fall wird R auch
Dissipationsfunktion genannt und man spricht von vollständiger Dämpfung des Systems. Ist D nur positiv semidefinit $(D \geq 0,\ \det D = 0)$,
so greift die Dämpfung nur unvollständig in das System ein. Gibt es
jedoch keinen Bewegungsablauf, für den $R(t)$ identisch verschwindet,
so ist $R(t) > 0$ fast überall; die unvollständige Dämpfung hat die
Wirkung einer vollständigen und wird daher als durchdringende Dämpfung bezeichnet. Dieser Fall ist für die späteren Stabilitätsuntersuchungen besonders interessant und wurde in [95] untersucht.

Gyroskopische Matrix $\underline{G} = -\underline{G}'$

Der Anteil $-G\,\dot{z}$ der geschwindigkeitsproportionalen Kräfte ist kon-
servativ, leistet also bei einer beliebigen Bewegung des Systems

keine Arbeit. Hieraus folgt

$$\underline{G} = - \underline{G}' \; . \tag{2.99}$$

Da z.B. Corioliskräfte im bewegten Koordinatensystem auf solche Kräfte führen, insbesondere sich auch Kreiselkräfte unter anderem in diesem Term ausdrücken, wird $\underline{G}$ als gyroskopische Matrix bezeichnet.

Konservative Fesselungsmatrix $\underline{K} = \underline{K}'$

Konservative Lagekräfte (Fessel-Kräfte) können aus einem Potential

$$U = \frac{1}{2} \underline{z}'(t) \, \underline{K} \, \underline{z}(t) \tag{2.100}$$

abgeleitet werden:

$$- \underline{K} \, \underline{z}(t) = - \frac{\partial U}{\partial \underline{z}} \; .$$

Wegen $\dfrac{\partial^2 U}{\partial \underline{z} \partial \underline{z}'} = \dfrac{\partial^2 U}{\partial \underline{z}' \partial \underline{z}}$ muß $\underline{K}$ eine symmetrische Matrix sein

$$\underline{K} = \underline{K}' \; . \tag{2.101}$$

Konservative Lagekräfte erhält man z.B. durch Federrückstellkräfte oder in bewegten Koordinatensystemen auch durch Zentrifugalkräfte.

Zirkulatorische Matrix $\underline{N} = - \underline{N}'$

Nach Ziegler [145; 155; 156, S.29] werden nichtkonservative Lagekräfte als zirkulatorische Kräfte bezeichnet. Der Anteil $- \underline{N} \, \underline{z}$ der lageabhängigen Kräfte mit

$$\underline{N} = - \underline{N}' \tag{2.102}$$

ist kennzeichnend für solche zirkulatorischen Kräfte; $\underline{N}$ wird daher zirkulatorische Matrix genannt. Zirkulatorische Kräfte verändern den Energieinhalt des Systems. Sie treten bei sogenannten "mitgehenden Lasten" in der Elastomechanik auf [156], bei Starrkörpersystemen mit Dämpfungsmechanismen, die sich nicht durch Rayleigh-Funktionen (2.97) vollständig erfassen lassen (siehe z.B. [110, S.31]; die dort definierte Dissipationsfunktion hängt nicht nur von den Geschwindigkeiten sondern auch von den Lagegrößen ab!) oder bei geregelten mechanischen Systemen (siehe z.B. ein Kreiselpendel mit Überwachungseinrichtung [74]).

Die Klassifizierung der einzelnen Glieder in (2.90) soll durch einige typische Beispiele ergänzt werden. Hierbei wird in Abhängigkeit der auftretenden Glieder nach [156] auch eine Klassifizierung der Systeme vorgenommen.

2.3.3.2. Nichtgyroskopische konservative Systeme (M-K-Systeme). - Ein System der Form

$$\underline{M}\,\ddot{\underline{z}}(t) + \underline{K}\,\underline{z}(t) = \underline{O} \qquad\qquad (2.103)$$

wird ein nichtgyroskopisches konservatives System genannt.

Beispiel 2: Physikalisches Starrkörper-Doppelpendel

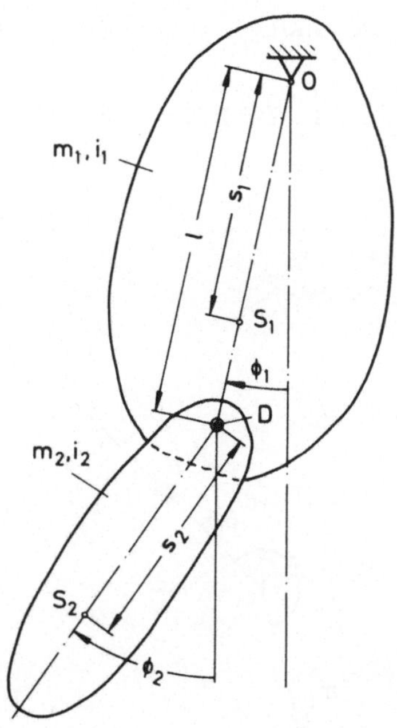

Bild 2.4. Starrkörper-Doppelpendel (Beispiel 2)

Für ein physikalisches Starrkörper-Doppelpendel (Bild 2.4) lassen sich für kleine Winkelabweichungen ϕ_1 und ϕ_2 die linearisierten

Bewegungsgleichungen aufstellen [52, S.35] (Massen m_i , Trägheits-
radien i_i , Schwerpunktsabstände s_i , Drehpunktsabstand l):

$$
\begin{bmatrix} m_1(i_1^2 + s_1^2) + m_2 l^2 & m_2\,l\,s_2 \\[2ex] m_2\,l\,s_2 & m_2(i_2^2 + s_2^2) \end{bmatrix} \begin{bmatrix} \ddot{\phi}_1 \\[2ex] \ddot{\phi}_2 \end{bmatrix} + g \begin{bmatrix} m_1 s_1 + m_2 l & 0 \\[2ex] 0 & s_2 \end{bmatrix} \begin{bmatrix} \phi_1 \\[2ex] \phi_2 \end{bmatrix} = \underline{0} \ .
$$

(2.104)

□

**Beispiel 3: Inverses mathematisches Doppelpendel mit richtungs-
treuer vertikaler Last**

Zur Untersuchung des Knickproblems elastischer Stäbe werden häufig
diskrete Ersatzsysteme herangezogen. Der elastische Knickstab wird
z.B. durch zwei starre Elemente der Länge l mit diskreten Massen
m_1 und m_2 ersetzt, die durch Gelenke mit elastischen Rückstell-
kräften verbunden sind (Bild 2.5). Nach [156, S.68-69] ergeben sich
mit den in Bild 2.5 verwendeten Bezeichnungen für kleine Auslenkungen θ_1 und θ_2 die Bewegungsgleichungen

$$
\begin{bmatrix} m_1 a_1^2 + m_2 l^2 & m_2\,l\,a_2 \\[2ex] m_2\,l\,a_2 & m_2 a_2^2 \end{bmatrix} \begin{bmatrix} \ddot{\theta}_1 \\[2ex] \ddot{\theta}_2 \end{bmatrix} + \begin{bmatrix} 2k - P_1 l & -k \\[2ex] k & k - P_1 l \end{bmatrix} \begin{bmatrix} \theta_1 \\[2ex] \theta_2 \end{bmatrix} = \underline{0} \ .
$$

(2.105)

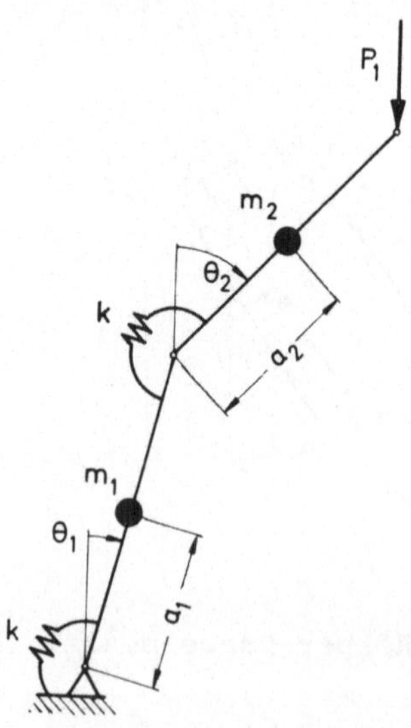

Bild 2.5. Mathematisches Doppelpendel mit vertikaler Last P_1
     (Beispiel 3)

□

2.3.3.3. Gyroskopische konservative Systeme (M-G-K-Systeme). - Ein
System der Form

$$\underline{M}\,\underline{\ddot{z}}(t) + \underline{G}\,\underline{\dot{z}}(t) + \underline{K}\,\underline{z}(t) = \underline{0} \qquad (2.106)$$

wird ein gyroskopisches konservatives System genannt.

Beispiel 4: Gravitationsstabilisierter Satellit auf einer Kreisbahn

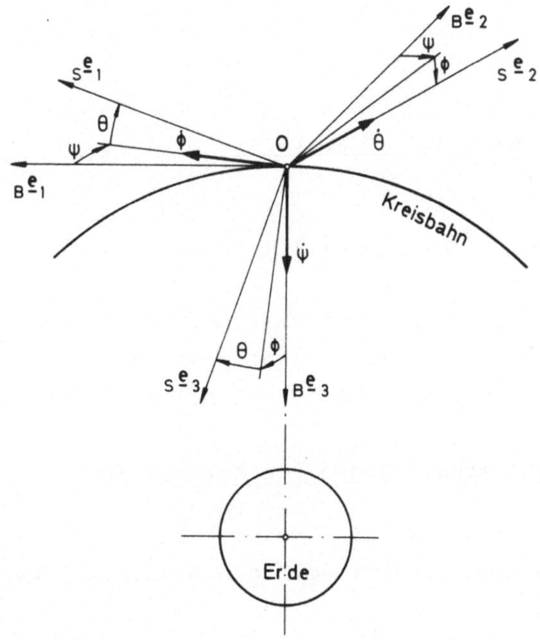

Bild 2.6. Gravitationsstabilisierter Satellit auf Kreisbahn;
Koordinatensysteme und Winkel ϕ, θ, ψ (Beispiel 4)

Die Bewegungsgleichungen für Drehungen eines gravitationsstabilisierten Satelliten auf einer Kreisbahn können aus [75, S.295-296; 122,
§ 6.1; 124, § 2.4] übernommen werden. Werden hierbei die kleinen Abweichungen des körperfesten Koordinatensystems $\{_S\underline{e}_i\}$ des Satelliten gegenüber dem bahnfesten Koordinatensystem $\{_B\underline{e}_i\}$ durch den
Rollwinkel ϕ , den Nickwinkel θ und den Gierwinkel ψ beschrieben
(Bild 2.6), so ergeben sich die linearisierten Bewegungsgleichungen zu

$$\begin{bmatrix} J_1 & 0 & 0 \\ 0 & J_2 & 0 \\ 0 & 0 & J_3 \end{bmatrix} \begin{bmatrix} \ddot{\phi} \\ \ddot{\theta} \\ \ddot{\psi} \end{bmatrix} + \begin{bmatrix} 0 & 0 & -(J_1 - J_2 + J_3) \\ 0 & 0 & 0 \\ (J_1 - J_2 + J_3) & 0 & 0 \end{bmatrix} \begin{bmatrix} \dot{\phi} \\ \dot{\theta} \\ \dot{\psi} \end{bmatrix} +$$

$$\begin{bmatrix} 4(J_2 - J_3) & 0 & 0 \\ 0 & -3(J_3 - J_1) & 0 \\ 0 & 0 & -(J_1 - J_2) \end{bmatrix} \begin{bmatrix} \phi \\ \theta \\ \psi \end{bmatrix} = \underline{0} \; ,$$

$$(2.107)$$

wobei J_1, J_2, J_3 die zugehörigen Hauptträgheitsmomente des Satelliten sind und die Ableitungen bezüglich der wahren Anomalie vorgenommen sind.

□

2.3.3.4. Nichtgyroskopische dissipative Systeme (M-D-K-Systeme). -
Ein System der Form

$$\underline{M} \, \underline{\ddot{z}}(t) + \underline{D} \, \underline{\dot{z}}(t) + \underline{K} \, \underline{z}(t) = \underline{0} \qquad\qquad (2.108)$$

wird als ein nichtgyroskopisches dissipatives System bezeichnet (unabhängig davon, ob $\underline{D}$ positiv definit ist oder nicht). Für viele mechanische Probleme ohne Kreiselwirkungen ist (2.108) kennzeichnend.

Beispiel 5: Vertikalschwingungen von Automobilen

Für die Untersuchung der Vertikalschwingungen von Automobilen kann häufig ein Zwei-Massen-Ersatzmodell gemäß Bild 2.7 verwendet werden.

Mit den Bezeichnungen aus Bild 2.7 ergeben sich für die Auslenkungen z_1 und z_2 aus der Gleichgewichtslage die Bewegungsgleichungen

$$\begin{bmatrix} m_1 & 0 \\ 0 & m_2 \end{bmatrix} \begin{bmatrix} \ddot{z}_1 \\ \ddot{z}_2 \end{bmatrix} + \begin{bmatrix} d & -d \\ -d & d \end{bmatrix} \begin{bmatrix} \dot{z}_1 \\ \dot{z}_2 \end{bmatrix} + \begin{bmatrix} k_1 & -k_1 \\ -k_1 & k_1 + k_2 \end{bmatrix} \begin{bmatrix} z_1 \\ z_2 \end{bmatrix} = \underline{0}. \quad (2.109)$$

□

Beispiel 6: Passive Lagestabilisierung eines Zwei-Körper-Satelliten (Nickbewegung)

Die linearisierten Gleichungen der Drehbewegungen eines gravitationsstabilisierten Zwei-Körper-Satelliten auf einer Kreisbahn (Bild 2.8),

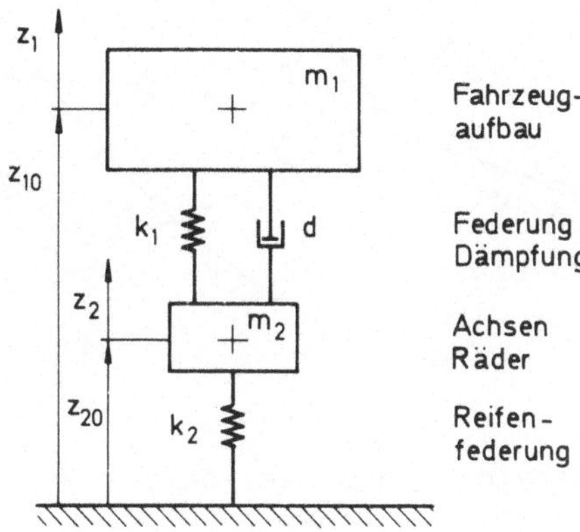

Bild 2.7. Zwei-Massen-Ersatzmodell für die
          Vertikalschwingungen eines Automobils
          (Beispiel 5)

dessen beide Teilkörper in den jeweiligen Massenmittelpunkten gelen-
kig miteinander und deren Relativbewegung durch lineare Drehfedern
und geschwindigkeitsproportionale Dämpfer verbunden sind, sind entkoppelt in die Nick- (Beispiel 6) und in die Roll-Gier-Bewegung (Beispiel 7). Nach [19; 93, S.41-42] erhält man für die Nickbewegung die
Gleichung

$$
\begin{bmatrix} J_2 & I_2^2 \\ I_2^2 & I_2^2 \end{bmatrix}
\begin{bmatrix} \ddot{\theta} \\ \ddot{\delta} \end{bmatrix}
+
\begin{bmatrix} 0 & 0 \\ 0 & d \end{bmatrix}
\begin{bmatrix} \dot{\theta} \\ \dot{\delta} \end{bmatrix}
+ 3
\begin{bmatrix} J_1-J_3 & I_1^2-I_3^2 \\ I_1^2-I_3^2 & I_1^2-I_3^2+k \end{bmatrix}
\begin{bmatrix} \theta \\ \delta \end{bmatrix}
= \underline{0} \, . \qquad (2.110)
$$

Hierbei bedeuten J_1 , J_2 , J_3 die Hauptträgheitsmomente des Gesamt-
satelliten um Roll-, Nick- und Gierachse; I_1^j , I_2^j , I_3^j die entsprechenden Hauptträgheitsmomente des j-ten Teilkörpers; d und k entsprechen einer Dämpfungs- und einer Federkonstanten.

□

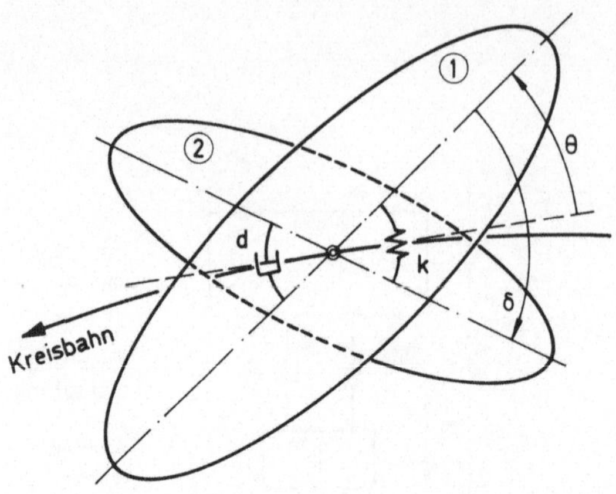

Bild 2.8. Nickbewegung eines Zwei-Körper-Satelliten (Beispiel 6)

2.3.3.5. Gyroskopische dissipative Systeme (M-D-G-K-Systeme). - Ein System der Form

$$\underline{M}\,\underline{\ddot{z}}(t) + (\underline{D} + \underline{G})\underline{\dot{z}}(t) + \underline{K}\,\underline{z}(t) = \underline{O} \tag{2.111}$$

bezeichnet man als ein gyroskopisches, dissipatives System. Dieser Systemtyp ist für die Praxis von recht großer Bedeutung, da sich sehr viele Probleme durch (2.111) beschreiben lassen.

Beispiel 7: Passive Lagestabilisierung eines Zwei-Körper-Satelliten (Roll-Gier-Bewegung)

Die Bewegungsgleichungen der Roll-Gier-Bewegung des im Beispiel 6 betrachteten Satelliten lauten mit den Roll-, Gier- und Relativ-Winkeln ϕ , ψ und ε :

$$\begin{bmatrix} J_1 & O & I_1^2 \\ O & J_3 & O \\ I_1^2 & O & I_1^2 \end{bmatrix} \begin{bmatrix} \ddot{\phi} \\ \ddot{\psi} \\ \ddot{\varepsilon} \end{bmatrix} - \begin{bmatrix} O & J_1+J_3-J_2 & O \\ J_2-J_1-J_3 & O & I_2^2-I_1^2-I_3^2 \\ O & I_1^2+I_3^2-I_2^2 & O \end{bmatrix} \begin{bmatrix} \dot{\phi} \\ \dot{\psi} \\ \dot{\varepsilon} \end{bmatrix} +$$

$$+ \begin{bmatrix} O & O & O \\ O & O & O \\ O & O & \bar{d} \end{bmatrix} \begin{bmatrix} \dot{\phi} \\ \dot{\psi} \\ \dot{\varepsilon} \end{bmatrix} + \begin{bmatrix} 4(J_2-J_3) & O & 4(I_2^2-I_3^2) \\ O & J_2-J_1 & O \\ 4(I_2^2-I_3^2) & O & 4(I_2^2-I_3^2)+\bar{k} \end{bmatrix} \begin{bmatrix} \phi \\ \psi \\ \varepsilon \end{bmatrix} = \underline{O} \; . \tag{2.112}$$

Hierbei sind $\bar{d}$ und $\bar{k}$ wieder die Beiwerte einer viskosen Dämpfung und einer linearen Feder.   □

Beispiel 8: Elastisch gelagerter Rotor

Schnellaufende Rotoren werden im Zentrifugen- und Turbinenbau verwendet. Ihr Bewegungsverhalten wird wesentlich durch die Kreiselkräfte und die Elastizität und Dämpfung der Lagerung beeinflußt. In Bild 2.9 ist schematisch ein elastisch gelagerter Rotor gezeigt.

Im Inertialsystem 1,2,3 ergeben sich bei konstanter Rotordrehgeschwindigkeit $\dot{\gamma} = \Omega$ des ideal ausgewuchteten Rotors für kleine Auslenkungen aus der Gleichgewichtslage bei Vernachlässigung von Vertikalbewegungen die Bewegungsgleichungen [130, Gl. (3.3)]

$$\begin{bmatrix} \underline{M}_1 & \underline{O} \\ \underline{O} & \underline{M}_1 \end{bmatrix} \begin{bmatrix} \ddot{\underline{z}}_1 \\ \ddot{\underline{z}}_2 \end{bmatrix} + \left\{ \begin{bmatrix} \underline{D}_1 & \underline{O} \\ \underline{O} & \underline{D}_1 \end{bmatrix} + \begin{bmatrix} \underline{O} & -\underline{G}_1 \\ \underline{G}_1 & \underline{O} \end{bmatrix} \right\} \begin{bmatrix} \dot{\underline{z}}_1 \\ \dot{\underline{z}}_2 \end{bmatrix} + \begin{bmatrix} \underline{K}_1 & \underline{O} \\ \underline{O} & \underline{K}_1 \end{bmatrix} \begin{bmatrix} \underline{z}_1 \\ \underline{z}_2 \end{bmatrix} = \underline{O} \ ,$$

$$(2.113)$$

wobei $\underline{z}_1$ und $\underline{z}_2$ vierdimensionale Vektoren sind, welche die Horizontalauslenkungen der oberen Masse m_o , des Rotorschwerpunktes S , der unteren Masse m_u und des oberen Rotorendes gegenüber dem Rotorschwerpunkt in 1- und in 2-Richtung enthalten. Mit der Rotormasse m_R , dem Querträgheitsmoment A und dem Trägheitsmoment C um die Symmetrie-Achse des Rotors sowie den in Bild 2.9 aufgezeigten Steifigkeiten k_o, k_h, k_w und k_u , Dämpfungskonstanten d_o und d_u , Abmessungen c und d lauten die einzelnen Größen in (2.113):

$$\underline{z}_1 = [\ x_1 \quad y_1 \quad z_1 \quad c\alpha_2\ ]' \ , \quad \underline{z}_2 = [\ x_2 \quad y_2 \quad z_2 \quad -c\alpha_1\ ]' \ ,$$

$$\underline{M}_1 = \underline{\mathrm{diag}}\ [\ m_o \quad m_R \quad m_u \quad \frac{A}{c^2}\ ] \ ,$$

$$\underline{D}_1 = \underline{\mathrm{diag}}\ [\ d_o \quad 0 \quad d_u \quad 0\ ] \ , \quad G_1 = \underline{\mathrm{diag}}\ [\ 0 \quad 0 \quad 0 \quad -\frac{C\Omega}{c^2}\ ] \ ,$$

$$\underline{K}_1 = \begin{bmatrix} k_o+k_h & -k_h & 0 & -k_h \\ -k_h & k_h+k_w & -k_w & k_h - \frac{d}{c}k_w \\ 0 & -k_w & k_w+k_u & \frac{d}{c}k_w \\ -k_h & k_h - \frac{d}{c}k_w & \frac{d}{c}k_w & k_h + (\frac{d}{c})^2 k_w + \frac{Nc-Kd}{c^2} \end{bmatrix} \ . \qquad (2.114)$$

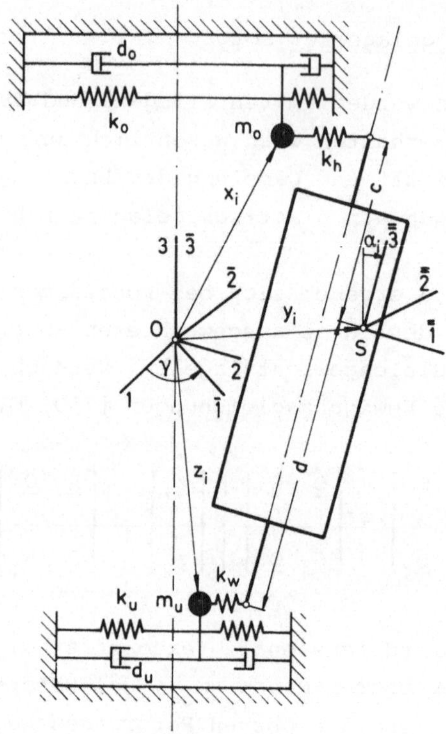

Bild 2.9. Elastisch gelagerter Rotor (Beispiel 8)

Die Größen N und $K = m_R g - N$ sind durch die magnetische Zugkraft
N am oberen Rotorende festgelegt. Für weitere Einzelheiten wird auf
[130] verwiesen.

□

2.3.3.6. Zirkulatorische Systeme (M-K-N-Systeme). – Ein System der Form

$$\underline{M}\,\ddot{\underline{z}}(t) + (\underline{K} + \underline{N})\underline{z}(t) = \underline{O} \qquad (2.115)$$

bezeichnet man als ein (nichtgyroskopisches) zirkulatorisches System.

Beispiel 9: Inverses mathematisches Doppelpendel mit tangentialer mitgehender Last

Ersetzt man die vertikale Kraft P_1 im Beispiel 3 durch eine am zweiten Stabende tangential angreifende, mitgehende Kraft P_2 (siehe Bild 2.10), so erhält man nach [156, S.108-111] die Bewegungsgleichungen

$$\begin{bmatrix} m_1a_1^2 + m_2l^2 & m_2la_2 \\ m_2la_2 & m_2a_2^2 \end{bmatrix} \begin{bmatrix} \ddot{\theta}_1 \\ \ddot{\theta}_2 \end{bmatrix} + \left\{ \begin{bmatrix} 2k - P_2l & -k + \frac{1}{2}P_2l \\ -k + \frac{1}{2}P_2l & k \end{bmatrix} + \begin{bmatrix} 0 & \frac{1}{2}P_2l \\ -\frac{1}{2}P_2l & 0 \end{bmatrix} \right\} \begin{bmatrix} \theta_1 \\ \theta_2 \end{bmatrix} = \underline{0} \, . \tag{2.116}$$

Man erkennt an diesem Beispiel, daß zirkulatorische Kräfte sich nicht nur in der Matrix $\underline{N}$ auswirken, sondern auch in $\underline{K}$.

□

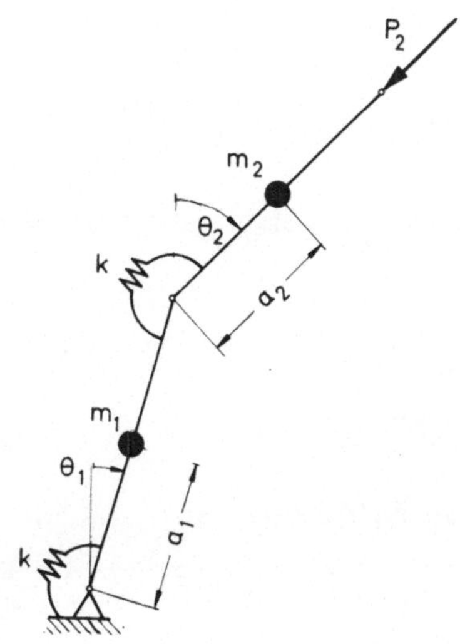

Bild 2.10. Mathematisches Doppelpendel mit tangentialer Last P_2 (Beispiel 9)

2.3.3.7. Allgemeine zirkulatorische Systeme (M-D-G-K-N-Systeme). -
Mechanische Systeme (2.90), in denen die zirkulatorische Matrix $\underline{N}$
von Null verschieden ist, werden allgemeine zirkulatorische Systeme
genannt.

Beispiel 8: Elastisch gelagerter Rotor

Die Bewegungsgleichungen des elastisch gelagerten Rotors können auch
in einem mitdrehenden Koordinatensystem (s. Bild 2.9) dargestellt
werden. In den (mitdrehenden) $\overline{1}$- und $\overline{2}$-Koordinaten für die Horizontalauslenkungen der oberen Masse m_o , des Rotorschwerpunktes S ,
der unteren Masse m_u und des oberen Rotorendes ergibt sich anstel-
le von (2.112), mit den zugehörigen Lagevektoren $\overline{\underline{z}}_1$, $\overline{\underline{z}}_2$ das
Gleichungssystem [130, Gl.(2.55)]

$$\begin{bmatrix} \underline{M}_1 & \underline{O} \\ \underline{O} & \underline{M}_1 \end{bmatrix} \begin{bmatrix} \ddot{\overline{\underline{z}}}_1 \\ \ddot{\overline{\underline{z}}}_2 \end{bmatrix} + \left\{ \begin{bmatrix} \underline{D}_1 & \underline{O} \\ \underline{O} & \underline{D}_1 \end{bmatrix} + \begin{bmatrix} \underline{O} & -\underline{G}_2 \\ \underline{G}_2 & \underline{O} \end{bmatrix} \right\} \begin{bmatrix} \dot{\overline{\underline{z}}}_1 \\ \dot{\overline{\underline{z}}}_2 \end{bmatrix} +$$

$$+ \left\{ \begin{bmatrix} \underline{K}_2 & \underline{O} \\ \underline{O} & \underline{K}_2 \end{bmatrix} + \begin{bmatrix} \underline{O} & -\underline{N}_2 \\ \underline{N}_2 & \underline{O} \end{bmatrix} \right\} \begin{bmatrix} \overline{\underline{z}}_1 \\ \overline{\underline{z}}_2 \end{bmatrix} = \underline{O} \tag{2.117}$$

mit $\underline{M}_1$ und $\underline{D}_1$ gemäß (2.114) und

$$\underline{G}_2 = \underline{\text{diag}} \left[2m_o\Omega,\ 2m_R\Omega,\ 2m_u\Omega,\ \frac{2A-C}{c^2}\Omega \right] = \underline{G}_1 + 2\Omega\underline{M}_1 ,$$

$$\underline{K}_2 = \begin{bmatrix} k_o+k_h-m_o\Omega^2 & -k_h & 0 & -k_h \\ -k_h & k_h+k_w-m_R\Omega^2 & -k_w & k_h-\frac{d}{c}k_w \\ 0 & -k_w & k_u+k_w-m_u\Omega^2 & \frac{d}{c}k_w \\ -k_h & k_h-\frac{d}{c}k_w & \frac{d}{c}k_w & k_h+(\frac{d}{c})^2k_w+\frac{Nc-Kd}{c^2}-\frac{A-C}{c^2}\Omega^2 \end{bmatrix} = \underline{K}_1-\Omega^2\underline{M}_1-\Omega\underline{G}_1 ,$$

$$\tag{2.118}$$

$$\underline{N}_2 = \underline{\text{diag}} \left[\Omega d_o,\ 0,\ \Omega d_u,\ 0 \right] = \Omega\underline{D}_1 .$$

Beispiel 10: Elastisch gelagerter Doppel-Rotor

Möchte man bei schnelldrehenden Rotoren des Beispiels 8 zusätzlich
noch den Einfluß der Elastizität und der Werkstoffdämpfung untersuchen, so bietet sich als Ersatzsystem ein Rotor mit zwei starren
Teilrotoren an, die durch ein elastisches Gelenk mit geschwindig-
keitsproportionaler Dämpfung verbunden sind (Bild 2.11).

Von den in [110] durchgeführten Betrachtungen interessieren hier nur
der prinzipielle Aufbau der Bewegungsgleichungen. Mit den äußeren
Dämpfungen d_o und d_u des oberen und des unteren Lagers sowie der
inneren Gelenkdämpfung d_g lauten die Gleichungen in einem Inertial-
system mit 5-dimensionalen Lagevektoren $\underline{z}_1$ und $\underline{z}_2$ für Auslenkungen in den horizontalen 1- und 2-Richtungen:

$$
\begin{bmatrix} \underline{M}_1 & \underline{O} \\ \underline{O} & \underline{M}_1 \end{bmatrix}
\begin{bmatrix} \ddot{\underline{z}}_1 \\ \ddot{\underline{z}}_2 \end{bmatrix}
+ \left\{ \begin{bmatrix} \underline{D}_1 & \underline{O} \\ \underline{O} & \underline{D}_1 \end{bmatrix}
+ \begin{bmatrix} \underline{O} & -\underline{G}_1 \\ \underline{G}_1 & \underline{O} \end{bmatrix} \right\}
\begin{bmatrix} \dot{\underline{z}}_1 \\ \dot{\underline{z}}_2 \end{bmatrix} +
$$

$$
+ \left\{ \begin{bmatrix} \underline{K}_1 & \underline{O} \\ \underline{O} & \underline{K}_1 \end{bmatrix}
+ \begin{bmatrix} \underline{O} & -\underline{N}_1 \\ \underline{N}_1 & \underline{O} \end{bmatrix} \right\}
\begin{bmatrix} \underline{z}_1 \\ \underline{z}_2 \end{bmatrix} = \underline{O} \; . \tag{2.119}
$$

mit $\underline{z}_1 = [\, x_1 \;\; \alpha_2 \;\; y_1 \;\; \beta_2 \;\; z_1 \,]'$, $\underline{z}_2 = [\, x_2 \;\; -\alpha_1 \;\; y_2 \;\; -\beta_1 \;\; z_2 \,]'$,

$$
\underline{M}_1 = \begin{bmatrix}
m_o & 0 & 0 & 0 & 0 \\
0 & A_1 + m_1 s_1^2 & m_1 s_1 & 0 & 0 \\
0 & m_1 s_1 & m_1 + m_2 & -m_2 s_2 & 0 \\
0 & 0 & -m_2 s_2 & A_2 + m_2 s_2^2 & 0 \\
0 & 0 & 0 & 0 & m_u
\end{bmatrix} ,
$$

$$
\underline{D}_1 = \begin{bmatrix}
d_o & 0 & 0 & 0 & 0 \\
0 & d_g & 0 & -d_g & 0 \\
0 & 0 & 0 & 0 & 0 \\
0 & -d_g & 0 & d_g & 0 \\
0 & 0 & 0 & 0 & d_u
\end{bmatrix} ,
$$

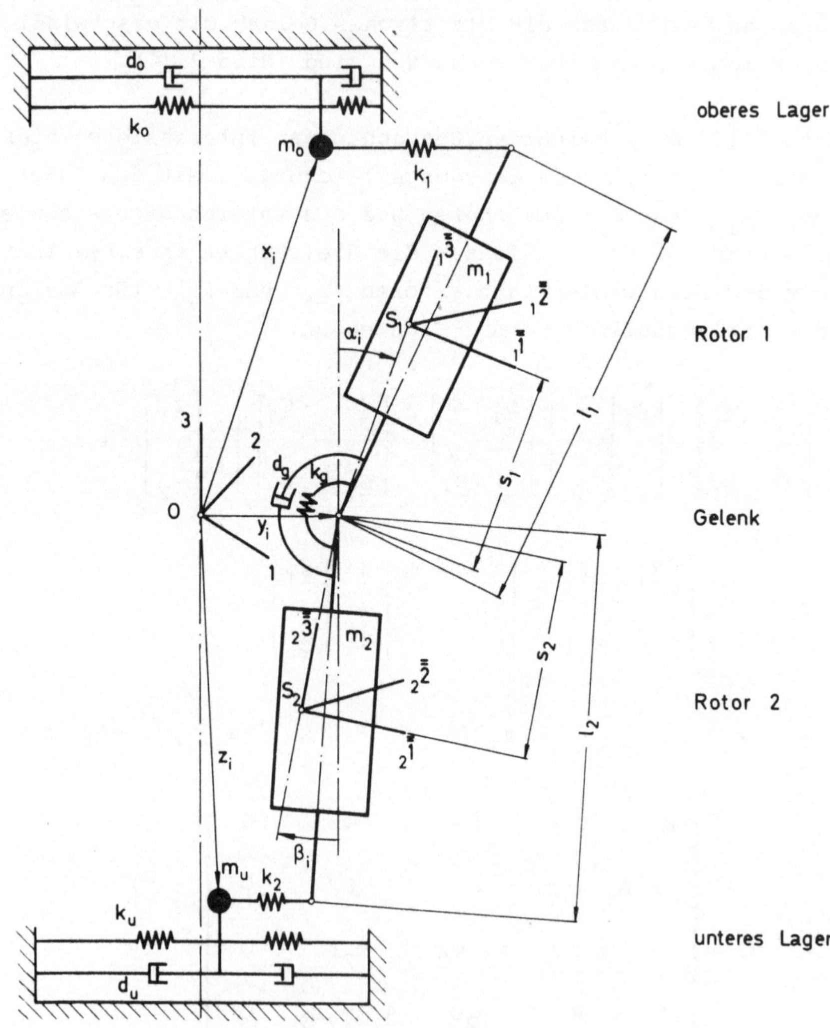

Bild 2.11. Elastisch gelagerter Doppel-Rotor
(Beispiel 10)

$$\underline{G}_1 = \underline{\text{diag}} \left[\, 0 \, , \, -\Omega C_1 \, , \, 0 \, , \, -\Omega C_2 \, , \, 0 \, \right] , \qquad\qquad (2.120)$$

$$\underline{K}_1 = \begin{bmatrix} k_o+k_1 & -1_1 k_1 & -k_1 & 0 & 0 \\ -1_1 k_1 & 1_1^2 k_1+k_g-HM_1 & 1_1 k_1 & -k_g & 0 \\ -k_1 & 1_1 k_1 & k_1+k_2 & -1_2 k_2 & -k_2 \\ 0 & -k_g & -1_2 k_2 & 1_2^2 k_2+k_g-HM_2 & 1_2 k_2 \\ 0 & 0 & -k_2 & 1_2 k_2 & k_2+k_u \end{bmatrix} ,$$

$$\underline{N}_1 = \begin{bmatrix} 0 & 0 & 0 & 0 & 0 \\ 0 & -\Omega d_g & 0 & \Omega d_g & 0 \\ 0 & 0 & 0 & 0 & 0 \\ 0 & \Omega d_g & 0 & -\Omega d_g & 0 \\ 0 & 0 & 0 & 0 & 0 \end{bmatrix} .$$

Die Bezeichnungen sind in Anlehnung an diejenigen des Beispiels 8
in (2.114) und gemäß Bild 2.11 gewählt. Infolge der inneren Gelenkdämpfung, die sich gegenüber den inertial abgestützten äußeren Dämpfungskräften als eine mitgehende Kraft erweist, tritt bei diesem
Beispiel eine zirkulatorische Matrix auf.

□

2.3.4. Koordinatentransformationen

In der Zustandsraumdarstellung (2.93) oder (2.94) lassen sich für
mechanische Systeme allgemeine Koordinatentransformationen entsprechend Abschnitt 2.1.4 durchführen. Jedoch ergeben solche Transformationen nicht notwendig wieder eine Systemmatrix $\underline{A}$, die einem mechanischen System gemäß (2.93, 2.94) entspricht. Hierfür hat man die Koordinatentransformationen einzuschränken.

<u>Satz 2.13: Transformationen für zeitinvariante gewöhnliche mechani-
sche Systeme</u>

Ein mechanisches System (2.90) wird durch eine Zustands-Koordinaten-
transformation

$$
\begin{bmatrix} \underline{z} \\ \dot{\underline{z}} \end{bmatrix} = \begin{bmatrix} \underline{T}_{11} & \underline{T}_{12} \\ \underline{T}_{21} & \underline{T}_{22} \end{bmatrix} \begin{bmatrix} \overline{\underline{z}} \\ \dot{\overline{\underline{z}}} \end{bmatrix} \tag{2.121}
$$

genau dann wieder in der Gestalt eines mechanischen Systems (2.90)
dargestellt, wenn mit

$$
\begin{bmatrix} \underline{T}_{11} & \underline{T}_{12} \\ \underline{T}_{21} & \underline{T}_{22} \end{bmatrix}^{-1} = \begin{bmatrix} \underline{T}^{11} & \underline{T}^{12} \\ \underline{T}^{21} & \underline{T}^{22} \end{bmatrix} \tag{2.122}
$$

die Beziehungen

$$
\underline{T}^{21} + \underline{T}^{12}(\underline{K} + \underline{N}) = \underline{O} \; ,
$$
$$
\underline{T}^{22} + \underline{T}^{12}(\underline{D} + \underline{G}) - \underline{T}^{11} = \underline{O} \tag{2.123}
$$

erfüllt sind.

Der Beweis erfolgt über die für mechanische Systeme charakteristi-
sche Bedingung $\dot{\overline{\underline{z}}} = \dfrac{d}{dt}\,\overline{\underline{z}}$, d.h. über die Forderung

$$
[\; \underline{E}_f \quad \underline{O} \;] \; \underline{T}^{-1}\underline{A}\underline{T} = [\; \underline{O} \quad \underline{E}_f \;] \; , \tag{2.124}
$$

woraus sich sofort (2.123) ergibt.

Neben den allgemeinen Zustandstransformationen betrachtet man in der
Mechanik speziell die kanonischen (Berührungs-)Transformationen und
die Punkttransformationen.

2.3.4.1. Kanonische Transformationen. - Die kanonischen Transformationen sind Zustandstransformationen, die ein konservatives mechanisches
System in der Darstellung der kanonischen Gleichungen von Hamilton
wieder in ein kanonisches Gleichungssystem überführen [29, § 24; 38,
S.289]. Mit den Impulskoordinaten

$$
\underline{p} = \underline{M}\,\dot{\underline{z}} + \frac{1}{2}\underline{G}\,\underline{z} \tag{2.125}
$$

lauten die kanonischen Gleichungen eines konservativen Systems (2.90)
(also mit $\underline{D} = \underline{O}$, $\underline{N} = \underline{O}$)

$$
\begin{bmatrix} \dot{\underline{z}} \\[2mm] \underline{p} \end{bmatrix}
=
\begin{bmatrix} -\frac{1}{2}\underline{M}^{-1}\underline{G} & \underline{M}^{-1} \\[3mm] -\underline{K}-\frac{1}{4}\underline{G}'\,\underline{M}^{-1}\underline{G} & \frac{1}{2}\underline{G}'\underline{M}^{-1} \end{bmatrix}
\begin{bmatrix} \underline{z} \\[2mm] \underline{p} \end{bmatrix}
= \underline{H} \begin{bmatrix} \underline{z} \\[2mm] \underline{p} \end{bmatrix} . \qquad (2.126)
$$

Für diese Hamiltonmatrix $\underline{H}$ gilt die Beziehung

$$
\underline{H}'\underline{\Sigma} + \underline{\Sigma}\underline{H} = \underline{O} \qquad\qquad (2.127)
$$

$$
\underline{\Sigma} = -\underline{\Sigma}' = -\underline{\Sigma}^{-1} =
\begin{bmatrix} \underline{O} & \underline{E}_f \\[3mm] -\underline{E}_f & \underline{O} \end{bmatrix} . \qquad (2.128)
$$

Mit der Charakterisierung der kanonischen Transformationen durch die
Lagrangeschen oder die Poissonschen Klammersymbole [29, S.158-161;
38, S.293-294] erhält man gemäß [29, S.161-163] den

Satz 2.14: Kanonische Transformationen

Die linearen kanonischen Transformationen des Hamiltonschen Systems
(2.126) sind genau durch die verallgemeinerten symplektischen Matrizen gegeben, d.h. durch Matrizen $\underline{T}$ mit

$$
\underline{T}'\,\underline{\Sigma}\,\underline{T} = c\,\underline{\Sigma} , \quad c \neq 0 . \qquad (2.129)
$$

2.3.4.2. Punkttransformationen. - Die Punkttransformationen sind
Transformationen in den Lagekoordinaten; die Geschwindigkeitskoordi-
naten transformieren sich entsprechend mit. Eine Punkttransformation

$$
\underline{z}(t) = \underline{T}_{11}\overline{\underline{z}}(t) , \quad \dot{\underline{z}}(t) = \underline{T}_{11}\dot{\overline{\underline{z}}}(t) \qquad (2.130)
$$

führt das mechanische System (2.90) über in

$$
\underline{T}_{11}'\underline{M}\underline{T}_{11}\ddot{\overline{\underline{z}}}(t) + (\underline{T}_{11}'\underline{D}\,\underline{T}_{11} + \underline{T}_{11}'\underline{G}\,\underline{T}_{11})\,\dot{\overline{\underline{z}}}(t) +
$$
$$
\qquad (2.131)
$$
$$
+ (\underline{T}_{11}'\underline{K}\,\underline{T}_{11} + \underline{T}_{11}'\underline{N}\,\underline{T}_{11})\,\overline{\underline{z}}(t) = \underline{O} ,
$$

wobei bei Berücksichtigung des Lagrangeschen Formalismus die Gleichung noch von links mit $\underline{T}'_{11}$ durchmultipliziert wurde. Dadurch
wird gewährleistet, daß die Matrizen $\underline{T}'_{11}\,\underline{U}\,\underline{T}_{11}$ mit $\underline{U}$ symmetrisch
oder schiefsymmetrisch bleiben. Die Punkttransformation erlaubt daher nach wie vor die Klassifizierung der einzelnen Gleichungsglieder
entsprechend ihrem physikalischen Charakter.

Mit Hilfe von Punkttransformationen kann natürlich im allgemeinen
keine Entkopplung der Zustandsgleichungen im Sinne der Modaltransformation (2.33) auf Diagonal- oder Jordanform (2.30) oder (2.34) erreicht werden. Das Ziel der Punkttransformationen (2.130) ist die
Entkopplung der Bewegungsgleichungen (2.90), d.h. der Übergang zu f
skalaren, entkoppelten Differentialgleichungen 2. Ordnung. Dieses
Vorhaben gelingt stets für M-K-Systeme (2.103) und unter gewissen Umständen für M-D-K-Systeme (2.108) (siehe [77, S.76-90 und S.390-393]).

Für das M-K-System (2.103) führt der Ansatz

$$\underline{z}(t) = \underline{\tilde{z}}\,e^{\lambda t} \tag{2.132}$$

auf das allgemeine Eigenwertproblem

$$(\underline{M}\lambda^2 + \underline{K})\underline{\tilde{z}} = \underline{0} \; . \tag{2.133}$$

Da $\underline{M} = \underline{M}' > \underline{0}$ und $\underline{K} = \underline{K}'$, liegen für das Eigenwertproblem bekannte Ergebnisse vor (siehe z.B. [30, Bd.I, S.284-289; 77, S.76-90]).

Satz 2.15: Normalkoordinaten für M-K-Systeme

Das Eigenwertproblem (2.133) besitzt f reelle Eigenwerte $\kappa_i = \lambda_i^2$
$(i = 1,\ldots,f)$ mit f dazu gehörenden, linear unabhängigen, reellen
Eigenvektoren $\underline{z}_{iR} = \underline{z}_{iL}$ $(i = 1,\ldots,f)$.

Die reelle (Punkt-)Modalmatrix

$$\underline{Z} = [\; \underline{z}_{1R} \cdots \underline{z}_{fR} \;] \tag{2.134}$$

führt bei einer Normierung $\underline{z}'_{iR}\underline{M}\,\underline{z}_{iR} = 1$ $(i = 1,\ldots,f)$ mit der Transformation

$$\underline{z}(t) = \underline{Z}\,\overline{\underline{z}}(t) \tag{2.135}$$

auf das entkoppelte System

$$\ddot{\underline{z}}(t) + \overline{\underline{K}}\,\underline{z}(t) = \underline{0} \qquad\qquad (2.136)$$

mit der Diagonalmatrix

$$\overline{\underline{K}} = \underline{\text{diag}}\,[\,\kappa_i\,]\,. \qquad\qquad (2.137)$$

Die Eigenvektoren $\underline{z}_{iR}$ sind also orthonormal bezüglich der Massenmatrix wählbar,

$$\underline{Z}'\underline{M}\,\underline{Z} = \underline{E}_f\,, \qquad\qquad (2.138)$$

und diagonalisieren gleichzeitig die konservative Fesselungsmatrix:

$$\underline{Z}'\underline{K}\,\underline{Z} = \overline{\underline{K}}\,. \qquad\qquad (2.139)$$

Ein Koordinatensystem, dessen Basis die Eigenvektoren $\underline{z}_{iR}$ sind,
wird als ein System von Normalkoordinaten bezeichnet.

Die Erweiterung dieses Satzes auf die Entkopplung von M-D-K-Systemen
ist nur in Sonderfällen möglich. So wird auch die Matrix $\underline{D}$ mit der
Modalmatrix $\underline{Z}$ (2.134) diagonalisiert, wenn

$$\underline{D} = \alpha\,\underline{M} + \beta\,\underline{K} \qquad\qquad (2.140)$$

gilt, oder allgemeiner wenn $\underline{D}$ eine Linearkombination von Potenzen
von $\underline{M}$ und von $\underline{D}$ ist [13; 77, S.390-394]. Das Problem der simul-
tanen Diagonalisierung der Matrizen $\underline{M}$, $\underline{D}$, $\underline{K}$ mittels einer Kongru-
enztransformation $\underline{T}_{11}$ ($\underline{T}'_{11}\underline{M}\,\underline{T}_{11} = \underline{E}_f$, $\underline{T}'_{11}\underline{D}\,\underline{T}_{11} = \overline{\underline{D}} = \underline{\text{diag}}\,[\Delta_i]$,
$\underline{T}'_{11}\underline{K}\,\underline{T}_{11} = \underline{\text{diag}}\,[\,\kappa_i\,]$) kann jedoch vollständig gelöst werden [14].

<u>Satz 2.16: Simultane Entkopplung für M-D-K-Systeme</u>

Das mechanische System (2.108),

$$\underline{M}\,\ddot{\underline{z}}(t) + \underline{D}\,\dot{\underline{z}}(t) + \underline{K}\,\underline{z}(t) = \underline{0}\,,$$

kann genau dann durch eine Punkttransformation entkoppelt werden, wenn

$$\underline{D}\,\underline{M}^{-1}\,\underline{K} = \underline{K}\,\underline{M}^{-1}\,\underline{D} \qquad\qquad (2.141)$$

gilt. Die Transformation wird dann durch (2.135) bewerkstelligt.

Zum Beweis wird in einem ersten Schritt eine Punkttransformation $\underline{z} = \underline{M}^{-1/2}\overline{\overline{z}}$ so vorgenommen, daß dabei die Massenmatrix $\underline{M}$ in die Einheitsmatrix $\underline{E}_f$ übergeht. Danach besteht das Problem, gleichzeitig die symmetrischen Matrizen $\overline{\overline{\underline{D}}} = \underline{M}^{-1/2}\underline{D}\,\underline{M}^{-1/2}$ und $\overline{\overline{\underline{K}}} = \underline{M}^{-1/2}\underline{K}\,\underline{M}^{-1/2}$ durch eine orthogonale Transformation $\overline{\overline{z}} = \underline{U}\,\overline{z}$, $\underline{U}' = \underline{U}^{-1}$ zu diagonalisieren. Dies ist nach [30, Bd.I, S.269; 59, S.265] genau dann der Fall, wenn $\overline{\overline{D}}$ und $\overline{\overline{K}}$ vertauschbare Matrizen sind. Damit folgt aber sofort die Behauptung von Satz 2.16.

Treten in der Bewegungsgleichung (2.90) schiefsymmetrische Matrizen auf ($\underline{G}$ oder $\underline{N}$), so ist mit reellen Transformationen eine Entkopplung von (2.90) nicht mehr möglich, da sich schiefsymmetrische Matrizen reell nicht diagonalisieren lassen.

2.3.5. Steuerbarkeit und Beobachtbarkeit

Die Untersuchung der Steuerbarkeit und der Beobachtbarkeit eines mechanischen Systems (2.91)

$$\underline{M}\,\ddot{\underline{z}}(t) + (\underline{D} + \underline{G})\,\dot{\underline{z}}(t) + (\underline{K} + \underline{N})\underline{z}(t) = \underline{S}\,\underline{u}(t)$$

mit einer Ausgangsgleichung

$$\underline{y}(t) = \underline{C}_1\underline{z}(t) + \underline{C}_2\dot{\underline{z}}(t) \qquad\qquad (2.142)$$

läßt sich nur selten gegenüber den Betrachtungen in Abschnitt 2.2.3 wesentlich vereinfachen. In einzelnen Fällen sind jedoch besondere Auswertungen der Bedingungen (2.76) und (2.77) für mechanische Systeme möglich.

Ein vereinfachtes Kalmansches Steuerbarkeitskriterium erhält man für das System

$$\underline{M}\,\ddot{\underline{z}}(t) + (\underline{K} + \underline{N})\underline{z}(t) = \underline{S}\,\underline{u}(t) \; . \qquad\qquad (2.143)$$

<u>Satz 2.17: Steuerbarkeit von (2.143)</u>

Das System (2.143) ist genau dann vollständig steuerbar, wenn gilt

$$\text{Rg}\left[\, \underline{M}^{-1}\underline{S}\ [\,\underline{M}^{-1}(\underline{K}+\underline{N})\,]\underline{M}^{-1}\underline{S}\ \ldots\ [\,\underline{M}^{-1}(\underline{K}+\underline{N})\,]^{f-1}\underline{M}^{-1}\underline{S}\,\right] = f\ . \tag{2.144}$$

Dieses Ergebnis erhält man sofort bei der Berechnung des Kriteriums (2.76) in der für mechanische Systeme charakteristischen Blockstruktur der Matrizen $\underline{A}$ und $\underline{B}$ gemäß (2.94) (siehe auch [1]).

Entsprechend ergibt sich für

$$\underline{M}\,\ddot{\underline{z}}(t) + (\underline{K}+\underline{N})\,\underline{z}(t) = \underline{O}\ ,\quad \underline{y}(t) = \underline{C}_1\underline{z}(t) \tag{2.145}$$

ein vereinfachtes Beobachtbarkeitskriterium.

<u>Satz 2.18: Beobachtbarkeit von (2.145)</u>

Das System (2.145) ist genau dann vollständig beobachtbar, wenn gilt

$$\text{Rg}\left[\, \underline{C}_1'\ [\,(\underline{K}-\underline{N})\underline{M}^{-1}\,]\underline{C}_1'\ \ldots\ [\,(\underline{K}-\underline{N})\underline{M}^{-1}\,]^{f-1}\underline{C}_1'\,\right] = f\ . \tag{2.146}$$

Weitere einfache Kriterien sind die folgenden.

<u>Satz 2.19: Steuerbarkeit bei Systemen ohne Lagekräfte</u>

Das System

$$\underline{M}\,\ddot{\underline{z}}(t) + (\underline{D}+\underline{G})\,\dot{\underline{z}}(t) = \underline{S}\,\underline{u} \tag{2.147}$$

ist genau für

$$\text{Rg}\ \underline{S} = f \tag{2.148}$$

steuerbar.

<u>Satz 2.20: Beobachtbarkeit bei Geschwindigkeitsmessungen</u>

Das System

$$\underline{M}\,\ddot{\underline{z}}(t) + (\underline{K}+\underline{N})\,\underline{z}(t) = \underline{O}$$

$$\underline{y}(t) = \underline{C}_2\dot{\underline{z}}(t) \tag{2.149}$$

ist vollständig beobachtbar genau dann, wenn gilt

$$\det(\underline{K} + \underline{N}) \neq 0 \quad \text{und}$$

$$\mathrm{Rg}\left[\; \underline{C}_2' \;\; [(\underline{K} - \underline{N})\underline{M}^{-1}]\underline{C}_2' \;\; \ldots \;\; [(\underline{K} - \underline{N})\underline{M}^{-1}]^{f-1}\underline{C}_2' \;\right] = f \; . \qquad (2.150)$$

Für einen in den späteren Stabilitätsbetrachtungen wichtigen Sonderfall wird noch auf einen Zusammenhang zwischen der Steuer- und der
Beobachtbarkeitsfrage aufmerksam gemacht. Betrachtet man in normier-
ter Darstellung das System

$$\ddot{\underline{z}}(t) + \underline{P}\,\dot{\underline{z}}(t) + \underline{Q}\,\underline{z}(t) = \underline{S}\,\underline{u}(t) \; ,$$

$$\underline{y}(t) = \underline{S}\,\dot{\underline{z}}(t) \; , \quad \underline{S} = \underline{S}^T \; , \qquad\qquad (2.151)$$

so läßt sich folgender Satz formulieren.

<u>Satz 2.21: Steuerbarkeits- Beobachtbarkeits-Relation</u>

Für die drei Fälle $\left\{\underline{P} = \underline{P}',\; \underline{Q} = \underline{Q}'\right\}$, $\left\{\underline{P} = -\underline{P}',\; \underline{Q} = -\underline{Q}'\right\}$ und
$\left\{\underline{P} = -\underline{P}',\; \underline{Q} = \underline{Q}'\right\}$ ist das System (2.151) genau dann vollständig beo-
bachtbar, wenn es vollständig steuerbar ist und zusätzlich $\det\underline{Q} \neq 0$
gilt.

Um den Beweis zu führen berechnet man

$$\underline{Q}_S = \begin{bmatrix} \underline{O} & \underline{S}_0 & \underline{S}_1 & \cdots & \underline{S}_{2f-2} \\ \\ \underline{S}_0 & \underline{S}_1 & \underline{S}_2 & \cdots & \underline{S}_{2f-1} \end{bmatrix}$$

mit $\; \underline{S}_{-1} = \underline{O} \; , \;\; \underline{S}_0 = \underline{S} \; , \;\; \underline{S}_i = -\underline{Q}\,\underline{S}_{i-2} - \underline{P}\,\underline{S}_{i-1} \; , \; i = 2,3,\ldots,2f-1 \; ,$

und

$$\underline{Q}_B = \begin{bmatrix} -\underline{Q}' & \underline{O} \\ \\ \underline{O} & \underline{E}_f \end{bmatrix} \begin{bmatrix} \underline{O} & \overline{\underline{S}}_0 & \cdots & \overline{\underline{S}}_{2f-2} \\ \\ \overline{\underline{S}}_0 & \overline{\underline{S}}_1 & \cdots & \overline{\underline{S}}_{2f-1} \end{bmatrix}$$

mit $\; \overline{\underline{S}}_{-1} = \underline{O} \; , \;\; \overline{\underline{S}}_0 = \underline{S} \; , \;\; \overline{\underline{S}}_i = -\underline{Q}'\overline{\underline{S}}_{i-2} - \underline{P}'\underline{S}_{i-1} \; , \; i = 2,\ldots,2f-1 \; .$

Hieraus erkennt man, daß $\det \underline{Q} \neq 0$ notwendige Voraussetzung für die vollständige Beobachtbarkeit darstellt. Das wird im weiteren vorausgesetzt.

a) $\underline{Q} = \underline{Q}'$, $\underline{P} = \underline{P}'$ führt auf $\bar{\underline{S}}_i = \underline{S}_i$ und damit auf

$$\underline{Q}_B = \begin{bmatrix} -\underline{Q} & \underline{O} \\ & \\ \underline{O} & \underline{E}_f \end{bmatrix} \underline{Q}_S \; .$$

b) $\underline{Q} = -\underline{Q}'$, $\underline{P} = -\underline{P}'$ führt auf $\bar{\underline{S}}_i = (-1)^i \underline{S}_i$ und damit auf

$$\underline{Q}_B = \begin{bmatrix} -\underline{Q} & \underline{O} \\ & \\ \underline{O} & \underline{E}_f \end{bmatrix} \underline{Q}_S \begin{bmatrix} \underline{E}_f & & & \underline{O} \\ & -\underline{E}_f & & \\ & & +\ddots & \\ \underline{O} & & & -\underline{E}_f \end{bmatrix} \; .$$

c) $\underline{Q} = \underline{Q}'$, $\underline{P} = -\underline{P}'$ führt auf

$$\underline{Q}_B = \begin{bmatrix} -\underline{Q} & \underline{O} \\ & \\ \underline{O} & -\underline{E}_f \end{bmatrix} \underline{Q}_S \begin{bmatrix} \underline{E}_f & & & \underline{O} \\ & -\underline{E}_f & & \\ & & +\ddots & \\ \underline{O} & & & -\underline{E}_f \end{bmatrix} \; .$$

In allen drei Fällen erkennt man aus den Relationen zwischen $\underline{Q}_B$ und $\underline{Q}_S$ die Gültigkeit der Behauptungen von Satz 2.21.

Zum Schluß dieses Abschnitts sei noch auf die Übertragung der Hautus-Kriterien (2.78) und (2.79) auf mechanische Systeme (2.91) und (2.142) hingewiesen.

Satz 2.22: Hautus-Kriterien für mechanische Systeme

Das mechanische System (2.91) mit der Messung (2.142) ist genau dann vollständig steuerbar, wenn es keine Werte $\underline{z} \neq \underline{O}$ und λ mit

$$\underline{z}' \left[\underline{M}\lambda^2 + (\underline{D} + \underline{G})\lambda + (\underline{K} + \underline{N}) \right] = \underline{O} \; , \; \underline{z}'\underline{S} = \underline{O} \tag{2.152}$$

gibt; es ist weiterhin genau dann vollständig beobachtbar, wenn keine

Werte $\underline{z} \neq \underline{0}$ und λ mit

$$[\ \underline{M}\lambda^2 + (\underline{D} + \underline{G})\lambda + (\underline{K} + \underline{N})\ ]\underline{z} = \underline{0}\ ,\quad (\underline{C}_1 + \underline{C}_2\lambda)\underline{z} = \underline{0} \qquad (2.153)$$

existieren.

2.3.6. Ergänzung: Elektrische Systeme

Bisher wurden in Abschnitt 2.3 nur mechanische Systeme betrachtet.
In elektrischen Systemen (Schaltungen, Netzwerken) sind aber in gleicher Weise Schwingungen möglich. Die Differentialgleichungen, welche
die Schwingungsvorgänge in elektrischen Netzwerken beschreiben, sind
häufig vom selben Typ (2.91) wie die für mechanische Systeme. Bestes
Beispiel dieser mechanisch-elektrischen Analogien ist der Analogrech-
ner, der es z.B. erlaubt, die Bewegungsgleichungen eines mechanischen
Systems durch eine geeignete elektrische Schaltung nachzubilden.

Im Rahmen dieser Arbeit stehen neben den allgemeinen Systemen die mechanischen im Vordergrund, jedoch soll die Übertragbarkeit der Ergebnisse auf elektrische Systeme in den Grenzen der mechanisch-elektrischen Analogien [29, S.54-57; 52, S.7-25] betont werden. Zu diesem
Zweck kann man allgemein ebene, endliche und geschlossene Stromkreis-
systeme betrachten, bei denen zeitlich konstante Spannungsquellen,
Kondensatoren, Ohmsche Widerstände und Selbstinduktivitäten beliebig
miteinander kombiniert sind.[1] Diese Systeme lassen sich mit Hilfe
der Maschenströme I_1, I_2,...,I_f als "Lagekoordinaten" des Systems
beschreiben [58, S.349-351; 106, S.7-12; 131, S.78-92, S.343-346 und
S.352-357]. Dabei ist der Freiheitsgrad f gleich der Anzahl der
elementaren Maschen, d.h. derjenigen Kreise, in deren Innern sich
keine weiteren Elemente befinden. Das Ergebnis sind Bewegungsgleichungen der Form

$$\underline{L}\,\underline{\ddot{I}} + \underline{R}\,\underline{\dot{I}} + \underline{K}\,\underline{I} = \underline{0} \qquad\qquad (2.154)$$

(Maschengleichungen; auf die dualen Knotengleichungen [58, S.352-353;
131, S.92-101] soll hier nicht eingegangen werden). Hierbei ist $\underline{I}$

---

[1] Gyratoren, mit deren Hilfe gyroskopische Terme in elektrischen Netzwerken realisiert werden können, sollen außer Betracht bleiben.

der Vektor der Maschenströme, $\underline{L}$ die symmetrische Matrix der Induktivitäten, $\underline{R}$ die symmetrische Matrix der Ohmschen Widerstände und $\underline{K}$ die symmetrische Matrix der reziproken Kapazitäten (siehe [106, § 10]. Die Matrix $\underline{L}$ ist mindestens positiv semidefinit, ebenfalls die Matrix $\underline{K}$. Auch die Matrix $\underline{R}$ ist positiv semidefinit, wenn man nicht den Fall negativer Widerstände zuläßt. Die Matrizen $\underline{L}$ und $\underline{K}$ sind sicher dann nur semidefinit, wenn induktions- bzw. kapazitätsfreie Kreise vorkommen. Kapazitätsfreie Kreise sind wohl realisierbar, induktionsfreie jedoch nicht, da immer ein Rest von Selbstinduktion vorhanden ist. In der Netzwerktheorie wird jedoch trotzdem häufig idealisierend mit induktionsfreien Kreisen gerechnet.

Vergleicht man (2.154) mit den mechanischen Systemen, so stellt man fest: Bezüglich der Matrix $\underline{L}$ herrschen gleiche Vorstellungen wie im mechanischen Fall bei der Massenmatrix $\underline{M}$. Sie ist positiv definit und wird höchstens bei Vernachlässigung von Selbstinduktionen semidefinit. Die Widerstandsmatrix $\underline{R}$ ist symmetrisch und entspricht der Dämpfungsmatrix $\underline{D}$. Läßt man keine negativen Widerstände zu, so ist $\underline{R}$ positiv semidefinit. Die Matrix $\underline{K}$ der reziproken Kapazitäten ist symmetrisch und entspricht der konservativen Fesselungsmatrix. Sie ist mindestens positiv semidefinit. Die betrachteten elektrischen Systeme entsprechen also nichtgyroskopischen konservativen Systemen (2.103) für $\underline{R} = \underline{O}$ und nichtgyroskopischen dissipativen Systemen (2.108) für $\underline{R} \neq \underline{O}$.

Beispiel 11: Elektrisches Netzwerk

In Bild 2.12 ist ein elektrisches Netzwerk mit den Induktivitäten L_1 und L_{23} , den Widerständen R_1, R_2, R_3 und den Kapazitäten C_{12} und C_3 dargestellt [29, S.56]. Für $U_e = O$ ergibt sich das Differentialgleichungssystem

$$\begin{bmatrix} L_1 & O & O \\ O & L_{23} & -L_{23} \\ O & -L_{23} & L_{23} \end{bmatrix} \begin{bmatrix} \ddot{I}_1 \\ \ddot{I}_2 \\ \ddot{I}_3 \end{bmatrix} + \begin{bmatrix} R_1 & O & O \\ O & R_2 & O \\ O & O & R_3 \end{bmatrix} \begin{bmatrix} \dot{I}_1 \\ \dot{I}_2 \\ \dot{I}_3 \end{bmatrix} + \begin{bmatrix} \frac{1}{C_{12}} & -\frac{1}{C_{12}} & O \\ -\frac{1}{C_{12}} & \frac{1}{C_{12}} & O \\ O & O & \frac{1}{C_3} \end{bmatrix} \begin{bmatrix} I_1 \\ I_2 \\ I_3 \end{bmatrix} = O .$$

(2.155)

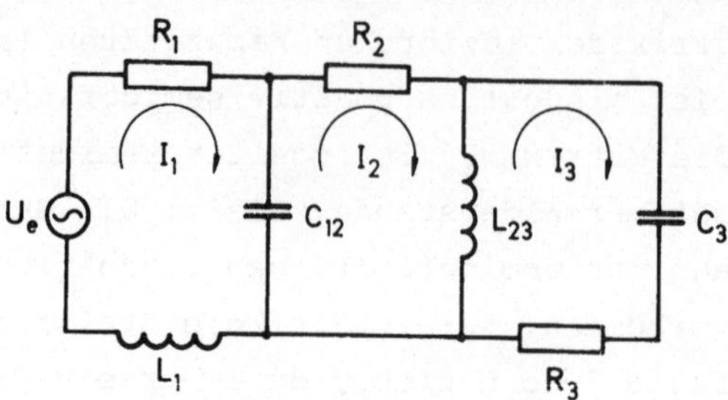

Bild 2.12. Elektrisches Netzwerk (Beispiel 11)

Die Matrix der Induktivitäten ist hier nur positiv semidefinit
($L_1 > 0$, $L_{23} > 0$). Ebenso ist die Matrix der reziproken Kapazitäten
positiv semidefinit ($C_{12} > 0$, $C_3 > 0$), während die Matrix der Ohmschen Widerstände für $R_1 > 0$, $R_2 > 0$, $R_3 > 0$ positiv definit ist.

□

3. Ljapunovsche Stabilitätstheorie

Die Eigenschaft der Stabilität ist für das Verhalten dynamischer Systeme von grundlegender Bedeutung. Intuitiv begreift man den Begriff der Stabilität als die Forderung, daß kleine Störungen des Systems auch nur kleine Änderungen im Systemverhalten nach sich ziehen. Als Störungen können äußere Erregungen oder Abweichungen in den Anfangsbedingungen verstanden werden. Die Entwicklung des Stabilitätsbegriffes [73] versuchte stets, diesen intuitiven Vorstellungen gerecht zu werden. Für eine theoretische Erfassung des Stabilitätsproblems werden in Abschnitt 3.1 genaue Definitionen angegeben. Die darauf aufbauende Stabilitätstheorie fußt im wesentlichen auf Arbeiten von Ljapunov [69,70] und ist in Abschnitt 3.2 kurz zusammengefaßt. In Abschnitt 3.3 werden diese Betrachtungen für lineare Systeme spezialisiert.

Es kann hier nur ein kurzer Abriß der Ljapunovschen Stabilitätstheorie gegeben werden, soweit er für die Matrizenverfahren in der linearen Stabilitätstheorie von Interesse ist. Für weitergehende Betrachtungen wird auf die einschlägige Literatur verwiesen [18,36,54, 61,62,76,148].

3.1. Stabilitätsdefinitionen

Für allgemeine, nichtlineare, zeitvariante Mehrgrößensysteme

$$\dot{\underline{x}}(t) = \underline{f}(\underline{x}(t),\ \underline{u}(t),\ t)\ ,\ \underline{x}(t_0) = \underline{x}_0\ , \tag{3.1}$$

$$\underline{y}(t) = \underline{g}(\underline{x}(t),\ \underline{u}(t),\ t) \tag{3.2}$$

mit dem Eingang $\underline{u}$, dem Zustand $\underline{x}$ und dem Ausgang $\underline{y}$ haben sich zwei Klassen von Stabilitätsdefinitionen bewährt. Die erste Klasse betrifft das Verhalten eines freien Systems

$$\dot{\underline{x}}(t) = \underline{f}(\underline{x}(t),t) \ , \quad \underline{x}(t_O) = \underline{x}_O \tag{3.3}$$

bezüglich Störungen in den Anfangsbedingungen $\underline{x}(t_O)$ und führt zur Stabilität im Sinne von Ljapunov. Die zweite Klasse von Stabilitätsdefinitionen beschäftigt sich mit dem Übertragungsverhalten des Systems (3.1, 3.2) bezüglich Änderungen des Eingangsvektors $\underline{u}(t)$ und führt zur Ein- Ausgangs-Stabilität.

Bei der Definition der Stabilität im Sinne von Ljapunov wird die Stabilität einer Gleichgewichtslage $\underline{x}(t) \equiv \underline{x}_p$ oder einer partikulären Lösung $\underline{x}(t) = \underline{x}_p(t)$ untersucht. Mit der Transformation

$$\underline{x}(t) = \underline{x}_p(t) + \overline{\underline{x}}(t)$$

wird jedoch (3.3) übergeführt in ein System

$$\dot{\overline{\underline{x}}}(t) = \underline{\overline{f}}(\overline{\underline{x}}(t),t) \ , \quad \underline{\overline{f}}(\overline{\underline{x}}(t),t) = \underline{f}(\underline{x}_p(t)+\overline{\underline{x}}(t),t) - \underline{f}(\underline{x}_p(t),t) \ ,$$

in dem die partikuläre Lösung $\underline{x}(t) = \underline{x}_p(t)$ durch die Ruhelage $\overline{\underline{x}}(t) \equiv O$ dargestellt wird. Ohne Beschränkung der Allgemeinheit kann daher für (3.3) die Stabilität der Gleichgewichtslage $\underline{x}(t) \equiv \underline{O}$ $(\underline{f}(\underline{O},t) \equiv \underline{O})$ untersucht werden.

<u>Definition 3.1: Stabilität im Sinne von Ljapunov</u>

Die Gleichgewichtslage $\underline{x}(t) \equiv \underline{O}$ des dynamischen Systems (3.3) mit $\underline{f}(\underline{O},t) \equiv \underline{O}$ heißt stabil (im Sinne von Ljapunov), wenn für jeden Zeitpunkt t_O und jedes $\varepsilon > O$ eine positive Zahl $\delta = \delta(\varepsilon,t_O) > O$ existiert, so daß bei einer beliebigen Anfangsauslenkung $\underline{x}(t_O) = \underline{x}_O$ mit

$$\| \underline{x}_O \| < \delta$$

nur eine gestörte Bewegung $\underline{x}(t)$ mit

$$\| \underline{x}(t) \| < \varepsilon \ , \quad t \geq t_O \ ,$$

entsteht.

Das Zeichen $\| \quad \|$ bedeutet dabei die Norm eines Vektors oder einer Matrix [158, § 16,3].

Definition 3.2: Asymptotische Stabilität

Die Gleichgewichtslage $\underline{x}(t) \equiv O$ des dynamischen Systems (3.3) mit $\underline{f}(\underline{O},t) \equiv \underline{O}$ heißt asymptotisch stabil, wenn sie stabil (im Sinne von Ljapunov) ist, und zusätzlich für jedes t_O und jedes positive $\varepsilon_1 > O$ positive Zahlen $\delta_1 = \delta_1(t_O,\varepsilon_1) > O$ und $T = T(t_O,\varepsilon_1) > O$ existieren, so daß eine Anfangsauslenkung $\|\underline{x}_O\| < \delta_1$ auf eine gestörte Bewegung mit

$$\| \underline{x}(t)\| < \varepsilon_1 \quad \text{für} \quad t > t_O + T \qquad (3.4 \text{ a})$$

führt, d.h. daß

$$\lim_{t \to \infty} \underline{x}(t) = \underline{O} \qquad (3.4 \text{ b})$$

gilt.

Definition 3.3: Grenzstabilität

Die Gleichgewichtslage $\underline{x}(t) \equiv \underline{O}$ des dynamischen Systems (3.3) mit $\underline{f}(\underline{O},t) \equiv \underline{O}$ heißt grenzstabil, wenn sie stabil, aber nicht asymptotisch stabil ist (d.h. es existiert mindestens eine Anfangsbedingung $\underline{x}_O$, für deren Trajektorie $\underline{x}(t)$ (3.4) nicht erfüllt ist). Die Gleichgewichtslage ist vollständig grenzstabil, wenn sie stabil ist, aber keine Trajektorie $\underline{x}(t)$ (3.4) erfüllt.

Definition 3.4: Gleichmäßige (asymptotische) Stabilität

Die Gleichgewichtslage $\underline{x}(t) \equiv \underline{O}$ des dynamischen Systems (3.3) mit $\underline{f}(\underline{O},t) \equiv \underline{O}$ heißt gleichmäßig (asymptotisch) stabil, wenn sie (asymptotisch) stabil ist und δ (und δ_1,T) unabhängig vom Anfangszeitpunkt ist (sind):

$$\delta = \delta(\varepsilon) \quad (\text{und} \quad \delta_1 = \delta_1(\varepsilon) \; , \; T = T(\varepsilon_1)) \; .$$

Eine Gleichgewichtslage eines autonomen Systems

$$\underline{\dot{x}}(t) = \underline{f}(\underline{x}(t)) \; , \quad \underline{x}(t_O) = \underline{x}_O \qquad (3.5)$$

ist daher stets gleichmäßig (asymptotisch) stabil, wenn sie überhaupt (asymptotisch) stabil ist.

Definition 3.5: Instabilität

Die Gleichgewichtslage $\underline{x}(t) \equiv \underline{0}$ des dynamischen Systems (3.3) mit $\underline{f}(\underline{0},t) \equiv \underline{0}$ ist instabil, wenn sie nicht stabil ist.

Zur Veranschaulichung des Ljapunovschen Stabilitätsbegriffs sind in Bild 3.1 für ein zweidimensionales System stabile, asymptotisch stabile und instabile Trajektorien eingezeichnet.

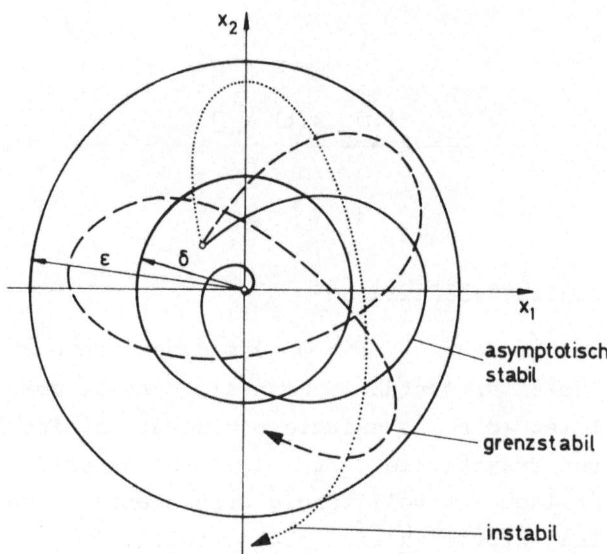

Bild 3.1. Veranschaulichung des Ljapunovschen Stabilitätsbegriffs

Für die bisherigen Stabilitätsdefinitionen ist kennzeichnend, daß damit die Stabilität einer Gleichgewichtslage, nicht aber die Stabilität eines dynamischen Systems erklärt wird. Stabilität ist bisher eine lokale Eigenschaft der Ruhelage. Um Stabilität auch als Systemeigenschaft festlegen zu können, wird die (gleichmäßige) asymptotische Stabilität im Großen definiert.

Definition 3.6: Stabilität im Großen

Die Gleichgewichtslage $\underline{x}(t) \equiv \underline{0}$ des dynamischen Systems (3.3) mit

$\underline{f}(\underline{O},t) \equiv \underline{O}$ ist (gleichmäßig) asymptotisch stabil im Großen, wenn sie (gleichmäßig) asymptotisch stabil ist, (jede Trajektorie $\underline{x}(t)$ gleichmäßig beschränkt ist: $\| \underline{x}(t) \| < c = c(\underline{x}_O)$, $t \geq t_O$) und jede Trajektorie $\underline{x}(t)$ (3.4) erfüllt.

Liegt für $\underline{x}(t) \equiv \underline{O}$ asymptotische Stabilität im Großen vor, dann bezeichnet man das System (3.3) als asymptotisch stabil.

Wird ein lineares System

$$\underline{\dot{x}}(t) = \underline{A}(t)\underline{x}(t) \; , \quad \underline{x}(t_O) = \underline{x}_O \; , \qquad (3.6)$$

betrachtet, so erkennt man, daß die Gleichgewichtslage $\underline{x}(t) \equiv \underline{O}$ globale Stabilitätseigenschaften aufweist. Ein lineares System wird daher stabil, asymptotisch stabil oder instabil genannt, je nachdem der Nullpunkt stabil, asymptotisch stabil oder instabil ist.

Die Ein- Ausgangs-Stabilität wird von vorneherein als eine Systemeigenschaft erklärt.

Definition 3.7: Ein- Ausgangs-Stabilität

Das dynamische System (3.1, 3.2) heißt ein- ausgangs-stabil, wenn für jede beschränkte Anfangsbedingung $\underline{x}_O$ und für jede beschränkte Steuerung $\underline{u}(t)$,

$$\| \underline{u}(t) \| < \nu \; ,$$

auch der Ausgang $\underline{y}(t)$ für $t \geq t_O$ beschränkt ist:

$$\| \underline{y}(t) \| < \mu = \mu(\nu,\underline{x}_O) \; .$$

Ein beschränkter Eingang hat also bei einem ein- ausgangs-stabilen System stets auch einen beschränkten Ausgang zur Folge. Dieser Stabilitätsbegriff ist daher besonders regelungstechnischen Problemen angepaßt, während sich das Ljapunovsche Stabilitätskonzept besser dazu eignet, das Stabilitätsverhalten sich selbst überlassener, von außen unbeeinflußter Systeme zu untersuchen.

3.2. Stabilitäts- und Instabilitätssätze

Die meisten Stabilitätsuntersuchungen beschäftigen sich mit der Stabilität im Sinne von Ljapunov. Das Problem der Ein- Ausgangs-Stabilität ist bis heute als wesentlich verwickelter anzusehen. Jedoch existieren für lineare Systeme einige wichtige Beziehungen zwischen der Ein- Ausgangs-Stabilität und der Stabilität im Sinne von Ljapunov [148, S.51-55, S.105-108; 10, § 30]. Insbesondere ist die asymptotische Stabilität vom praktischen Standpunkt eine selbstverständliche Anforderung an ein dynamisches System, das ein- ausgangs-stabil sein soll. Das gibt die Berechtigung, dann im weiteren nur die Ljapunovsche Stabilitätstheorie zu betrachten.

3.2.1. Beziehungen zwischen Ein- Ausgangs- und Ljapunov-Stabilität

Satz 3.1: Ein- Ausgangs- und Ljapunov-Stabilität

Ist das lineare, zeitvariante System

$$\dot{\underline{x}}(t) = \underline{A}(t)\underline{x}(t) + \underline{B}(t)\underline{u}(t) \ , \ \underline{x}(t_0) = \underline{x}_0 \ , \left.\vphantom{\begin{matrix}1\\1\\1\end{matrix}}\right\}$$
$$\underline{y}(t) = \underline{C}(t)\underline{x}(t) \tag{3.7}$$

mit beschränkten Matrizen $\underline{A}(t)$, $\underline{B}(t)$, $\underline{C}(t)$ gleichmäßig steuerbar (2.61) und gleichmäßig beobachtbar (2.64), so ist (3.7) genau dann ein- ausgangs-stabil, wenn (3.6) gleichmäßig asymptotisch stabil ist.

Ein Beweis findet sich in [10, § 30]. Es sei aber noch vermerkt, daß aus der gleichmäßigen asymptotischen Stabilität von (3.6) die Ein-Ausgangs-Stabilität von (3.7) allein dann schon folgt, wenn $\underline{B}(t)$, $\underline{C}(t)$ in $(-\infty, +\infty)$ beschränkt sind. Erst für die umgekehrte Schlußweise werden die Steuer- und Beobachtbarkeitsbedingungen benötigt.

Der Satz 3.1 gilt insbesondere für zeitinvariante Systeme. Aus der asymptotischen Stabilität von $\dot{\underline{x}}(t) = \underline{A}\underline{x}(t)$ folgt die Ein- Ausgangs-Stabilität von (2.75) und umgekehrt führt die Ein- Ausgangs-Stabilität von (2.75) zusammen mit den Bedingungen (2.76) und (2.77) auf die asymptotische Stabilität von $\dot{\underline{x}}(t) = \underline{A}\underline{x}(t)$.

Infolge des Satzes 3.1 kann man sich bei der linearen Stabilitätstheorie auf die Untersuchung der Ljapunovschen Stabilität von homogenen Zustandssystemen bezüglich der Störungen in den Anfangsbedingungen beschränken.

3.2.2. Stabilität linearer Systeme

Das Stabilitätsverhalten linearer Systeme (3.6) läßt sich nach den
Stabilitätsdefinitionen 3.1 bis 3.4 mit Hilfe der Fundamentalmatrix
(2.7) einfach charakterisieren. Infolge der Lösung (2.8)

$$\underline{x}(t) = \underline{\Phi}(t,t_0)\underline{x}_0 \, ,$$

lassen sich die Forderungen an $\underline{x}_0$ und $\underline{x}(t)$ auf Eigenschaften
von $\underline{\Phi}(t,t_0)$ zurückführen.

Satz 3.2: Stabilität linearer Systeme

Das lineare System (3.6) ist (gleichmäßig) stabil genau dann, wenn
gilt

$$\| \underline{\Phi}(t,t_0) \| \leq c(t_0) \quad (\leq c) \, . \tag{3.8}$$

Je nachdem ob die Konstante c von t_0 abhängt oder nicht, liegt
gleichmäßige oder ungleichmäßige Stabilität vor.

__Beweis:__ Aus (2.8) folgt mit (3.8)

$$\| \underline{x}(t) \| \leq c \, \| \underline{x}_0 \| \, .$$

Wählt man $\delta = \varepsilon/c$, so ergibt sich aus $\| \underline{x}_0 \| < \delta$ sofort $\| \underline{x}(t) \| \leq \varepsilon$.
Umgekehrt führt die Annahme, daß $\underline{\Phi}(t,t_0)$ nicht beschränkt ist, z.B.
$\Phi_{ij}(t,t_0)$ unbeschränkt, mit $\underline{x}_0 = x_{0j}\underline{e}_j$ ($\underline{e}_j$...j-ter Einheitsvektor)
auch wegen

$$\| \underline{x}(t) \| \geq |\Phi_{ij}(t,t_0)| \, |x_{0j}|$$

auf die Unbeschränktheit der Lösung $\underline{x}(t)$, was im Widerspruch zur
Stabilitätsdefinition steht.

□

Satz 3.3: Asymptotische Stabilität linearer Systeme

Das lineare System (3.6) ist (gleichmäßig) asymptotisch stabil genau
dann, wenn (3.8) und (3.9a) (bzw. 3.9b) gilt:

$$\lim_{t \to \infty} \| \underline{\Phi}(t,t_0) \| = 0 \qquad\qquad (3.9a)$$

(bzw. für jedes $\varepsilon > 0$ existiert $T = T(\varepsilon)$, so daß

$$\| \underline{\Phi}(t,t_0) \| < \varepsilon \qquad\qquad (3.9b)$$

für $t \geq t_0 + T$) .

Die Forderungen (3.9) folgen sofort aus den Bedingungen der gleichmäßigen) Konvergenz für $\underline{x}(t) \to \underline{0}$.

Satz 3.4: Exponentielle Stabilität linearer Systeme

Das lineare System (3.6) ist genau dann gleichmäßig asymptotisch stabil, wenn es exponentiell stabil ist, d.h. wenn für $t \geq t_0$ zwei
positive Konstanten c_1, c_2 mit

$$\| \underline{\Phi}(t,t_0) \| \leq c_1 \, e^{-c_2(t - t_0)} . \qquad\qquad (3.10)$$

existieren.

Für den <u>Beweis</u> hat man im wesentlichen zu zeigen, daß aus (3.8) und
(3.9b) die Abschätzung (3.10) folgt; die Umkehrung ist nämlich offensichtlich erfüllt. Sei also (3.8) und (3.9b) mit $\varepsilon = \frac{1}{2}$ vorausgesetzt. Dann gilt wegen (2.10)

$$\| \underline{\Phi}(t_0 + kT, t_0) \| \leq \| \underline{\Phi}(t_0 + kT, t_0 + (k-1)T) \| \cdots \| \underline{\Phi}(t_0 + T, t_0) \|$$

$$\leq 2^{-k}$$

und wegen

$$\underline{\Phi}(t,t_0) = \underline{\Phi}(t, t_0 + kT) \, \underline{\Phi}(t_0 + kT, t_0)$$

für $t_0 + kT \leq t < t_0 + (k+1)T$ die Abschätzung

$$\| \underline{\Phi}(t,t_0) \| \leq 2^{-k} c .$$

Definiert man $c_1 = 2c$, $e^{c_2 T} = 2$, so ist

$$\| \underline{\Phi}(t,t_0) \| \leq c_1 \, e^{-(k+1)c_2 T} \leq c_1 \, e^{-c_2(t-t_0)} \ .$$

□

Für lineare zeitinvariante Systeme konnte die Fundamentalmatrix $\Phi(t,t_0)$ in Abhängigkeit der Eigenwerte und Eigenvektoren gemäß (2.43) explizit bestimmt werden. Das Stabilitätsverhalten eines Systems $\underline{\dot{x}}(t) = \underline{A}\,\underline{x}(t)$ kann daher durch die Eigenwerte charakterisiert werden.

<u>Satz 3.5: Stabilität linearer zeitinvarianter Systeme</u>

Das lineare zeitinvariante System $\underline{\dot{x}}(t) = \underline{A}\,\underline{x}(t)$ ist genau dann <u>asymptotisch stabil</u>, wenn sämtliche Eigenwerte λ_i von $\underline{A}$ negative Realteile aufweisen:

$$\mathrm{Re}\, \lambda_i < 0 \ , \quad i = 1,\ldots,n \ ;$$

<u>grenzstabil</u>, wenn sämtliche Eigenwerte λ_i von $\underline{A}$ keine positiven Realteile aufweisen und mindestens ein Eigenwert mit verschwindendem Realteil vorhanden ist, wobei bei mehrfachen Eigenwerten λ_j mit verschwindendem Realteil die Vielfachheit v_j gleich dem Defekt d_j von $(\lambda_j \underline{E}_n - \underline{A})$ ist:

$$\mathrm{Re}\, \lambda_i \leq 0 \ , \quad i = 1,\ldots,n \ ,$$
$$\mathrm{Re}\, \lambda_j = 0 : \quad d_j = v_j \ ;$$

<u>instabil</u>, wenn mindestens ein Eigenwert λ_i von $\underline{A}$ einen positiven Realteil hat oder mindestens ein mehrfacher Eigenwert λ_j mit verschwindendem Realteil existiert, dessen Vielfachheit v_j größer ist als der Defekt d_j von $(\lambda_j \underline{E}_n - \underline{A})$:

$$\mathrm{Re}\, \lambda_i > 0 \quad \text{für ein } i \ , \text{ oder}$$
$$\mathrm{Re}\, \lambda_j = 0 \ , \quad v_j > d_j \quad \text{für ein } j \ .$$

Dieser Satz ist eine Folge von (2.41 - 43). Die Stabilitätsverhältnisse sind für Eigenwerte mit $\mathrm{Re}\, \lambda_i < 0$ und $\mathrm{Re}\, \lambda_i > 0$ sofort ersichtlich. Nur für die kritischen Eigenwerte λ_i mit $\mathrm{Re}\, \lambda_i = 0$

müssen Fallunterscheidungen vorgenommen werden. Gilt für λ_i mit
Re $\lambda_i = 0$ $d_i = v_i$, so ist der zugehörige Jordanblock in (2.34) eine diagonalähnliche Matrix und in (2.42) treten keine Säkularglieder
auf (d.h. Glieder der Form $e^{\lambda_i t} t^k$, $k = 1,..,\rho_i$): die Eigenschwingungen bleiben damit beschränkt, d.h. stabil. Gilt dagegen $d_i < v_i$
so existiert ein echtes Jordankästchen (2.35) mit Einsen in der Nebendiagonalen und zugehörigen Eigenlösungen mit (2.42). Infolge der
Säkularglieder $e^{\lambda_i t} t^k$ (Re $\lambda_i = 0$) bleiben diese Lösungen nicht
mehr beschränkt und sind instabil.

3.2.3. Ljapunov-Funktionen

Wenn die Lösung eines allgemeinen Differentialgleichungssystems (3.3)
in geschlossener Form vorliegt, so können die Stabilitätseigenschaften dieses Systems entsprechend den Definitionen direkt überprüft
werden. Im allgemeinen ist jedoch eine geschlossene Lösung von (3.3)
nicht möglich. Es ist daher notwendig, das Stabilitätsverhalten unabhängig von analytischen Lösungsausdrücken feststellen zu können.
Hierzu dient die direkte (oder zweite) Methode von Ljapunov. Diese
Methode ist eine Verallgemeinerung von Energiebetrachtungen bei mechanischen Systemen. Ein Beispiel soll das grundsätzliche Vorgehen er-
läutern.

Beispiel 12: Gedämpfter Feder- Masse- Schwinger

Ein gedämpfter Feder- Masse- Schwinger (Bild 3.2) genügt der Differentialgleichung

$$m \ddot{z} + d \dot{z} + k z = 0$$

($m > 0$, $d > 0$, $k > 0$). Die in diesem System gespeicherte Energie V
setzt sich aus kinetischer Energie T (2.94) und potentieller Energie U (2.99) zusammen:

$$V = \frac{1}{2} m \dot{z}^2 + \frac{1}{2} k z^2 \ .$$

Die zeitliche Änderung dieser Energie längs der Trajektorien ist

$$\dot{V} = (m \ddot{z} + k z)\dot{z} = - d \dot{z}^2 \ ,$$

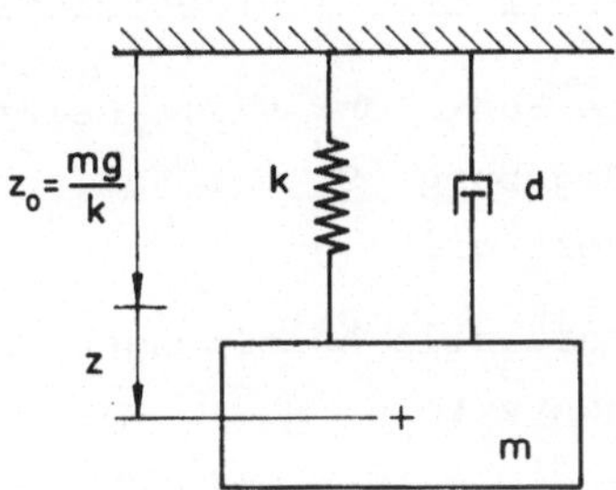

Bild 3.2. Feder- Masse- Schwinger (Beispiel 12)

d.h. für $\dot{z} \neq 0$ nimmt die Energie ab. Da es keine Trajektorie
$z(t) \neq 0$ mit $\dot{z} \equiv 0$ gibt ($\dot{z} \equiv 0$ führt auf $\ddot{z} \equiv 0$ und damit auf
$z \equiv 0$), nimmt längs jeder Trajektorie die Energie ab und strebt für
$t \to \infty$ gegen Null. Da $V = 0$ nur für $z = 0$, $\dot{z} = 0$ erfüllt ist,
strebt jede Trajektorie gegen die Gleichgewichtslage des Systems:

$$\lim_{t \to \infty} \underline{x}(t) = \lim_{t \to \infty} \begin{bmatrix} z(t) \\ \dot{z}(t) \end{bmatrix} = \underline{0} \ .$$

Weiterhin folgt mit der Norm $\| x \|^2 = V$ aus

$$\| \underline{x}_0 \|^2 = V(t_0) = \frac{1}{2} m \dot{z}_0^2 + \frac{1}{2} k z_0^2 = \delta^2 = \frac{1}{2} \varepsilon^2$$

die Gültigkeit von

$$\| \underline{x}(t) \|^2 = V(t) < \varepsilon^2 \quad \text{für} \quad t > t_0 \ .$$

Damit sind gemäß Definition 3.2 die Bedingungen für asymptotische
Stabilität erfüllt. Allein aus dem Verhalten von V und $\dot{V}$ kann
hier auf die Stabilität des Schwingers geschlossen werden.

Diese Stabilitätsuntersuchung anhand geeigneter skalarer Funktionen
V ist von Ljapunov [69] zu einer allgemeinen Stabilitätstheorie aus-
gebaut worden und stellt den Kern allgemeiner Stabilitätsbetrachtungen dar [18,36,54,61,76]. Zur Formulierung von Stabilitäts- und In-
stabilitssätzen müssen dabei geeignete skalare Funktionen V , soge-

nannte Ljapunov-Funktionen, erklärt werden.

Definition 3.8: Positiv (semi-) definite Funktionen

Eine skalare, zeitinvariante Funktion $V(\underline{x})$ heißt in einer abge-
schlossenen, beschränkten Umgebung S des Nullpunktes $\underline{x} = \underline{0}$ positiv (semi-) definit, wenn dort gilt:

(I) $V(\underline{x})$ hat stetige partielle Ableitungen nach allen Koordina-
         ten x_i des Zustandsvektors $\underline{x}$,
(II) $V(\underline{0}) = 0$,
(III) $V(\underline{x}) > 0$ ($V(\underline{x}) \geq 0$) für $\underline{x} \neq \underline{0}$.

Für zeitvariante Funktionen $V(\underline{x},t)$ lauten die Bedingungen (I) -
(III) entsprechend:

(I') $V(\underline{x},t)$ hat stetige partielle Ableitungen nach x_i und t ,
(II') $V(\underline{0},t) = 0$,
(III') $V(\underline{x},t) \geq \overline{V}(\underline{x})$ ($V(\underline{x},t) \geq 0$) für $\underline{x} \neq \underline{0}$, wobei $\overline{V}(\underline{x})$ eine
         zeitinvariante, positiv definite Funktion ist.

In gleicher Weise werden negativ (semi-) definite Funktionen erklärt.
Man erhält sie aus Definition 3.8 durch den Übergang zu $-V(\underline{x},t)$,
wobei $V(\underline{x},t)$ positiv (semi-) definit ist. Alle übrigen Funktionen
$V(\underline{x},t)$, die nur (I') und (II') erfüllen, heißen indefinit.

Definition 3.9: Dekreszente Funktionen

Eine skalare Funktion $V(\underline{x},t)$ heißt in S dekreszent, wenn eine
positiv definite, zeitinvariante Funktion $\overline{V}(\underline{x})$ existiert, so daß
für alle $\underline{x}$ aus S und für alle t gilt:

$$| V(\underline{x},t)| \leq \overline{V}(\underline{x}) .$$

Definition 3.10: Ljapunov-Funktionen

Positiv oder negativ (semi-) definite oder indefinite Funktionen
$V(\underline{x},t)$, deren zeitliche Ableitung entlang den Trajektorien von
(3.3) nicht positiv ist,

$$\dot{V}(\underline{x}(t),t) = \frac{\partial V}{\partial t} + \left(\frac{\partial V}{\partial \underline{x}}\right)' \underline{f}(\underline{x}(t),t) \leq 0 , \qquad (3.11)$$

heißen Ljapunov-Funktionen.

Ljapunov-Funktionen dienen als Testfunktionen für die Stabilitätsuntersuchungen entsprechend den Sätzen des folgenden Abschnitts.

3.2.4. Ljapunovsche Stabilitäts- und Instabilitätssätze und die Erweiterungen von Krasovskii und Chetayev

Mit Hilfe von geeigneten Ljapunov-Funktionen ist es entsprechend dem Beispiel 12 möglich, Aussagen über Stabilität oder Instabilität eines dynamischen Systems (3.3) zu machen. Im folgenden wird angenommen, daß $\underline{f}(\underline{O},t)' \equiv \underline{O}$ gilt, d.h. daß $\underline{x}(t) \equiv \underline{O}$ eine Gleichgewichtslage von (3.3) darstellt.

Satz 3.6: 1. Stabilitätssatz von Ljapunov (Stabilität)

Existiert in einer Umgebung S des Nullpunkts eine positiv definite Ljapunov-Funktion $V(\underline{x},t)$ für das System (3.3), dann ist die Gleichgewichtslage $\underline{x}(t) \equiv \underline{O}$ von (3.3) stabil. Ist $V(\underline{x},t)$ zusätzlich dekreszent, so ist $\underline{x}(t) \equiv \underline{O}$ gleichmäßig stabil.

Satz 3.7: 2. Stabilitätssatz von Ljapunov (Asymptotische Stabilität)

Existiert in einer Umgebung S des Nullpunktes eine dekreszente, positiv definite Ljapunov-Funktion $V(\underline{x},t)$ mit negativ definiter Ableitung (3.11), so ist $\underline{x}(t) \equiv \underline{O}$ eine gleichmäßig asymptotisch stabile Gleichgewichtslage von (3.3).

Satz 3.8: 1. Instabilitätssatz von Ljapunov

Existiert in einer Umgebung S des Nullpunktes eine dekreszente Ljapunov-Funktion $V(\underline{x},t)$ mit negativ definiter Ableitung (3.11) und existieren in jeder beliebig kleinen Umgebung von $\underline{x} = \underline{O}$ Punkte $\underline{\bar{x}}$ mit $V(\underline{\bar{x}},t) < O$ für alle $t \geq t_1$, dann ist die Gleichgewichtslage $\underline{x}(t) \equiv \underline{O}$ von (3.3) instabil.

Satz 3.9: 2. Instabilitätssatz von Ljapunov

Existiert in einer Umgebung S des Nullpunktes eine beschränkte Funktion $V(\underline{x},t)$, deren Ableitung sich längs jeder Trajektorie von (3.3) als

$$\dot{V} = a\,V + \overline{V}(\underline{x}(t),t)$$

mit $a > 0$ und einer semidefiniten Funktion $\bar{V}(\underline{x},t)$ schreiben läßt, und haben $V(\underline{x},t)$ und $\bar{V}(\underline{x},t)$ für $\bar{V}(\underline{x},t) \neq 0$ in jeder beliebig kleinen Umgebung von $\underline{x} = \underline{0}$ für gewisse Werte $\bar{\underline{x}}$ für alle $t \geq t_1$ dasselbe Vorzeichen, so ist die Gleichgewichtslage $\underline{x}(t) \equiv \underline{0}$ von (3.3) instabil.

Die aufgeführten Sätze sind alle nur hinreichend. Erst wenn man eine geeignete Funktion $V(\underline{x},t)$ mit den geforderten Eigenschaften gefunden hat, kann man auf das Stabilitätsverhalten schließen. Obwohl die Existenz solcher Ljapunov-Funktionen weitgehend gesichert ist [36, Kap. 6; 54, Kap. 1 und 2], so ist ihr tatsächliches Auffinden häufig ein mühseliges Unternehmen. Es gibt zwar viele Anleitungen, solche Funktionen $V(\underline{x},t)$ zu konstruieren [5, S.80-85; 148, S.38-44], jedoch ein allgemein gültiges Vorgehen ist unbekannt.

Die Sätze sind für zeitvariante Systeme formuliert. Im Falle zeitinvarianter Systeme gelten dieselben Sätze entsprechend mit zeitinvarianten Ljapunov-Funktionen. Die Dekreszenz der Funktionen muß dann nicht mehr explizit gefordert werden, da diese Bedingung automatisch für zeitinvariante Funktionen miterfüllt ist. Ein Unterschied zwischen (asymptotischer) Stabilität und gleichmäßiger (asymptotischer) Stabilität besteht dann nicht mehr.

Der Satz 3.7 über die asymptotische Stabilität enthält die scharfe Forderung einer negativ definiten Ableitung der Ljapunov-Funktion. Bei der Konstruktion von Ljapunov-Funktionen ergeben sich aber häufig Fälle, bei denen nur Semidefinitheit von $\dot{V}$ nachgewiesen werden kann, obwohl die Gleichgewichtslage asymptotisch stabil ist. Eine Klärung bringt hier der Satz von Krasovskii im Falle zeitinvarianter und periodischer Systeme [54, S.67; 36, S.260], der hier nur für zeitinvariante Systeme formuliert wird.

Satz 3.10: Stabilitätssatz von Krasovskii

Die Gleichgewichtslage $\underline{x}(t) \equiv \underline{0}$ des zeitinvarianten Systems $\dot{\underline{x}} = \underline{f}(\underline{x})$ ($\underline{f}(\underline{0}) = \underline{0}$) ist asymptotisch stabil, wenn eine zeitinvariante, positiv definite Ljapunov-Funktion $V(\underline{x})$ existiert, für welche die negativ semi-definite Ableitung längs keiner Trajektorie identisch verschwindet.

Eine Diskussion dieses Satzes mittels einer (nichtlinearen) Beobachtbarkeitsbedingung, die eine eindeutige Unterscheidung zwischen
den grenzstabilen und den asymptotisch stabilen Trajektorien erlaubt, ist in [100,101] durchgeführt.

Als eine Anwendung dieses Satzes kann Beispiel 12 angesehen werden,
da dort $\dot{V} = \dot{V}(z(t),\dot{z}(t))$ semidefinit mit $\dot{V} \equiv 0$ ist.

Eine andere Ergänzung betrifft die Instabilitätssätze. Obwohl z.B.
in Satz 3.8 $V(\bar{x},t) < 0$ nur für einige Punkte $\bar{x}$ verlangt ist, wird
$\dot{V} < 0$ für alle $\underline{x}$ gefordert. Nach Chetayev ist hier eine Abschwä-
chung möglich [18, S.27; 54, S.39].

Satz 3.11: Instabilitätssatz von Chetayev

Existiert in einer Umgebung S des Nullpunktes eine beschränkte Funktion $V(\underline{x},t)$, die zusammen mit ihrer Ableitung $\dot{V}$ in einem Teilge-
biet T von S , das den Ursprung mindestens als Randpunkt enthält,
das gleiche Vorzeichen hat, so ist die Gleichgewichtslage $\underline{x}(t) \equiv \underline{0}$
von (3.3) instabil.

Der Satz 3.11 erlaubt es, die skalare Funktion $V(\underline{x},t)$ nur längs einer Ursprungstrajektorie zu untersuchen. Haben dort V und $\dot{V}$ glei-
ches Vorzeichen, so ist $\underline{x} = \underline{0}$ instabil.

3.2.5. Stabilität nach der ersten Näherung

Die Stabilitätsuntersuchung von Gleichgewichtslagen nichtlinearer Systeme ist im allgemeinen schwierig. Da sich das nichtlineare System
für sehr kleine Auslenkungen aus der Gleichgewichtslage häufig durch
ein linearisiertes Gleichungssystem näherungsweise darstellen läßt,
erhebt sich die Frage, ob sich das Stabilitätsverhalten für das nichtlineare System durch dasjenige des linearisierten Systems kennzeichnen läßt. Diese Frage wurde ebenfalls schon von Ljapunov untersucht
[69] und läßt sich heute wie folgt beantworten [36, S.122 und S.274].

Satz 3.12: Stabilität nach der ersten Näherung

Ist das lineare System (3.6),

$$\dot{\underline{x}}(t) = \underline{A}(t)\underline{x}(t) ,$$

gleichmäßig asymptotisch stabil, so ist die Gleichgewichtslage
$\underline{x}(t) \equiv \underline{O}$ des nichtlinearen Systems

$$\underline{\dot{x}}(t) = \underline{A}(t)\underline{x}(t) + \underline{g}(\underline{x},t) \qquad (3.12)$$

mit $\underline{g}(\underline{O},t) = \underline{O}$ für

$$\| \underline{g}(\underline{x},t) \| = o(\|\underline{x}\|) \qquad (3.13)$$

ebenfalls gleichmäßig asymptotisch stabil.

Das Zeichen o ist ein Landausches Symbol und bedeutet, daß

$$\lim_{\| \underline{x} \| \to O} \frac{\| \underline{g}(\underline{x},t) \|}{\| \underline{x} \|} = O$$

gelten soll.

Läßt sich also die rechte Seite eines Differentialgleichungssystems
(3.3) durch eine Taylorreihenentwicklung in die Form (3.12) überfüh-
ren, so enthält $\underline{g}(\underline{x},t)$ nur Glieder, die mindestens von 2. Ordnung
klein sind und damit (3.13) erfüllen. In diesen Fällen ist das asymptotische Stabilitätsverhalten durch die linearen Glieder gemäß Satz
3.12 bestimmt.

Satz 3.13: Instabilität nach der ersten Näherung

Hat die Matrix $\underline{A}$ des zeitinvarianten Systems (2.15),

$$\underline{\dot{x}}(t) = \underline{A}\,\underline{x}(t) \ ,$$

mindestens einen Eigenwert mit positivem Realteil (d.h. ist (2.15)
"exponentiell instabil"), so ist die Gleichgewichtslage $\underline{x}(t) \equiv \underline{O}$
des zeitinvarianten nichtlinearen Systems

$$\underline{\dot{x}}(t) = \underline{A}\,\underline{x}(t) + \underline{g}(\underline{x}(t))$$

mit $\underline{g}(\underline{O},t) \equiv \underline{O}$ für

$$\| \underline{g}(\underline{x}) \| = o(\| \underline{x} \|)$$

ebenfalls instabil [36, S.122].

Die beiden Sätze 3.12 und 3.13 stellen einen wesentlichen Berechti-
gungsnachweis für die Linearisierung von Bewegungsgleichungen dar.
Da man im Normalfall die asymptotische Stabilität eines Systems nachweisen möchte, liegt man mit Satz 3.12 auf der sicheren Seite.

Erhält man bei der Linearisierung eine Systemmatrix $\underline{A}$, auf die sich
weder Satz 3.12 noch Satz 3.13 anwenden läßt, d.h. weist $\underline{A}$ Eigenwerte λ_i mit Re $\lambda_i = 0$ auf (siehe Abschnitt 3.2.2), so liegt ein so-
genannter kritischer Fall vor [76, Kap. 4 und Kap. 6 D; 36, Kap. 10].
In diesen Fällen müssen entweder weitere Voraussetzungen über das
nichtlineare System gemacht werden, um das Stabilitätsverhalten mit
Hilfe des linearisierten Systems feststellen zu können, oder das Stabilitätsverhalten kann nur unter Einbeziehung der nichtlinearen Glieder untersucht werden. Im Falle mechanischer Systeme sind hierbei infolge energetischer Zusammenhänge noch einfache Aussagen möglich [112].

3.3. Quadratische Formen als Ljapunov-Funktionen für lineare Systeme

Wendet man die Stabilitätssätze des vorhergehenden Abschnitts auf lineare Systeme (3.6) an, so erhebt sich die Frage, wie eine Ljapunov-
Funktion für (3.6) zu wählen ist. Das Beispiel 12 zeigt einen Weg
hierzu. Für lineare mechanische Systeme sind die Energieausdrücke
quadratische Formen der Geschwindigkeiten (kinetische Energie (2.95))
oder der Lagekoordinaten (potentielle Energie (2.100)). Da Ljapunov-
Funktionen als verallgemeinerte Energieausdrücke aufgefaßt werden
können, ist für diese der Ansatz

$$V(t) = V(\underline{x}(t),t) = \underline{x}'(t)\underline{P}(t)\underline{x}(t) \qquad (3.14)$$

als quadratische Form des Zustandsvektors mit einer symmetrischen Matrix $\underline{P}(t)$ naheliegend. Die benötigte zeitliche Ableitung von $V(t)$
längs der Trajektorien des dynamischen Systems (3.6) ergibt sich zu

$$\dot{V}(t) = \underline{x}^T(t) \left[\dot{\underline{P}}(t) + \underline{A}'(t)\underline{P}(t) + \underline{P}(t)\underline{A}(t) \right] \underline{x}(t) \ . \qquad (3.15)$$

Für die Stabilität bzw. asymptotische Stabilität von (3.6) wird durch die Sätze 3.6 und 3.7 als hinreichende Bedingung verlangt, daß

$$V(t) > 0 \;,\; \dot{V}(t) \leq 0 \quad (\; \dot{V}(t) < 0 \;)$$

gilt. Setzt man daher

$$\dot{\underline{P}}(t) + \underline{A}'(t)\underline{P}(t) + \underline{P}(t)\underline{A}(t) = -\underline{Q}(t) \;, \qquad (3.16)$$

wobei $\underline{Q}(t)$ eine symmetrische Matrix ist, so ergibt sich aus den Ljapunovschen Stabilitätskriterien folgendes Zwischenergebnis [48, Teil I].

Satz 3.14: Stabilität linearer Systeme

Hat die Matrizendifferentialgleichung (3.16) für eine positiv (semi-) definite Matrix $\underline{Q}(t)$ eine gleichmäßig beschränkte, positiv definite Lösung $\underline{P}(t)$, so ist das System (3.6) gleichmäßig asymptotisch stabil (gleichmäßig stabil).

Zum richtigen Verständnis dieses Satzes wird daran erinnert, wie hier gemäß der Definition 3.8 eine positiv (semi-) definite Matrix $\underline{Q}(t)$ erklärt ist:

$$\underline{Q}(t) \geq \underline{0} : \qquad \text{positiv semidefinit,}$$

$$\underline{Q}(t) > c\underline{E}_n > \underline{0} : \text{positiv definit.}$$

Die Beziehung (3.16) ist die Ljapunovsche Matrizendifferentialgleichung. Sie steht im Mittelpunkt der Stabilitätsuntersuchungen für lineare zeitvariante Systeme. Aber auch das Beobachtbarkeitsproblem führt auf eine Gleichung vom Typ (3.16): die Beobachtbarkeitsmatrix $\underline{W}_B(t_1,t)$ genügt der Ljapunovschen Relation (2.67). Stabilität und Beobachtbarkeit werden daher eng verknüpft sein, was später noch gezeigt wird.

Im Falle zeitinvarianter Systeme (2.15) kann (3.16) durch die algebraische Ljapunovsche Matrizengleichung

$$\underline{A}'\underline{P} + \underline{P}\underline{A} = -\underline{Q} \qquad (3.17)$$

ersetzt werden, da dann auch die Ljapunov-Funktionen als zeitin-

variante quadratische Formen angesetzt werden können. Durch diese
Gleichung wird das Stabilitätsverhalten von $\dot{\underline{x}}(t) = \underline{A}\,\underline{x}(t)$ vollständig charakterisiert. Während die Ljapunovschen Sätze nur hinreichend
für Stabilität oder Instabilität sind, läßt sich für das lineare
zeitinvariante Problem zeigen, daß aus der Beziehung (3.17) auch notwendige Stabilitätsaussagen gewonnen werden können. Für die Matrizenmethoden der linearen Stabilitätstheorie für Systeme (2.15) stellt
die Ljapunovsche Matrizengleichung den Schlüssel für alle weiteren
Ergebnisse dar. Die Eigenschaften der Beziehung (3.17) werden daher
im Kapitel 4 diskutiert, sowie anschließend auf das Stabilitätsproblem für lineare allgemeine Systeme (2.15) (Kapitel 5) und für lineare mechanische Systeme (2.90) (Kapitel 6) angewandt.

4. Ljapunovsche Matrizengleichung

Die algebraische Ljapunovsche Matrizengleichung

$$\underline{A}' \, \underline{P} + \underline{P} \, \underline{A} = - \, \underline{Q} \, , \qquad (4.1)$$

die sich bei der Stabilitätsuntersuchung linearer zeitinvarianter
Systeme (2.15) bei Verwendung von quadratischen Formen als Ljapunov-
Funktionen ergibt, spielt zusammen mit den Eigenwerten λ_i von $\underline{A}$
die bestimmende Rolle für das dynamische System (2.15). Nicht nur in
der Stabilitätstheorie sondern auch in einer Reihe weiterer Probleme
tritt (4.1) maßgebend auf. In Abschnitt 4.1 wird daher ein Überblick
über verschiedene Anwendungsfälle von (4.1) gegeben. In den Abschnitten 4.2 und 4.3 werden Existenz und Eindeutigkeit sowie die analytische und numerische Bestimmung der Lösungen von (4.1) diskutiert.
Diesen vorbereitenden Betrachtungen folgt der wesentliche Abschnitt
4.4, in dem die wichtigen Zusammenhänge zwischen den Lösungseigenschaften von (4.1) und den Eigenwerten λ_i von $\underline{A}$ aufgezeigt werden. Für die Stabilitätsuntersuchung wird hier die Verbindung zwischen den Abschnitten 3.2.2 und 3.3 hergestellt.

4.1. Anwendungen

4.1.1. Stabilität linearer, zeitkontinuierlicher Systeme

Die Stabilitätsuntersuchung für lineare, zeitinvariante, zeitkontinuierliche Systeme

$$\underline{\dot{x}}(t) = \underline{A} \, \underline{x}(t) \qquad (4.2)$$

stellt das Hauptanliegen dieser Arbeit dar. Wie in Abschnitt 3.3 gezeigt wurde, führt der Ansatz einer quadratischen Form als Ljapunov-
Funktion gerade auf die Beziehung (4.1).

4.1.2. Stabilitätsgrad

In Abschnitt 3.2.2 wurde die Bedeutung der Eigenwerte für das Stabilitätsverhalten von (4.2) gezeigt. Bei technischen Problemen begnügt
man sich häufig aber nicht damit, daß das System asymptotisch stabil
ist, d.h. daß $\text{Re }\lambda_i < 0$ für alle Eigenwerte λ_i gilt, sondern fordert

$$\text{Re }\lambda_i < -\sigma \quad (\sigma > 0) \tag{4.3}$$

für alle Eigenwerte λ_i . Infolge des Aufbaus der allgemeinen Lösung $\underline{x}(t)$ (2.8) aus den Eigenlösungen (2.41-43) ist σ dann ein
Maß für die Abklingzeit der Systemschwingungen. Bei diagonalähnlichen Matrizen kann σ als Konstante c_2 in (3.10) für den Nachweis
der exponentiellen Stabilität verwendet werden. Nach [48, Teil I,
S.380] ist nun (4.3) erfüllt, wenn die Matrix $\underline{A} + \sigma\underline{E}_n$ Eigenwerte
mit ausschließlich negativen Realteilen aufweist, d.h. wenn das
System

$$\underline{\dot{x}}(t) = (\underline{A} + \sigma\underline{E}_n)\underline{x}(t) \tag{4.4}$$

asymptotisch stabil ist. Die zu (4.4) gehörende Ljapunovsche Matrizengleichung lautet

$$\underline{A}' \underline{P} + \underline{P} \underline{A} + 2 \sigma \underline{P} = -\underline{Q} . \tag{4.5}$$

Nach Satz 3.14 ist (4.3) dann sicher gewährleistet, wenn zu einem
positiv definitem $\underline{Q}$ eine positiv definite Lösung $\underline{P}$ von (4.5)
gehört.

Als Stabilitätsgrad bezeichnet man den kleinsten Wert $\sigma = h$, bei
dem in (4.3) für einen Eigenwert λ_j das Gleichheitszeichen steht
[103]:

$$h = -\operatorname*{Max}_{j=1,..,n} \left\{ \text{Re }\lambda_j \right\} . \tag{4.6}$$

Für $\sigma = h$ darf zu (4.5) für $\underline{Q} = \underline{Q}' > \underline{O}$ keine positiv definite Lösung $\underline{P} = \underline{P}' > \underline{O}$ mehr gehören.

4.1.3. Stabilität linearer, zeitdiskreter Systeme

Manche schwingungs- und regelungstechnische Probleme lassen sich nicht durch gewöhnliche zeitkontinuierliche Differentialgleichungen allein, sondern nur mit Hilfe von zusätzlichen zeitdiskreten Differenzengleichungen beschreiben. Diese "Abtastsysteme" kommen z.B. dann vor, wenn ein Digitalrechner als Prozeßrechner in das dynamische System mit einbezogen ist. Ohne hier auf die vielseitigen Probleme diskreter Systeme einzugehen (hierfür sei auf [2; 48, Teil II; 128, Kap. VI, 5] verwiesen), wird hier die mathematische Beschreibung eines linearen, zeitinvarianten, zeitdiskreten Systems übernommen:

$$\underline{x}(k) = \overline{\underline{A}}\, \underline{x}(k-1) \;, \quad \underline{x}(O) = \underline{x}_O \;, \tag{4.7}$$

wobei $\underline{x}(k) = \underline{x}(k \cdot \Delta T)$ und ΔT das Abtastintervall sind. Nach der Ljapunovschen Stabilitätstheorie für diskrete Systeme (siehe [5, S.79; 48, Teil II]) ist das System (4.7) asymptotisch stabil, wenn für $\overline{\underline{Q}} = \overline{\underline{Q}}' > \underline{O}$ die (diskrete) Ljapunovsche Matrizengleichung (oder auch Steinsche Gleichung [135,137])

$$\overline{\underline{A}}'\, \underline{P}\, \overline{\underline{A}} - \underline{P} = - \overline{\underline{Q}} \tag{4.8}$$

eine positive definite Lösung $\underline{P} = \underline{P}' > \underline{O}$ aufweist. Dabei ist (4.7) asymptotisch stabil, stabil oder instabil je nachdem für $k \to \infty$ $\overline{\underline{A}}^k \to \underline{O}$, $\overline{\underline{A}}^k$ beschränkt oder $\overline{\underline{A}}^k$ unbeschränkt ist. Bezüglich der Eigenwerte von $\overline{\underline{A}}$ gilt der Satz 3.5 entsprechend für $|\lambda_i| < 1$, $|\lambda_i| = 1$, $|\lambda_i| > 1$ (siehe [2, Kap. 8; 128, S.336-339]).

Die Steinsche Gleichung (4.8) geht durch eine Matrizentransformation [60; 103, S.341]

$$\left.\begin{aligned}
\overline{\underline{A}} &= (\underline{A} + a\underline{E}_n)(\underline{A} - a\underline{E}_n)^{-1} \\[2ex]
\underline{A} &= a(\overline{\underline{A}} + \underline{E}_n)(\overline{\underline{A}} - \underline{E}_n)^{-1}
\end{aligned}\right\} \tag{4.9}$$

bzw.

(a > 0) in die Ljapunovsche Gleichung

$$\underline{A}' \underline{P} + \underline{P} \underline{A} = - \underline{Q} \ ,$$

$$\underline{Q} = 2a(\underline{\overline{A}}' - \underline{E}_n)^{-1}\underline{\overline{Q}}(\underline{\overline{A}} - \underline{E}_n)^{-1}$$

$$\left. \right\} \qquad (4.10)$$

über. Hierbei ist $\underline{\overline{A}} - \underline{E}_n$ (und damit auch $\underline{A} - a\underline{E}_n$) als reguläre Matrix vorausgesetzt. Die Stabilitätsprobleme der zeitkontinuierlichen und der zeitdiskreten Systeme (4.2) und (4.7) sind damit völlig äquivalent, solange $\underline{\overline{A}} - \underline{E}_n$ regulär ist. Das System (4.7) ist genau dann asymptotisch stabil, wenn auch $\underline{\dot{x}}(t) = \underline{A}\,\underline{x}(t)$ asymptotisch stabil ist.

4.1.4. Stabilität linearer, periodischer Systeme

Die Stabilität eines linearen, periodischen Systems

$$\underline{\dot{x}}(t) = \underline{A}(t)\underline{x}(t) \ , \quad \underline{A}(t + T) = \underline{A}(t) \ , \qquad (4.11)$$

dessen Systemmatrix periodische Koeffizienten mit der Periode T aufweist, läßt sich mit Hilfe der Floquetschen Theorie [103, S.291 – 292] auf die Untersuchung der Eigenwerte $\overline{\lambda}_i$ der Fundamentalmatrix $\underline{\Phi}(t_0 + T, t_0)$ zurückführen [103, S.298-299]. Betrachtet man den Trajektorienverlauf $\underline{x}(t)$ nur für die Zeitpunkte $t = t_0 + k\,T$, $k = 0,1,\ldots,$ so ergibt sich mit $\underline{x}(k) = \underline{x}(t_0 + k\,T)$ folgendes zeitdiskretes System:

$$\underline{x}(k) = \underline{\Phi}(t_0 + T, t_0)\underline{x}(k - 1) \ . \qquad (4.12)$$

Damit kann das Stabilitätsverhalten nach Abschnitt 4.1.3 gemäß der Steinschen Matrizengleichung

$$\underline{\Phi}'(t_0 + T, t_0)\,\underline{P}\,\underline{\Phi}(t_0 + T, t_0) - \underline{P} = - \underline{\overline{Q}} \qquad (4.13)$$

bestimmt werden. Existiert zu einer positiv definiten Matrix $\underline{\overline{Q}} = \underline{\overline{Q}}' > \underline{0}$ eine positiv definite Lösungsmatrix $\underline{P} = \underline{P}' > \underline{0}$ von (4.13), so ist das periodische System (4.11) gleichmäßig asymptotisch stabil. Die Untersuchung kann mit der Transformation (4.9) auch mit der Ljapunovschen Matrizengleichung (4.10) durchgeführt werden.

4.1.5. Stabilität nichtlinearer Systeme

Die Ljapunovsche Matrizengleichung (4.1) kann in unterschiedlicher
Weise herangezogen werden, um auch für Gleichgewichtslagen nichtlinearer Systeme Aussagen über Stabilitätsbereiche zu gewinnen.

Bei geringfügiger Veränderung der Ergebnisse von [5, S.119-122; 36,
S.120-123] ist die asymptotische Stabilität von $\underline{x} = \underline{0}$ des Systems

$$\dot{\underline{x}} = \underline{A}\,\underline{x} + \underline{f}(\underline{x}) \ , \quad \underline{f}(\underline{0}) = \underline{0} \ , \tag{4.14}$$

sicherlich gewährleistet, wenn (4.1) mit positiv definiten Matrizen
$\underline{P} = \underline{P}' > \underline{0}$ und $\underline{Q} = \underline{Q}' > \underline{0}$ erfüllt ist (d.h. $\dot{\underline{x}} = \underline{A}\,\underline{x}$ ist asymptotisch stabil), und weiterhin die Nichtlinearitäten sich so durch
konstante Werte $F_{ij}^{(1)}$, $F_{ij}^{(2)}$ einschränken lassen,

$$F_{ij}^{(1)} \leq \frac{f_i x_j}{\underline{x}'\underline{x}} \leq F_{ij}^{(2)} \ , \tag{4.15}$$

daß die Matrix

$$\underline{Q} - \underline{F}'\underline{P} - \underline{P}\,\underline{F} > \underline{0} \tag{4.16}$$

positiv definit ausfällt für alle Matrizen $\underline{F}$ mit

$$F_{ij}^{(1)} \leq F_{ij} \leq F_{ij}^{(2)} \ . \tag{4.17}$$

Die asymptotische Stabilität von (4.14) ist unter den genannten Vor-
aussetzungen nach Satz 3.7 mit der Ljapunov-Funktion $V = \underline{x}'\underline{P}\,\underline{x}$ nach-
zuweisen. Es ist dann

$$\dot{V} = \underline{x}'(\underline{A}'\underline{P} + \underline{P}\,\underline{A}) + \underline{f}'\underline{P}\,\underline{x} + \underline{x}'\underline{P}\,\underline{f}$$

$$= -\underline{x}'\,[\,\underline{Q} - \frac{\underline{x}\,\underline{f}'}{\underline{x}'\underline{x}}\,\underline{P} - \underline{P}\,\frac{\underline{f}\,\underline{x}'}{\underline{x}'\underline{x}}\,]\,\underline{x} < 0$$

wegen (4.15 - 17).

Eine andere Verwendung der Ljapunovschen Matrizengleichung wird durch
die Methode von Krasovskii erhalten [36, S.135; 54, S.91]. Sind die

rechten Seiten eines nichtlinearen Systems

$$\dot{\underline{x}} = \underline{f}(\underline{x}) \quad , \quad \underline{f}(\underline{0}) = \underline{0} \tag{4.18}$$

in einer Umgebung S von $\underline{x} = \underline{0}$ stetig differenzierbar und existiert zu der Funktionalmatrix $\frac{\partial f}{\partial \underline{x}'}$ eine konstante, symmetrische, positiv definite Matrix $\underline{P}$, so daß die rechte Seite der Ljapunovschen Gleichung

$$(\frac{\partial f}{\partial \underline{x}'})' \underline{P} + \underline{P} \frac{\partial f}{\partial \underline{x}'} = - \underline{Q}(\underline{x}) \leq - q \underline{E}_n \tag{4.19}$$

gleichmäßig für $\underline{x}$ aus S nach oben durch den negativen Wert $- q$ beschränkt ist, dann ist die Gleichgewichtslage $\underline{x} = \underline{0}$ asymptotisch stabil. Der Beweis erfolgt nach Satz 3.7 mit $V = \underline{f}' \underline{P} \underline{f}$.

4.1.6. Stabilität stochastischer Systeme

Lineare zeitinvariante dynamische Systeme, deren Systemkoeffizienten stochastischen Schwankungen unterworfen sind, lassen sich durch eine stochastische Itô-Differentialgleichung

$$d\underline{x}(t) = \underline{A}\,\underline{x}(t)\,dt + \sum_{i=1}^{m} \underline{B}_i\underline{x}(t)dw_i(t) \tag{4.20}$$

beschreiben [40,123]. Hierbei bedeuten $w_i(t)$ skalare Wiener - Prozesse mit der Kovarianzmatrix $\underline{W} \cdot t$ des Vektorprozesses $\underline{w}(t) = [w_i(t)]$. Untersucht man die asymptotische Stabilität mit Wahrscheinlichkeit 1 oder die asymptotische Stabilität im Quadratmittel des Systems (4.20), so stellt sich als maßgebliche Stabilitätsgleichung eine verallgemeinerte Ljapunovsche Matrizengleichung ein:

$$\underline{A}'\underline{P} + \underline{P}\,\underline{A} + \sum_{i=1}^{m} \sum_{j=1}^{m} W_{ij}\underline{B}_i'\,\underline{P}\,\underline{B}_j = - \underline{Q} \;. \tag{4.21}$$

Für die asymptotische Stabilität mit Wahrscheinlichkeit 1 ist hinreichend und für die asymptotische Stabilität im Quadratmittel auch notwendig, daß (4.21) für $\underline{Q} = \underline{Q}' > \underline{0}$ eine positiv definite Lösung $\underline{P} = \underline{P}' > \underline{0}$ aufweist [40].

4.1.7. Kovarianzmatrix stochastischer Prozesse

Wird ein linearer dynamischer Prozeß (2.5) durch ein weißes Gauß-
sches Rauschen fremderregt,

$$\dot{\underline{x}}(t) = \underline{A}(t)\underline{x}(t) + \underline{B}(t)\underline{\beta}(t) \ , \tag{4.22}$$

mit der Kovarianzmatrix

$$E\left\{ \underline{\beta}(t)\underline{\beta}'(\tau) \right\} = \underline{W}(t)\delta(t-\tau) \tag{4.23}$$

des weißen Rauschens $\underline{\beta}(t)$, so genügt die Kovarianzmatrix

$$\underline{P}(t) = E\left\{ (\underline{x}(t) - \underline{m}(t))(\underline{x}(t) - \underline{m}(t))' \right\} \tag{4.24}$$

des Prozesses $\underline{x}(t)$ der Differentialgleichung

$$\dot{\underline{P}}(t) = \underline{P}(t)\underline{A}'(t) + \underline{A}(t)\underline{P}(t) + \underline{B}(t)\underline{W}(t)\underline{B}'(t), \ \underline{P}(t_0) = \underline{P}_0 \tag{4.25}$$

[103, S.267-269, S.319]. Die Größe $\underline{m}(t)$ in (4.24) ist der Mittel-
wertvektor

$$\underline{m}(t) = E\left\{ \underline{x}(t) \right\} \tag{4.26}$$

des verrauschten Systems und genügt

$$\dot{\underline{m}}(t) = \underline{A}(t)\underline{m}(t) \ , \quad \underline{m}(t_0) = \underline{m}_0 \ . \tag{4.27}$$

Für zeitinvariante Systeme, $\underline{A}(t) = \underline{A}$, $\underline{B}(t) = \underline{B}$, $\underline{W}(t) = \underline{W}$,
stellt sich für $t \to \infty$ ein stationärer Fehler ein: $\underline{P}_\infty = \lim_{t \to \infty} \underline{P}(t)$:

$$\underline{A}\,\underline{P}_\infty + \underline{P}_\infty\underline{A}' = -\,\underline{B}\,\underline{W}\,\underline{B}' \ . \tag{4.28}$$

Diese Beziehung ist wiederum vom Typ (4.1), nur sind die Matrizen $\underline{A}$
und $\underline{A}'$ vertauscht. Die Gleichung (4.28) ist äußerst nützlich, um
die stationären Standardabweichungen

$$\sigma_{i\infty} = \sqrt{P_{ii\infty}} \ , \ i = 1,\ldots,n \ , \tag{4.29}$$

für ein verrauschtes, asymptotisch stabiles Schwingungssystem zu berechnen [98; 103, S.269; 126].

4.1.8. Verallgemeinerte, zeitbeschwerte, quadratische Regelflächen

Liegen für ein lineares, zeitinvariantes, asymptotisch stabiles System (4.2) noch nicht sämtliche Systemparameter endgültig fest, so kann eine Parameteroptimierung z.B. gemäß einer verallgemeinerten, zeitbeschwerten, quadratischen Regelfläche

$$I \ T^k E^2 = \int_0^\infty t^k \underline{x}'(t) \underline{Q}\, \underline{x}(t) \ dt \qquad (4.30)$$

mit einer Bewertungsmatrix $\underline{Q} = \underline{Q}' \geq \underline{0}$ vorgenommen werden. Nach [72; 103, S.174] berechnet sich der Wert von (4.30) zu

$$I \ T^k E^2 (Q_0) = 1! \ \binom{k}{1} \ I \ T^{k-1} E^2 (Q_1)$$

$$= k! \ I \ E^2 (Q_k) = k! \ \underline{x}'_0 \ \underline{Q}_{k+1} \ \underline{x}_0 \qquad (4.31)$$

mit der Rekursionsformel

$$\underline{A}' \underline{Q}_1 + \underline{Q}_1 \ \underline{A} = - \ \underline{Q}_{1-1} \ , \quad 1 = 1,..,k+1 \ , \qquad (4.32)$$

und $\underline{Q}_0 = \underline{Q}$. Auch hier stellt die Ljapunovsche Gleichung (4.32) den Schlüssel zur Lösung dieses Optimierungsproblems dar. Eine allgemeine Betrachtung für $k = 0$,

$$I \ E^2 = \int_0^\infty \underline{x}'(t) \ \underline{Q}\, \underline{x}(t) \ dt$$

findet man in [90,91].

4.1.9. Quadratische Amplitudenfrequenzgangfläche

Eine andere Möglichkeit, optimale Parameter eines dynamischen Systems festzulegen, besteht in der Bestimmung optimaler Frequenzgänge. Hierbei wird das lineare, zeitinvariante, asymptotisch stabile System (4.2) zusätzlich von harmonischen Störungen mit der Erregerfrequenz Ω beeinflußt:

$$\dot{\underline{x}}(t) = \underline{A}\,\underline{x}(t) + \underline{b}_1\cos\Omega t + \underline{b}_2\sin\Omega t \ . \qquad (4.33)$$

Unter Verwendung der komplexen Schreibweise

$$\underline{b}_1\cos\Omega t + \underline{b}_2\sin\Omega t = \underline{b}\,e^{-i\Omega t} + \overline{\underline{b}}\,e^{-i\Omega t} \ ,$$

$$\underline{b} = \frac{1}{2}(\underline{b}_1 - i\,\underline{b}_2) \ , \quad \overline{\underline{b}} = \frac{1}{2}(\underline{b}_1 + i\,\underline{b}_2)$$

lautet die stationäre Antwort des Systems (4.33)

$$\underline{x}(t) = \underline{g}\,e^{i\Omega t} + \overline{\underline{g}}\,e^{-i\Omega t}$$

$$= \underline{g}_1\cos\Omega t + \underline{g}_2\sin\Omega t$$

mit dem komplexen Frequenzgangvektor

$$\underline{g}(\Omega) = \frac{1}{2}(\underline{g}_1(\Omega) - i\underline{g}_2(\Omega)) = (i\Omega\underline{E}_n - \underline{A})^{-1}\underline{b} \ . \qquad (4.34)$$

Eine Parameteroptimierung des Systems (4.33) kann nun nach dem Kriterium der quadratischen Amplitudenfrequenzgangfläche

$$\int_{\Omega_1}^{\Omega_2} \overline{\underline{g}}'(\Omega)\,\underline{Q}\,\underline{g}(\Omega)\,d\Omega \rightarrow \text{Minimum} \qquad (4.35)$$

für einen kritischen Frequenzbereich $\Omega_1 \le \Omega \le \Omega_2$ geschehen [103, S.248-249]. Die Bewertungsmatrix $\underline{Q} = \underline{Q}' \ge \underline{0}$ erlaubt die unterschiedliche Gewichtung der einzelnen Zustandsgrößen. Für $\Omega_1 = -\infty$ und $\Omega_2 = +\infty$ läßt sich der Wert des Integrals (4.35) mit Hilfe komplexer Kurvenintegrale berechnen:

$$\int_{-\infty}^{+\infty} \overline{\underline{g}}'(\Omega)\,\underline{Q}\,\underline{g}(\Omega)\,d\Omega = 2\pi\,\overline{\underline{b}}'\,\underline{P}\,\underline{b} \ , \qquad (4.36)$$

wobei $\underline{P}$ der Ljapunovschen Matrizengleichung (4.1) genügt:

$$\underline{A}'\underline{P} + \underline{P}\,\underline{A} = -\underline{Q} \ .$$

4.1.10. Kleinman-Lösung der Riccati-Matrizengleichung

Bei dem Optimierungsproblem, eine Steuerung $\underline{u}(t)$ des zeitinvarianten Systems (2.2),

$$\underline{\dot{x}}(t) = \underline{A}\,\underline{x}(t) + \underline{B}\,\underline{u}(t) \quad, \quad \underline{x}(0) = \underline{x}_0 \quad,$$

gemäß dem quadratischen Kostenfunktional

$$I\,E^2C^2 = \int\limits_0^\infty (\underline{x}'(t)\underline{Q}\,\underline{x}(t) + \underline{u}'(t)\underline{R}\,\underline{u}(t))\,dt \tag{4.37}$$

zu bestimmen ($\underline{Q} = \underline{Q}' \geq \underline{0}$, $\underline{R} = \underline{R}' > \underline{0}$), ergibt sich gemäß [128, Kap. IX, 5] die lineare Zustandsrückführung

$$\underline{u}(t) = -\,\underline{R}^{-1}\underline{B}\,\underline{P}\,\underline{x}(t) \tag{4.38}$$

mit der Kostenmatrix $\underline{P}$, welche die positiv definite Lösung der nichtlinearen Riccati-Gleichung

$$\underline{A}'\underline{P} + \underline{P}\,\underline{A} - \underline{P}\,\underline{B}\,\underline{R}^{-1}\underline{B}'\underline{P} + \underline{Q} = \underline{0} \tag{4.39}$$

ist. Zur Lösung von (4.39), die eine um das quadratische Glied ergänzte Ljapunov-Gleichung ist, wurde von Kleinman [51] folgender iterative Lösungsalgorithmus vorgeschlagen:

$$\underline{L}_i = \underline{R}^{-1}\underline{B}'\underline{P}_i \quad, \tag{4.40 a}$$

$$\hat{\underline{A}}_i = \underline{A} - \underline{B}\,\underline{L}_i \quad, \tag{4.40 b}$$

$$\hat{\underline{A}}'_i\,\underline{P}_{i+1} + \underline{P}_{i+1}\hat{\underline{A}}_i = -\,(\underline{Q} + \underline{L}'_i\,\underline{R}\,\underline{L}_i) \quad. \tag{4.40 c}$$

Die letzte Bestimmungsgleichung (4.40 c) ist wieder eine Ljapunov-Gleichung. Sie dient hier zur Bestimmung der (i+1)-ten Näherung $\underline{P}_{i+1}$ der gesuchten Lösung $\underline{P}$ von (4.39). Kennt man eine Startmatrix $\underline{L}_0$, so daß $\underline{A}_0$ nur Eigenwerte mit negativen Realteilen aufweist, so konvergiert das Verfahren quadratisch und monoton:

$$\underline{P}_1 \geq \underline{P}_2 \geq \ldots \geq \underline{P}_i \geq \ldots \geq \underline{P} \quad, \tag{4.41 a}$$

$$\lim_{i \to \infty} \underline{P}_i = \underline{P} \quad. \tag{4.41 b}$$

4.1.11. Empfindlichkeitsuntersuchungen

Für den Entwurf einer optimalen Zustandsrückführung (4.38) sind häufig die Systemmatrizen $\underline{A}$ und $\underline{B}$ nur näherungsweise bekannt. Der Entwurf gemäß (4.37) wird daher für angenommene Matrizen $\underline{A}_0$ und $\underline{B}_0$ durchgeführt. Es erhebt sich dann die Frage, wie empfindlich dieser Reglerentwurf bezüglich kleiner Änderungen in $\underline{A}$ und $\underline{B}$ ist. Hierzu berechnet man zu

$$\underline{A} = \underline{A}_0 + \underline{A}_1 \ , \quad \underline{B} = \underline{B}_0 + \underline{B}_1$$

die Lösung

$$\underline{P} = \underline{P}_0 + \underline{P}_1$$

von (4.39). Geht man von kleinen Änderungen $\underline{A}_1$ und $\underline{B}_1$ aus, so werden von 2. Ordnung kleine Glieder vernachlässigt und man erhält als Bestimmungsgleichung für $\underline{P}_1$:

$$(\underline{A}_0 - \underline{B}_0 \ \underline{R}^{-1} \ \underline{B}'_0 \ \underline{P}_0)' \underline{P}_1 + \underline{P}_1 (\underline{A}_0 - \underline{B}_0 \ \underline{R}^{-1} \ \underline{B}'_0 \ \underline{P}_0)$$

$$= - (\underline{A}_1 - \underline{B}_1 \ \underline{R}^{-1} \ \underline{B}'_0 \ \underline{P}_0)' \underline{P}_0 - \underline{P}_0 (\underline{A}_1 - \underline{B}_1 \ \underline{R}^{-1} \ \underline{B}'_0 \ \underline{P}_0) \ . \qquad (4.42)$$

Diese Gleichung ist ebenfalls vom Typ (4.1) und bestimmt die Änderung $\underline{P}_1$ der Kostenmatrix bei Änderungen $\underline{A}_1$ und $\underline{B}_1$ der Systemmatrizen. Für eine weitere Diskussion dieses Problemkreises wird auf [5, S.128-135] verwiesen.

Eine andere Fragestellung ergibt sich, wenn man die Empfindlichkeit der Lösung $\underline{P}$ von (4.39) bezüglich der Wahl der Bewertungsmatrizen $\underline{Q}$ und $\underline{R}$ untersucht. Geht man von $\underline{Q}_0, \underline{R}_0$ mit einer Lösung $\underline{P}_0$ aus, so erhält man für

$$\underline{Q} = \underline{Q}_0 + \underline{Q}_1 \ , \quad \underline{R} = \underline{R}_0 + \underline{R}_1 \ , \quad \underline{P} = \underline{P}_0 + \underline{P}_1$$

aus (4.39) in Übereinstimmung mit (4.40 c) die Näherungsgleichung für $\underline{P}_1$:

$$(\underline{A} - \underline{B} \ \underline{R}_0^{-1} \ \underline{B}' \ \underline{P}_0)' \underline{P}_1 + \underline{P}_1 (\underline{A} - \underline{B} \ \underline{R}_0^{-1} \ \underline{B}'_0 \ \underline{P}_0)$$

$$\qquad\qquad\qquad\qquad\qquad\qquad\qquad\qquad\qquad (4.43)$$

$$= - (\underline{Q}_1 + \underline{P}_0 \ \underline{B} \ \underline{R}_0^{-1} \ \underline{R}_1 \ \underline{R}_0^{-1} \ \underline{B}' \ \underline{P}_0) \ ,$$

was wiederum eine Ljapunov-Gleichung darstellt.

4.2. Existenz und Eindeutigkeit der Lösung

Die Existenz und Eindeutigkeit einer Lösung $\underline{P}$ der Ljapunov-Gleichung (4.1) zu vorgegebenen Matrizen $\underline{A}$ und $\underline{Q}$ kann im Rahmen der allgemeineren Untersuchung über die Existenz und Eindeutigkeit einer Lösung $\underline{P}$ der linearen Gleichung

$$\underline{B}\,\underline{P} + \underline{P}\,\underline{A} = -\underline{Q} \qquad (4.44)$$

vorgenommen werden. Hierbei sind $\underline{A}$, $\underline{B}$ und $\underline{Q}$ vorgegebene, reelle $n \times n$, $m \times m$- und $m \times n$-Matrizen und $\underline{P}$ eine gesuchte $m \times n$-Matrix. Im Falle der Ljapunov-Gleichung gilt $m = n$ und $\underline{B} = \underline{A}'$. Die Gleichung (4.44) hat verschiedene Anwendungsgebiete (siehe z.B. [56,92]), wobei im Bereich der dynamischen Systeme die Konstruktion von Luenberger-Beobachtern zu nennen ist [128, S.289-299].

Für (4.44) kann nach Roth [119] folgender Existenzsatz für die Lösung $\underline{P}$ angegeben werden.

<u>Satz 4.1: Existenz</u>

Für die Existenz mindestens einer (reellen) Lösung $\underline{P}$ der bilinearen Gleichung ist notwendig und hinreichend, daß die Matrizen

$$\overline{\underline{H}}_Q = \begin{bmatrix} \underline{A} & \underline{O} \\ -\underline{Q} & -\underline{B} \end{bmatrix} \quad \text{und} \quad \overline{\underline{H}}_O = \begin{bmatrix} \underline{A} & \underline{O} \\ \underline{O} & -\underline{B} \end{bmatrix} \qquad (4.45)$$

ähnlich sind.

Der <u>Beweis</u> dieses Satzes erfolgt in zwei Schritten.

(a) Existiert eine Lösung $\underline{P}$ von (4.44), so gilt mit

$$\underline{S} = \begin{bmatrix} \underline{E}_n & \underline{O} \\ \underline{P} & \underline{E}_m \end{bmatrix} \quad , \quad \underline{S}^{-1} = \begin{bmatrix} \underline{E}_n & \underline{O} \\ -\underline{P} & \underline{E}_m \end{bmatrix} \qquad (4.46)$$

die Ähnlichkeitstransformation

$$\underline{S}^{-1}\,\overline{\underline{H}}_Q\,\underline{S} = \overline{\underline{H}}_O \quad , \qquad (4.47)$$

womit $\overline{\underline{H}}_Q$ und $\overline{\underline{H}}_O$ ähnlich sind.

(b) Sind die Matrizen $\overline{\underline{H}}_Q$ und $\overline{\underline{H}}_O$ ähnlich, so existiert eine reguläre Transformationsmatrix $\underline{T}$ mit

$$\overline{\underline{H}}_Q\,\underline{T} = \underline{T}\begin{bmatrix} \underline{J}_A & \underline{O} \\ \underline{O} & -\underline{J}_B \end{bmatrix} \quad , \qquad (4.48)$$

wobei $\underline{J}_A$ und $\underline{J}_B$ die Jordanmatrizen von $\underline{A}$ und $\underline{B}$ gemäß (2.34) bedeuten [57]. Mit den Submatrizen

$$\begin{bmatrix} \underline{T}_{11} & \underline{T}_{12} \\ \underline{T}_{21} & \underline{T}_{22} \end{bmatrix} = \underline{T}$$

folgt aus (4.48)

$$\overline{\underline{H}}_Q\begin{bmatrix} \underline{T}_{11} \\ \underline{T}_{21} \end{bmatrix} = \underline{T}\begin{bmatrix} \underline{J}_A \\ \underline{O} \end{bmatrix} \quad ,$$

d.h.
$$\underline{A}\,\underline{T}_{11} = \underline{T}_{11}\,\underline{J}_A \quad , \qquad (4.49\ a)$$

$$-\underline{Q}\,\underline{T}_{11} - \underline{B}\,\underline{T}_{21} = \underline{T}_{21}\,\underline{J}_A \cdot \qquad (4.49\ b)$$

Da $\underline{T}_{11}$ die Modalmatrix (2.33) zu $\underline{A}$ ist (siehe 4.49 a)), ist $\underline{T}_{11}$ regulär. Die Beziehung (4.49 b) kann daher von rechts mit $\underline{T}_{11}^{-1}$ multipliziert werden:

$$\underline{B}\,\underline{T}_{21}\underline{T}_{11}^{-1} + \underline{T}_{21}\underline{T}_{11}^{-1}\underline{T}_{11}\underline{J}_A\underline{T}_{11}^{-1} = -\underline{Q} \cdot \qquad (4.50)$$

Bei Berücksichtigung von (4.49 a) stellt (4.50) die Gleichung (4.44) mit einer Lösung

$$\underline{P} = \underline{T}_{21}\,\underline{T}_{11}^{-1} \tag{4.51}$$

dar. Da die Matrizen $\underline{T}_{ij}$ komplex sein können, braucht die Lösung (4.51) nicht reell sein. Man erkennt dann aber sofort, daß der Realteil von (4.51), Re $\underline{P}$, ebenfalls Lösung von (4.44) sein muß, und damit gewiß eine reelle Lösung von (4.44) gefunden ist.

□

Folgerung_4.1:_Existenzsatz_für_die_Ljapunov-Gleichung

Speziell für die Ljapunov-Gleichung (4.1) ist die Existenz einer Lösung genau dann gewährleistet, wenn die Matrizen

$$\underline{H}_Q = \begin{bmatrix} \underline{A} & \underline{O} \\ -\underline{Q} & -\underline{A}' \end{bmatrix} \quad \text{und} \quad \underline{H}_O = \begin{bmatrix} \underline{A} & \underline{O} \\ \underline{O} & -\underline{A}' \end{bmatrix} \tag{4.52}$$

ähnlich sind.

Satz_4.2:_Eindeutigkeit

Die lineare Gleichung (4.44) weist genau dann eine eindeutige reelle Lösung $\underline{P}$ auf, wenn die Matrizen $\underline{A}$ und $-\underline{B}$ keine gemeinsamen Eigenwerte aufweisen:

$$\lambda_i(\underline{A}) + \lambda_j(\underline{B}) \neq O \ , \quad i = 1,..,n \ , \quad j = 1,..,m \ . \tag{4.53}$$

Zum Beweis betrachtet man einen Lösungsversuch für (4.44) mit Hilfe des Kronecker-Produkts [5, S.4-5 und S.38-39]:

$$(\underline{B} \times \underline{E}_n + \underline{E}_m \times \underline{A}')\underline{p} = -\underline{q} \ , \tag{4.54}$$

wobei $\times$ das Kronecker-Produkt zweier Matrizen symbolisiert, $\underline{C} \times \underline{D} = [\,c_{ij}\,\underline{D}\,]$, sowie $\underline{p}$ und $\underline{q}$ nm-dimensionale Vektoren darstellen, in denen zeilenweise die Elemente von $\underline{P}$ und $\underline{Q}$ aufgeführt sind. Die übliche lineare Gleichung (4.54) ist genau dann nicht eindeutig lösbar, wenn die Gleichungsmatrix singulär ist. Da

$$\lambda_k(\underline{B} \times \underline{E}_n + \underline{E}_m \times \underline{A}') = \lambda_i(\underline{A}) + \lambda_j(\underline{B}) \tag{4.55}$$

gilt, ist (4.44) genau dann eindeutig lösbar, wenn (4.53) erfüllt
ist.

Gilt im Gegensatz zu (4.53) für ein Paar (i,j) $\lambda_i(\underline{A}) + \lambda_j(\underline{B}) = 0$
und existiert eine Lösung $\underline{P}_0$ von (4.44), so ist auch für beliebiges c

$$\underline{P} = \underline{P}_0 + c(\underline{v}_j \, \underline{u}_i' + \overline{\underline{v}}_j \, \overline{\underline{u}}_i') \tag{4.56}$$

eine Lösung von (4.44). Hierbei ist $\underline{v}_j$ der zu $\lambda_j(\underline{B})$ gehörende
Rechtseigenvektor von $\underline{B}$, $\underline{B}\,\underline{v}_j = \lambda_j(\underline{B})\underline{v}_j$, und $\underline{u}_i'$ der zu $\lambda_i(\underline{A})$
gehörende Linkseigenvektor von $\underline{A}$, $\underline{u}_i'\,\underline{A} = \lambda_i(\underline{A})\underline{u}_i'$ (Querstriche bedeuten hier den konjugiert komplexen Wert). Das zweite Glied auf der
rechten Seite von (4.56) kann als (reelle) Eigenlösung der homogenen
Gleichung (4.44) zum Eigenwert $\lambda_k = \lambda_i(\underline{A}) + \lambda_j(\underline{B}) = 0$ (4.55) aufgefaßt werden.

Folgerung 4.2: Eindeutigkeitssatz für die Ljapunov-Gleichung

Für die Ljapunov-Gleichung (4.1) erhält man als Sonderfall des Satzes 4.2 eine eindeutige Lösung genau dann, wenn mit einem Eigenwert
λ_i von $\underline{A}$ nicht auch der Wert $-\lambda_i$ ein Eigenwert von $\underline{A}$ ist:

$$\lambda_i(\underline{A}) + \lambda_j(\underline{A}) \neq 0 , \quad i,j = 1,..,n , \tag{4.57 a}$$

d.h. $$\det (\underline{A}' \times \underline{E}_n + \underline{E}_n \times \underline{A}') \neq 0 . \tag{4.57 b}$$

Diese Bedingung ist äquivalent zu

$$H_n \neq 0 , \tag{4.58}$$

wobei H_n die der Matrix $\underline{A}$ zugeordnete n-te Hurwitzdeterminante
ist (siehe Abschnitt 5.2 (5.22-23) und (5.36)). Weist die Matrix $\underline{A}$
nur Eigenwerte mit negativen Realteilen auf, so existiert für die
Ljapunov-Gleichung stets eine eindeutige Lösung.

Bei den in Abschnitt 4.1 gegebenen Anwendungsbeispielen für die Ljapunovsche Matrizengleichung ist die Matrix $\underline{Q}$ stets symmetrisch ange-
nommen worden. Wegen der Symmetrie des Operators $\underline{A}' \, \underline{P} + \underline{P} \, \underline{A}$ erhält
man noch die

Folgerung 4.3: Symmetrie

Existiert für eine symmetrische Matrix $\underline{Q} = \underline{Q}'$ für die Ljapunov-
Gleichung (4.1) mindestens eine Lösung $\underline{P}_0$, so existiert auch eine
symmetrische Lösung $\underline{P} = \underline{P}'$ (z.B.: $\underline{P} = \frac{1}{2}(\underline{P}_0 + \underline{P}_0')$). Ist die Lösung
überdies eindeutig, so existiert genau nur diese symmetrische Lösung.

4.3. Lösung der Ljapunovschen Matrizengleichung

Infolge der zahlreichen Anwendungen ist die analytische oder numerische Lösung der Ljapunovschen Matrizengleichung (4.1) von großer Bedeutung. Es werden daher in diesem Abschnitt einige Lösungsverfahren
zur Bestimmung der eindeutigen Lösung angegeben. Auch hier kann man
häufig statt (4.1) die allgemeinere bilineare Gleichung (4.44) zugrun-
de legen.

4.3.1. Analytische Lösungen

Von den verschiedenen analytischen Darstellungen der Lösungen von
(4.1) oder von (4.44) werden drei aufgezählt: nämlich die Lösungsverfahren mit Hilfe des Kronecker-Produkts, der Leverrier-Matrizen und
des uneigentlichen Integrals. Weitere Lösungen lassen sich in einer
Arbeit [60] von Lancaster finden.

4.3.1.1. Kronecker-Produkt. - In Abschnitt 4.2 wurde zum Beweis der
Eindeutigkeit der Lösung die lineare Gleichung (4.44) übergeführt in
eine übliche lineare Gleichung (4.54) der Ordnung nm. Diese Gleichung
kann nach bekannten Methoden gelöst werden [158, II.Kap.].

Die Ljapunov-Gleichung (4.1) läßt bei symmetrischer Matrix $\underline{Q}$ noch
folgende wesentliche Vereinfachung zu. Da die Lösungsmatrix $\underline{P}$ gemäß
Folgerung 4.3 symmetrisch ist, enthält $\underline{P}$ nicht n^2 , sondern nur
$n(n + 1)/2$ unbekannte Elemente. Definiert man daher die Vektoren

$$\underline{p}_s = [\; P_{11} \;\; P_{12} \;\cdots\; P_{1n} \;\; P_{22} \;\cdots\; P_{2n} \;\; P_{33} \;\cdots\; P_{nn} \;]' \;, \qquad (4.59\ a)$$

$$\underline{q}_s = [\; Q_{11} \;\; Q_{12} \;\cdots\; Q_{1n} \;\; Q_{22} \;\cdots\; Q_{2n} \;\; Q_{33} \;\cdots\; Q_{nn} \;]' \;, \qquad (4.59\ b)$$

in denen zeilenweise die Elemente der oberen Sub-Dreiecksmatrizen
von $\underline{P}$ und $\underline{Q}$ enthalten sind, so läßt sich (4.1) umschreiben in
ein gewöhnliches Gleichungssystem

$$\underline{A}_s \; \underline{p}_s = -\; \underline{q}_s \qquad (4.60)$$

der Ordnung $n(n + 1)/2$. Die Besetzung der Matrix $\underline{A}_s$ durch die
Elemente der Matrix $\underline{A}$ erfolgt mit Hilfe logischer Operationen [15]
oder einer Indizierungsmatrix [9].

Eine weitere Reduzierung der Systemordnung auf $n(n - 1)/2$ erhält
man nach Barnett und Storey [5, S.90 und 108], indem die gesuchte
eindeutige Lösung (d.h. $H_n \neq 0$, (4.58)) in der Form

$$\underline{P} = (\underline{S} - \tfrac{1}{2}\,\underline{Q})\underline{A}^{-1} \qquad (4.61)$$

mit einer schiefsymmetrischen Matrix $\underline{S} = -\,\underline{S}'$ angesetzt wird, die
der Gleichung

$$\underline{A}'\,\underline{S} + \underline{S}\,\underline{A} = \tfrac{1}{2}\,(\underline{A}'\,\underline{Q} - \underline{Q}\,\underline{A}) \qquad (4.62)$$

genügt.

4.3.1.2. Leverrier-Faddeev-Matrizen. - In [90,91,92] wurde mit Hilfe
des Leverrier-Faddeev-Algorithmus zur Bestimmung der charakteristischen Koeffizienten (siehe Abschnitt 5.2) ein Verfahren zur Lösung
von (4.44) [92] und von (4.1) [90,91] angegeben. Berechnet man nach
dem Leverrier-Faddeev-Algorithmus die Größen

$$\left.\begin{aligned}
a_k &= -\tfrac{1}{k}\,\mathrm{Sp}(\underline{A}\,\underline{A}_{k-1}) \;, \quad a_0 = 1 \;, \quad \underline{A}_0 = \underline{E}_n \;, \\[2mm]
\underline{A}_k &= \underline{A}\,\underline{A}_{k-1} + a_k\,\underline{E}_n \;, \quad k = 1,\ldots,n \;,
\end{aligned}\right\} \qquad (4.63)$$

bildet mit den charakteristischen Koeffizienten a_k die Hurwitz-
Matrix

$$\underline{H} = \begin{bmatrix} a_1 & 1 & 0 & 0 & \cdots & 0 \\ a_3 & a_2 & a_1 & 1 & & \cdot \\ a_5 & a_4 & a_3 & a_2 & & \cdot \\ \cdot & & & & & \cdot \\ \cdot & & & \ddots & \ddots & \cdot \\ 0 & \cdot & \cdot & \cdot & \cdot & a_n \end{bmatrix} \tag{4.64}$$

(siehe Abschnitt 5.2, (5.21), so ergibt sich die eindeutige Lösung der Ljapunov-Gleichung (4.1) zu

$$\underline{P} = \sum_{k=0}^{n-1} c_{k+1} \sum_{l=0}^{2k} (-1)^l \, \underline{A}_1' \, \underline{Q} \, \underline{A}_{2k-1} \; , \tag{4.65}$$

wobei c_i die Koordinaten des Lösungsvektors $\underline{c}$ von

$$\underline{H} \, \underline{c} = \frac{1}{2} \begin{bmatrix} 1 \\ 0 \\ \cdot \\ \cdot \\ 0 \end{bmatrix} \tag{4.66}$$

sind.

Ein entsprechendes Ergebnis ergibt sich für die lineare Gleichung (4.44) in [92].

Eine Anwendung von (4.65) zur Berechnung von Kovarianzmatrizen stochastischer Prozesse ist z.B. in [102; 103, S.274-280] enthalten.

4.3.1.3. Uneigentliches Integral. - Weisen die Matrizen $\underline{A}$ und $\underline{B}$ von (4.44) nur Eigenwerte mit negativen Realteilen auf,

$$\left. \begin{aligned} \text{Re } \lambda_i(\underline{A}) &< 0 \; , \quad i = 1,..,n \; , \\[2ex] \text{Re } \lambda_j(\underline{B}) &< 0 \; , \quad j = 1,..,m \; , \end{aligned} \right\} \tag{4.67}$$

so läßt sich die Lösung von (4.44) als ein (konvergentes) uneigentliches Integral darstellen:

$$\underline{P} = \int_0^\infty e^{\underline{B}t} \, \underline{Q} \, e^{\underline{A}t} \, dt \; . \tag{4.68}$$

Die Konvergenz von (4.68) ist durch die Voraussetzung (4.67) gewährleistet. Weiterhin gilt mit (4.68)

$$\underline{B}\,\underline{P} + \underline{P}\,\underline{A} = \int_0^\infty \frac{d}{dt}(e^{\underline{B}t}\,\underline{Q}\,e^{\underline{A}t})dt = -\,\underline{Q}\quad,$$

so daß (4.68) tatsächlich die wegen (4.67) einzige Lösung von (4.44)
ist.

Für (4.1) lautet die Lösung mit $\underline{B} = \underline{A}'$

$$\underline{P} = \int_0^\infty e^{\underline{A}'t}\,\underline{Q}\,e^{\underline{A}t}\,dt\quad,\qquad\qquad\qquad (4.69)$$

woraus sich auch die Symmetrie von $\underline{P}$ ablesen läßt, wenn $\underline{Q}$ symmetrisch ist.

4.3.2. Numerische Lösungen

Die analytischen Lösungen eignen sich nur bedingt für eine numerische
Auswertung, da dabei der Rechenaufwand zu groß oder die Rechengenauigkeit infolge Rundungsfehler zu klein sein kann. Parallel zu den analytischen Lösungen sind in den letzten Jahren eine Reihe numerischer
Verfahren zur Lösung von (4.1) und (4.44) bekannt geworden. Von diesen werden drei Verfahren beschrieben: ein direktes, ein iteratives
und ein Transformations-Verfahren. Für weitere Verfahren sowie für
vergleichende Betrachtungen über diese verschiedenen numerischen Al-
gorithmen wird auf drei Übersichtsartikel von Rothschild und Jameson
[120], Hagander [34], Pace und Barnett [108] sowie Koupan und Müller
[53] verwiesen.

4.3.2.1. Direktes Verfahren. - Als direkte Verfahren werden diejeni-
gen bezeichnet, die bei exakter Durchführung (ohne Rundungsfehler)
nach einer endlichen Anzahl von Rechenschritten die gesuchte Lösung
exakt ergeben. Von den analytischen Lösungen eignet sich hierfür das
in Abschnitt 4.3.1.1 beschriebene Verfahren des Umschreibens der
Ljapunov-Gleichung in ein gewöhnliches lineares Gleichungssystem
(4.60) mit anschließender numerischer Lösung mit einem der bekannten
Standardverfahren (siehe z.B. [147, S.93]). Für das Umschreiben von

(4.1) in (4.60) ist in [15] ein FORTRAN-Programm, in [111] ein ALGOL-Programm angegeben.

Der Vorteil des Verfahrens liegt in seiner einfachen Programmierung; der Nachteil ist sein Speicherplatzbedarf (allein schon $(n(n+1)/2)^2$ Elemente von $\underline{A}_s$) und seine große Anzahl von multiplikativen Operationen, die bei großem n die Größenordnung $n^6/24$ annimmt. Das Verfahren arbeitet daher rasch und genau nur für Systemordnungen $n \leq 6,..,8$.

4.3.2.2. Iteratives Verfahren. - Die Lösung $\underline{P}$ von (4.1) bzw. von (4.44) wird nach einem Iterationsverfahren bestimmt. Hierzu verwendet man am besten den Zusammenhang (4.9, 4.10) der Ljapunov-Gleichung (4.1) mit der Stein-Gleichung (4.8). Für asymptotisch stabile Matrizen $\overline{\underline{A}}$ ($|\lambda_i| < 1$) hat die Steinsche Gleichung (4.8) die Lösung

$$\underline{P} = \sum_{k=0}^{\infty} \overline{\underline{A}}'^k \, \overline{\underline{Q}} \, \overline{\underline{A}}^k \ . \tag{4.70}$$

Da eine gliedweise Aufsummierung dieser Reihe nur langsam konvergiert, geht man zu dem Algorithmus

$$\underline{P}_{\nu+1} = \underline{P}_\nu + \overline{\underline{A}}'^{2^\nu} \underline{P}_\nu \, \overline{\underline{A}}^{2^\nu} \ , \quad \underline{P}_0 = \overline{\underline{Q}} \tag{4.71}$$

über, der eine Aufsummierung in (4.70) um jeweils 2^ν Glieder durchführt und daher rasch konvergiert.

Zur Lösung der Ljapunov-Gleichung (4.1) für asymptotisch stabile Matrizen $\underline{A}$ (Re $\lambda_i < 0$) lautet daher das von Smith [133] vorgeschlagene Rechenverfahren wie folgt:

$$\left. \begin{aligned}
\underline{P}_0 &= 2a(\underline{A}' - a\underline{E}_n)^{-1} \underline{Q} (\underline{A} - a\underline{E}_n)^{-1} \ , \\[2ex]
\underline{P}_{\nu+1} &= \underline{P}_\nu + \left[(\underline{A} + a\underline{E}_n)(\underline{A} - a\underline{E}_n)^{-1} \right]'^{2^\nu} \underline{P}_\nu \left[(\underline{A} + a\underline{E}_n)(\underline{A} - a\underline{E}_n)^{-1} \right]^{2^\nu} \ , \\
&\qquad\qquad\qquad\qquad\qquad\qquad\qquad\qquad \nu = 0,1,\ldots \ , \\[2ex]
\underline{P} &= \lim_{\nu \to \infty} \underline{P}_\nu \ .
\end{aligned} \right\} \tag{4.72}$$

Hierbei ist a > O eine positive Konstante, die so gewählt wird,
daß einerseits die Matrix $\underline{A}$ - a$\underline{E}$ für eine Inversion gut konditio-
niert ist und andererseits die Konvergenz in (4.72) schnell erfolgt.
In [102; 103, S.345; 53] wird eine Wahl von

$$a = \sqrt[n]{\det(-\underline{A})} \quad \text{oder} \quad a = -\frac{1}{n}\,\text{Sp}\,\underline{A} \qquad (4.73)$$

vorgeschlagen.

Die Gleichung (4.44) läßt sich für asymptotisch stabile Matrizen $\underline{A}$
und $\underline{B}$ mit einem entsprechenden Vorgehen lösen [133].

Der Vorteil dieses Verfahrens ist in seiner Verwendbarkeit für große
Systemordnungen n $\geq$ 6,..,8 zu sehen. Ein gewisser Nachteil besteht
darin, daß es nur für asymptotisch stabile Systeme benutzt werden
kann. Vom Stabilitätsstandpunkt aus ist das jedoch ein Vorteil, da
mit der Konvergenz des Iterationsverfahrens (4.72) die asymptotische
Stabilität des Systems (4.2) nachgewiesen ist.

4.3.2.3. <u>Transformations-Verfahren.</u> - Diese Klasse von Verfahren benutzt Ähnlichkeitstransformationen für die Systemmatrix, um zu einer
einfacheren Gestalt von (4.1) oder (4.44) zu gelangen. Für (4.1) erhält man z.B. mit einer Ähnlichkeitstransformation

$$\overline{\underline{A}} = \underline{T}^{-1}\,\underline{A}\,\underline{T} \quad : \quad \overline{\underline{A}}'(\underline{T}'\,\underline{P}\,\underline{T}) + (\underline{T}'\,\underline{P}\,\underline{T})\overline{\underline{A}} = -\underline{T}'\,\underline{Q}\,\underline{T} \ . \qquad (4.74)$$

Ist $\underline{A}$ eine diagonalisierbare Matrix und wählt man $\underline{T}$ gleich der
Modalmatrix $\underline{X}_R$ (2.26), so ist $\overline{\underline{A}} = \underline{\Lambda}$ die Diagonalmatrix der Eigenwerte. Die transformierte Ljapunov-Gleichung (4.74) lautet dann

$$\underline{\Lambda}\,\overline{\underline{P}} + \overline{\underline{P}}\,\underline{\Lambda} = -\underline{Q} \qquad (4.75)$$

mit $\overline{\underline{P}} = \underline{X}_R'\,\underline{P}\,\underline{X}_R$, $\overline{\underline{Q}} = \underline{X}_R'\,\underline{Q}\,\underline{X}_R$. Die Lösung von (4.75) läßt sich
sofort berechnen. Mit den Spalten $\overline{\underline{P}}_i$ von $\overline{\underline{P}}$ und $\overline{\underline{Q}}_i$ von $\overline{\underline{Q}}$ ergibt

$$\overline{\underline{P}}_i = -(\underline{\Lambda} + \lambda_i\underline{E}_n)^{-1}\,\overline{\underline{Q}}_i \ , \qquad (4.76)$$

vorausgesetzt es gilt die Eindeutigkeitsbedingung (4.53). Mit Hilfe der Rücktransformation erhält man dann die gesuchte Lösung:

$$\underline{P} = \underline{X}'^{-1}\,\overline{\underline{P}}\,\underline{X}_R^{-1}\;.\tag{4.77}$$

Dieses Transformations-Verfahren mittels der Modalmatrix ist numerisch nicht befriedigend, da das vollständige Eigenwert-Eigenvektor-
Problem gelöst werden muß. Die Vorgehensweise ist jedoch typisch für
diese Klasse von Lösungsverfahren.

Als numerisch stabiler haben sich erwiesen die Transformationen auf
Frobenius-Form (2.37) (siehe hierzu Molinari [87] und Kreisselmeier
[56]) und insbesondere auf obere oder untere Hessenberg-Form (siehe
hierzu Kreisselmeier [56] und Meyer-Spasche [81,82].

Die Transformation auf Hessenberg-Form kann numerisch sehr stabil
durchgeführt werden [147, S.339]. Die Gleichung (4.44) geht dabei
über in

$$\underline{B}\,\overline{\underline{P}} + \overline{\underline{P}}\,\underline{A}_H = -\,\underline{Q}\tag{4.78}$$

mit

$$\overline{\underline{P}} = \underline{P}\,\underline{T}\;,\quad \overline{\underline{Q}} = \underline{Q}\,\underline{T}\;,$$

$$\underline{A}_H = \underline{T}^{-1}\,\underline{A}\,\underline{T} = \begin{bmatrix} h_{11} & h_{12} & & & & \underline{0} \\ h_{21} & h_{22} & h_{23} & & & \\ \vdots & \vdots & \vdots & \ddots & & \\ h_{n-1,1} & h_{n-1,2} & h_{n-1,3} & \cdots & h_{n-1,n} \\ h_{n1} & h_{n2} & h_{n3} & \cdots & h_{nn} \end{bmatrix}\;.\tag{4.79}$$

Die Beziehung (4.79) läßt sich nun spaltenweise rekursiv auflösen:

$$\overline{\underline{P}}_n = \underline{G}_H^{-1}\,\underline{d}_H\;,\tag{4.80 a}$$

$$\overline{\underline{P}}_{i-1} = -\,\frac{1}{h_{i-1,i}}\left(\underline{B}\,\overline{\underline{P}}_i + \sum_{k=i}^{n} h_{ki}\,\overline{\underline{P}}_k + \overline{\underline{Q}}_i\right)\;,\tag{4.80 b}$$

$$i = n\;,\;n-1,\ldots,2\;.$$

Dabei können die Hilfsgrößen $\underline{G}_H$ und $\underline{d}_H$ ebenfalls aus der Vorschrift (4.80 b) bestimmt werden: (i) Setzt man $\overline{\underline{P}}_n = \underline{O}$, so erhält man aus (4.80 b) nach den Zwischenschritten für $i = n$, $n - 1,..,2$ schließlich für $i = 1$ $\underline{d}_H = - \overline{\underline{P}}_O$; (ii) setzt man $\overline{\underline{P}}_n = \underline{e}_k$ (k-ter Einheitsvektor) und $\underline{Q} = \underline{O}$, so erhält man gemäß (4.80 b) die k-te Spalte von $\underline{G}_H$ zu $(\underline{G}_H)_k = \overline{\underline{P}}_O$.

Das Verfahren muß etwas modifiziert werden, falls ein $h_{i-1,i}$ gleich Null ist. Hierfür wird auf [56] verwiesen. Ebenfalls dort findet man auch Hinweise, wie zur Steigerung der Rechengenauigkeit die Ergebnisse nachiteriert werden können.

Das beschriebene Verfahren kann in allen Fällen eingesetzt werden, bei dem eine eindeutige Lösung von (4.1) bzw. von (4.44) existiert. Es greift auf bekannte, numerisch sehr stabile Prozeduren zurück und ist besonders dann sinnvoll zu verwenden, wenn so oder so die Hessenberg-Form, z.B. zur Lösung des Eigenvektorproblems, bestimmt werden muß.

4.4. Trägheitsaussagen

In Anlehnung an die Begriffsbildung des "Trägheits"-Gesetzes von Sylvester für reelle symmetrische Matrizen (siehe [158, S.132] versteht man unter Trägheitsaussagen über eine Matrix $\underline{A}$ Feststellungen über die Verteilung der Eigenwerte von $\underline{A}$ in der Gaußschen Zahlebene. In der Matrizenalgebra ist es dabei üblich, als Trägheit $In(\underline{A})$ (In..."inertia") einer Matrix ein geordnetes Tripel von Zahlen zu definieren:

$$In(\underline{A}) = (l, v, r) . \tag{4.81}$$

Im Rahmen dieser Arbeit soll noch eine erweiterte Definition der Trägheit als ein Quadrupel geordneter Zahlen Verwendung finden:

$$In[\underline{A}] = [l, v_1, v_2, r] . \tag{4.82}$$

Dabei haben die Zahlen l, v, v_1, v_2, r folgende Bedeutung:

$l = l(\underline{A})$:   Anzahl der Eigenwerte $\lambda_i(\underline{A})$ mit Re $\lambda_i < 0$,

$v = v(\underline{A})$:   Anzahl der Eigenwerte $\lambda_i(\underline{A})$ mit Re $\lambda_i = 0$,

$v_1 = v_1(\underline{A})$: Anzahl der Eigenwerte $\lambda_i(\underline{A})$ mit Re $\lambda_i = 0$
              und $d_i = v_i$ (s. Abschnitt 2.1.3.2),

$v_2 = v_2(\underline{A})$: Anzahl der Eigenwerte $\lambda_i(\underline{A})$ mit Re $\lambda_i = 0$
              und $d_i < v_i$ (s. Abschnitt 2.1.3.2),

$r = r(\underline{A})$:   Anzahl der Eigenwerte $\lambda_i(\underline{A})$ mit Re $\lambda_i > 0$.

Für diese so definierten, nichtnegativen, ganzen Zahlen gelten folgende Beziehungen:

$$\left.\begin{aligned}
0 \le l,\ v,\ v_1,\ v_2,\ r \le n\ , \\
v_1 + v_2 = v\ , \\
l + v + r = n\ .
\end{aligned}\right\} \qquad (4.83)$$

Die Definition dieser Trägheitszahlen erlaubt, das Stabilitätsproblem für die Gleichgewichtslage $\underline{x}(t) \equiv \underline{0}$ des dynamischen Systems $\dot{\underline{x}}(t) = \underline{A}\,\underline{x}(t)$ entsprechend Satz 3.5 über die Stabilität linearer zeitinvarianter Systeme folgendermaßen zu kennzeichnen:

$$\left.\begin{aligned}
\text{Asympt. Stabilität:} \qquad & l = n\ , \\
\text{Grenzstabilität:} \quad v_1 > 0,\ & l + v_1 = n\ , \\
\text{d.h.} \quad & v_2 + r = 0\ , \\
\text{Instabilität:} \qquad & v_2 + r > 0\ .
\end{aligned}\right\} \qquad (4.84)$$

Die Aussagen über die Trägheit In$[\underline{A}]$ einer Matrix $\underline{A}$ sind daher von unmittelbarer Bedeutung für das Stabilitätsverhalten linearer, zeitinvarianter Systeme. Es werden daher die aus der Matrizenalgebra bekannten Trägheitssätze zusammengestellt. Kennzeichnend für diese Sätze ist es, daß zur Charakterisierung der Trägheit einer Matrix $\underline{A}$ die Trägheit der Lösungsmatrix $\underline{P}$ der zugehörigen Ljapunov-Gleichung (4.1) herangezogen wird. Diese Vorgehensweise - Charakterisierung der Eigenwertverteilung einer Matrix durch die Lösungseigenschaften von Matrizengleichungen - hat ihren Niederschlag in zahlreichen Arbeiten auf dem Gebiet der linearen Algebra gefunden, vgl. Barnett [4], Carlson und Schneider [12], Chen [17], Howland [44], Lancaster [60], Ostrowski und Schneider [107], Snyders und Zakai [134], Taussky [136], Wimmer [150].

4.4.1. Trägheits-Ungleichungen

In diesem Abschnitt sind alle Trägheitsbeziehungen zusammengestellt, die Ungleichungs-Relationen zwischen den Trägheitszahlen für die Matrizen $\underline{A}$, $\underline{Q}$ und $\underline{P}$ enthalten. Hierbei wird grundsätzlich vorausgesetzt, daß die Matrix $\underline{Q}$ in der Ljapunov-Gleichung (4.1) symmetrisch und mindestens positiv semidefinit ist:

$$\underline{Q} = \underline{Q}' \ , \ \mathrm{Rg}\,\underline{Q} = r(\underline{Q}) \ , \ r(\underline{Q}) + v_1(\underline{Q}) = n \ , \ 1(\underline{Q}) + v_2(\underline{Q}) = O \ .$$
$$(4.85)$$

Zuerst werden als vorbereitende Schritte die Fragen beantwortet, welchen Rang die Matrix $\underline{Q}$ haben kann, damit überhaupt Lösungen von (4.1) möglich sind, und welchen Rang dann eventuelle Lösungsmatrizen aufweisen.

Satz 4.3: Lösbarkeitsbedingung

Für die Lösbarkeit der Ljapunov-Gleichung gilt mit (4.85) notwendig

$$r(\underline{Q}) \leq 1(\underline{A}) + r(\underline{A}) + \sum_{i=1}^{p} \left[\frac{\sigma_i}{2} \right] \ ,$$
$$(4.86)$$

wobei in (4.86) für geeignete $\underline{Q}$ das Gleichheitszeichen steht.

In dem Satz bedeuten p die Anzahl der Elementarteiler zu Eigenwerten mit verschwindenden Realteilen, und σ_i sind die Grade dieser Elementarteiler ($\sigma_i = \rho_i$ für λ_i mit $\mathrm{Re}\,\lambda_i = O$, siehe Abschnitt 2.1.3.2). Das Symbol $\left[\frac{\sigma_i}{2} \right]$ bedeutet

$$\left[\frac{\sigma_i}{2} \right] = \begin{cases} \dfrac{\sigma_i}{2} & \text{für gerades } \sigma_i \ , \\[2ex] \dfrac{\sigma_{i-1}}{2} & \text{für ungerades } \sigma_i \ . \end{cases}$$

Der Satz 4.3 besagt, daß in Abhängigkeit von $\underline{A}$ für die Lösbarkeit der Ljapunovschen Matrizengleichung der Rang von $\underline{Q}$ nicht zu groß gewählt sein darf. Sein Beweis findet sich in [12]. Ebenfalls wird dort auch aufgestellt die

Folgerung 4.4: Lösbarkeitsbedingung bei $v_2(\underline{A}) = O$

Gilt $v_2(\underline{A}) = O$, so ist für die Lösbarkeit von (4.1) notwendig

$$r(\underline{Q}) \leq 1(\underline{A}) + r(\underline{A}) \, , \tag{4.87}$$

wobei das Gleichheitszeichen für geeignete $\underline{Q}$ angenommen wird.

Der Satz 4.3 und die Folgerung 4.4 stellen Einschränkungen für die rechte Seite $\underline{Q}$ von (4.1) dar. Die umgekehrte Frage lautet nun: welche Eigenschaften hat eine Lösung $\underline{P}$, wenn $\underline{Q}$ vorgegeben ist und die Bedingungen der Folgerung 4.1 für die Existenz einer Lösung erfüllt sind, d.h. $\underline{H}_Q$ und $\underline{H}_O$ (4.52) ähnliche Matrizen sind. In [12] wird bewiesen:

Satz 4.4: Trägheitseigenschaften von $\underline{P}$

Ist $v_2(\underline{A}) = O$, so gilt mit (4.85)

$$1(\underline{P}) \leq r(\underline{A}) + v_1(\underline{A}) \, , \, r(\underline{P}) \leq 1(\underline{A}) + v_1(\underline{A}) \, ; \tag{4.88}$$

gilt zusätzlich in (4.87) das Gleichheitszeichen, $r(\underline{Q}) = 1(\underline{A}) + r(\underline{A})$, so lassen sich $1(\underline{P})$ und $r(\underline{P})$ weiter eingrenzen:

$$r(\underline{A}) \leq 1(\underline{P}) \leq r(\underline{A}) + v_1(\underline{A}) \, , \, 1(\underline{A}) \leq r(\underline{P}) \leq 1(\underline{A}) + v_1(\underline{A}) \, , \tag{4.89}$$

wobei für geeignete $\underline{Q}$ die einzelnen Gleichheitszeichen angenommen werden können. Dieser Satz erlaubt schon gewisse Schlüsse von der Eigenwertverteilung der Systemmatrix $\underline{A}$ auf die Eigenwertverteilung der Lösungsmatrix $\underline{P}$. Als Nebenergebnis erhält man unter den in Folgerung 4.4 und Satz 4.4 genannten Ergebnissen aus (4.87) und (4.89) wegen $\text{Rg}\,\underline{P} = 1(\underline{P}) + r(\underline{P})$ die Beziehung

$$\text{Rg}\,\underline{Q} \leq \text{Rg}\,\underline{P} \, .$$

Dieser Sachverhalt kann genauer ohne Einschränkungen formuliert werden.

Satz_4.5:_Rangbeziehung

Existiert zu (4.1) bei Berücksichtigung von (4.85) mindestens eine Lösung $\underline{P}$, so gilt

$$\text{Rg}\,\underline{Q} \leq \text{Rg}\,\underline{Q}_B(\underline{A}/\underline{Q}) \leq \text{Rg}\,\underline{P} \, . \tag{4.90}$$

Ist die Lösung sogar eindeutig, so ist

$$\text{Rg } \underline{Q}_B(\underline{A}/\underline{Q}) = \text{Rg } \underline{P} \ . \tag{4.91}$$

Hierbei ist $\underline{Q}_B(\underline{A}/\underline{Q})$ die Beobachtbarkeitsmatrix (2.77) von $\underline{A}$ bezüglich $\underline{Q}$:

$$\underline{Q}_B(\underline{A}/\underline{Q}) = [\ \underline{Q} \ \ \underline{A}'\underline{Q} \ \cdots \ \underline{A}'^{n-1}\underline{Q} \ ] \ . \tag{4.92}$$

Der Beweis erfolgt in drei Teilen:

(a) Zuerst wird die Beziehung $\text{Rg } \underline{P} \geq \text{Rg } \underline{Q}$ nachgewiesen: Ist $\underline{x}$ ein Vektor mit $\underline{P}\,\underline{x} = \underline{0}$, so folgt aus (4.1)

$$0 = \underline{x}'(\underline{A}'\underline{P})\underline{x} + \underline{x}'(\underline{P}\,\underline{A})\underline{x} = -\,\underline{x}'\underline{Q}\,\underline{x}$$

und wegen $\underline{Q} = \underline{Q}' \geq \underline{0}$ auch $\underline{Q}\,\underline{x} = \underline{0}$.

(b) Es wird jetzt $\text{Rg } \underline{P} \geq \text{Rg } \underline{Q}_B(\underline{A}/\underline{Q})$ nachgewiesen. Sei $\underline{x}$ wieder ein Vektor mit $\underline{P}\,\underline{x} = \underline{0}$ (und damit auch $\underline{Q}\,\underline{x} = \underline{0}$), so folgt aus

$$(\underline{A}'\underline{P} + \underline{P}\,\underline{A})\underline{x} = -\,\underline{Q}\,\underline{x} = \underline{0}$$

die Beziehung $\underline{P}\,\underline{A}\,\underline{x} = \underline{0}$. Mit $\underline{P}(\underline{A}\,\underline{x}) = \underline{0}$ ist aber wiederum auch $\underline{Q}(\underline{A}\,\underline{x}) = \underline{0}$ gemäß (a). Mit derselben Schlußweise erhält man durch vollständige Induktion $\underline{Q}\,\underline{A}^k\underline{x} = \underline{0}$, woraus

$$\underline{x}'[\ \underline{Q} \ \ \underline{A}'\underline{Q} \ \cdots \ \underline{A}'^{n-1}\underline{Q} \ ] = \underline{x}'\underline{Q}_B(\underline{A}/\underline{Q}) = \underline{0}$$

folgt. Damit ist wegen der selbstverständlichen Ungleichung $\text{Rg } \underline{Q}_B(\underline{A}/\underline{Q}) \geq \text{Rg } \underline{Q}$ die Relation (4.90) nachgewiesen.

(c) Gilt noch die Eindeutigkeitsbedingung (4.57), so kann (4.91) nachgewiesen werden. Sei $\underline{x}$ ein Vektor mit $\underline{A}\,\underline{x} = \lambda_i\underline{x}$, $\underline{Q}\,\underline{x} = \underline{0}$, d.h. nach Satz 2.12 über die vollständige Beobachtbarkeit $\underline{x}'\underline{Q}_B(\underline{A}/\underline{Q}) = \underline{0}$. Dann gilt mit (4.1)

$$(\underline{A}'\underline{P} + \underline{P}\,\underline{A})\underline{x} = (\underline{A}' + \lambda_i\underline{E}_n)\underline{P}\,\underline{x} = -\,\underline{Q}\,\underline{x} = \underline{0}$$

d.h.

$$\underline{A}'(\underline{P}\ \underline{x}) = -\ \lambda_i (\underline{P}\ \underline{x})\ .$$

Wegen (4.57) ist aber $-\lambda_i$ kein Eigenwert von $\underline{A}'$. Somit gilt
$\underline{P}\ \underline{x} = \underline{O}$, woraus $\mathrm{Rg}\ \underline{Q}_B(\underline{A}/\underline{Q}) \geq \mathrm{Rg}\ \underline{P}$ folgt. Zusammen mit (b) erhält
man dadurch gerade Gleichung (4.91).

□

Die besondere Schwierigkeit in der Anwendung der Sätze 4.3 und 4.4
auf Stabilitätsprobleme liegt darin, daß mehrdeutige Lösungen $\underline{P}$ zugelassen werden, wobei infolge der Eigenwerte von $\underline{A}$ mit verschwindendem Realteil besondere Unsicherheiten auftreten. Die Relationen
konnten daher nur als Ungleichungen formuliert werden. Um nun einen
ersten Satz aufstellen zu können, in dem Ungleichungen unter gewissen
Umständen in Gleichungen zwischen den Trägheitszahlen von $\underline{A}$ und $\underline{P}$
übergeführt werden können, bedarf es noch eines Hilfssatzes von
Ostrowski und Schneider [107].

Satz 4.6: Hilfssatz

Gilt für eine Matrix $\underline{B}$, daß $\underline{B} + \underline{B}' \geq \underline{O}$ eine positiv semidefinite
Matrix ist, so gilt für jede beliebige reguläre symmetrische Matrix
$\overline{\underline{P}} = \overline{\underline{P}}'$:

$$l(\underline{B}\ \overline{\underline{P}}) \leq l(\overline{\underline{P}})\ ,\ r(\underline{B}\ \overline{\underline{P}}) \leq r(\overline{\underline{P}})\ . \tag{4.93}$$

Damit läßt sich das wesentlichste Ergebnis dieses Abschnittes angeben.

Satz 4.7: Trägheitssatz von Carlson und Schneider [12]

Gilt für eine reguläre Matrix $\underline{P} = \underline{P}'$

$$\underline{A}'\underline{P} + \underline{P}\ \underline{A} \leq \underline{O}\ ,$$

d.h. $\underline{A}'\underline{P} + \underline{P}\ \underline{A}$ ist eine negativ semidefinite Matrix, so ist

$$r(\underline{A}) \leq l(\underline{P})\ ,\ \ l(\underline{A}) \leq r(\underline{P})\ ; \tag{4.94}$$

gilt zusätzlich $v(\underline{A}) = O$, so ist

$$r(\underline{A}) = l(\underline{P})\ ,\ \ l(\underline{A}) = r(\underline{P})\ . \tag{4.95}$$

Der Beweis dieses Satzes folgt aus Satz 4.6 mit $\underline{B} = - \underline{A}'\underline{P}$ und
$\overline{\underline{P}} = \underline{P}^{-1}$. Das ergibt die Ungleichungen (4.94). Die Gleichungen
(4.95) folgen dann mit (4.88). Der Trägheitssatz von Carlson und
Schneider erlaubt unter gewissen Umständen, die Stabilitätsuntersuchung für lineare, zeitinvariante Systeme nicht direkt mit der Systemmatrix $\underline{A}$, sondern mit einer einfacheren, symmetrischen Matrix
$\underline{P}$ durchzuführen. Die praktische Handhabung ist jedoch nach wie vor
zu kompliziert. Der Satz 4.7 stellt nur die wichtigste Vorstufe für
die in Abschnitt 4.4.2 zu formulierenden Trägheitsgleichungen und damit für die Stabilitäts- und Instabilitätssätze dar.

4.4.2. Trägheits-Gleichungen

Mit Hilfe des Konzepts der Beobachtbarkeit lassen sich die vorhergehenden Trägheits-Ungleichungen verschärfen, so daß man eindeutige
Aussagen bekommt. Die folgenden Sätze verwenden daher alle die Beobachtbarkeitsmatrix $\underline{Q}_B(\underline{A}/\underline{Q})$ (4.92).

Satz 4.8: Trägheitssatz von Chen [17] und Wimmer [150]

Weist die Ljapunov-Gleichung (4.1) zu $\underline{Q} = \underline{Q}' \geq \underline{O}$ mit $\mathrm{Rg}\,\underline{Q}_B(\underline{A}/\underline{Q}) = n$
eine Lösung auf, so gilt

$$v(\underline{A}) = v(\underline{P}) = O \ , \ 1(\underline{A}) = r(\underline{P}) \ , \ r(\underline{A}) = 1(\underline{P}) \ . \qquad (4.96)$$

Bevor der Satz 4.8 bewiesen wird, soll darauf hingewiesen werden,
daß er den Satz über die asymptotische Stabilität, Satz 4.10, als
Sonderfall für $1(\underline{P}) = O$ enthält, der von Snyders und Zakai in [134]
und von Müller in [97,98] aufgestellt wurde.

Der Beweis von Satz 4.8 stützt sich auf (4.90), woraus $v(\underline{P}) = O$
folgt. Aus der Annahme $v(\underline{A}) \neq O$ würde mit einem Eigenvektor $\underline{x}$,
$\underline{A}\,\underline{x} = i\omega\underline{x}$, aus (4.1) auch $\underline{Q}\,\underline{x} = \underline{O}$ und damit $\underline{x}'\underline{Q}_B(\underline{A}/\underline{Q}) = \underline{O}$ folgen. Das ist aber ein Widerspruch zur Voraussetzung $\mathrm{Rg}\,\underline{Q}_B(\underline{A}/\underline{Q}) = n$,
womit also $v(\underline{A}) = O$ gelten muß. Aus Satz 4.7 folgt dann mit (4.95)
der restliche Teil der Behauptung in Satz 4.8.

<u>Satz 4.9: Stabilität</u>

Ist für ein Matrizenpaar $\underline{P} = \underline{P}' > \underline{O}$ und $\underline{Q} = \underline{Q}' \geq \underline{O}$ die Ljapunov-sche Matrizengleichung (4.1) erfüllt, so gilt:

$$\left.\begin{array}{ll} l(\underline{A}) = \text{Rg } \underline{Q}_B(\underline{A}/\underline{Q}) \ , & v_1(\underline{A}) = n - \text{Rg } \underline{Q}_B(\underline{A}/\underline{Q}) \ , \\[2mm] r(\underline{A}) = O \ , & v_2(\underline{A}) = O \ . \end{array}\right\} \qquad (4.97)$$

Der Satz 4.9 stellt mit der Charakterisierung (4.84) des Stabilitäts-problems durch die Trägheitszahlen einen Stabilitätssatz dar. Er wur-de unabhängig von Snyders und Zakai [134], Müller [97,98] und Wimmer [150] aufgestellt.

Zum <u>Beweis</u> von Satz 4.9 stellt man zuerst $r(\underline{A}) = O$ infolge (4.94) fest. Im zweiten Schritt nimmt man eine Koordinatentransformation so vor, daß eine Zerlegung des Systems in einen beobachtbaren und einen nichtbeobachtbaren Teil erfolgt (siehe z.B. [16, S.200]):

$$\underline{T}^{-1}\underline{A}\,\underline{T} = \overline{\underline{A}} = \begin{bmatrix} \overline{\underline{A}}_{11} & \underline{O} \\[2mm] \overline{\underline{A}}_{21} & \overline{\underline{A}}_{22} \end{bmatrix} \ , \quad \underline{T}'\underline{Q}\,\underline{T} = \overline{\underline{Q}} = \begin{bmatrix} \overline{\underline{Q}}_{11} & \underline{O} \\[2mm] \underline{O} & \underline{O} \end{bmatrix} \qquad (4.98)$$

mit $\dim \overline{\underline{A}}_{11} = \text{Rg } \underline{Q}_B(\overline{\underline{A}}_{11}/\overline{\underline{Q}}_{11}) = \text{Rg } \underline{Q}_B(\underline{A}/\underline{Q})$.

Die transformierte Ljapunov-Gleichung $\overline{\underline{A}}'\overline{\underline{P}} + \overline{\underline{P}}\,\overline{\underline{A}} = -\overline{\underline{Q}}$ lautet dann mit Hilfe der Submatrizen

$$\overline{\underline{A}}'_{11}\,\overline{\underline{P}}_{11} + \overline{\underline{P}}_{11}\,\overline{\underline{A}}_{11} + \overline{\underline{P}}_{12}\,\overline{\underline{A}}_{21} + \overline{\underline{A}}'_{21}\,\overline{\underline{P}}'_{12} = -\overline{\underline{Q}}_{11} \ , \qquad (4.99\ a)$$

$$\overline{\underline{P}}_{12}\,\overline{\underline{A}}_{22} + \overline{\underline{A}}'_{11}\,\overline{\underline{P}}_{12} + \overline{\underline{A}}'_{21}\,\overline{\underline{P}}_{22} = \underline{O} \ , \qquad (4.99\ b)$$

$$\overline{\underline{A}}'_{22}\,\overline{\underline{P}}_{22} + \overline{\underline{P}}_{22}\,\overline{\underline{A}}_{22} = \underline{O} \ . \qquad (4.99\ c)$$

Wegen $\underline{P} = \underline{P}' > \underline{O}$ gilt auch $\overline{\underline{P}}_{11} = \overline{\underline{P}}'_{11} > \underline{O}$, $\overline{\underline{P}}_{22} = \overline{\underline{P}}'_{22} > \underline{O}$ und $\overline{\underline{P}}_{11} - \overline{\underline{P}}_{12}\,\overline{\underline{P}}_{22}^{-1}\,\overline{\underline{P}}'_{12} > \underline{O}$ (siehe z.B. [55]). Wegen $\overline{\underline{P}}_{22} > \underline{O}$ gilt eine Zerlegung $\overline{\underline{P}}_{22} = \underline{R}'\underline{R}$, woraus aus (4.99 c) folgt, daß

$$\underline{R}\,\overline{\underline{A}}_{22}\underline{R}^{-1} = -(\underline{R}\,\overline{\underline{A}}_{22}\underline{R}^{-1})'$$

eine schiefsymmetrische Matrix ist. Eine schiefsymmetrische Matrix
weist jedoch nur rein imaginäre Eigenwerte mit linearen Elementar-
teilern ($d_i = v_i$) auf ([158, S.160 und S.190]). Es ist daher

$$v_1(\overline{\underline{A}}_{22}) = n - \dim \overline{\underline{A}}_{11}$$

$$= n - \mathrm{Rg}\ \underline{Q}_B(\underline{A}/\underline{Q})\ . \tag{4.100}$$

Aus (4.99 b) folgt

$$\overline{\underline{A}}'_{21} = - (\overline{\underline{P}}_{12}\ \overline{\underline{A}}_{22} + \overline{\underline{A}}'_{11}\ \overline{\underline{P}}_{12})\ \overline{\underline{P}}_{22}^{-1}\ ,$$

was mit (4.99 a) auf

$$(\overline{\underline{P}}_{11} - \overline{\underline{P}}_{12}\ \overline{\underline{P}}_{22}^{-1}\ \overline{\underline{P}}'_{12})\overline{\underline{A}}_{11} + \overline{\underline{A}}'_{11}(\overline{\underline{P}}_{11} - \overline{\underline{P}}_{12}\ \overline{\underline{P}}_{22}^{-1}\ \overline{\underline{P}}'_{12}) = - \overline{\underline{Q}}_{11} \tag{4.101}$$

führt. Mit Satz 4.8 ergibt sich hieraus

$$l(\overline{\underline{A}}_{11}) = r(\overline{\underline{P}}_{11} - \overline{\underline{P}}_{12}\ \overline{\underline{P}}_{22}^{-1}\ \overline{\underline{P}}'_{12})$$

$$= \dim \overline{\underline{A}}_{11} = \mathrm{Rg}\ \underline{Q}_B(\underline{A}/\underline{Q})\ . \tag{4.102}$$

Die Beziehungen (4.100) und (4.102) ergeben die Behauptung des Satzes 4.9.

Als Folgerung der Sätze 4.8 und 4.9 ergibt sich ein Satz über die
asymptotische Stabilität [17,97,98,134]

Satz 4.10: Asymptotische Stabilität

Ist für ein Matrizenpaar $\underline{P} = \underline{P}' > \underline{O}$ und $\underline{Q} = \underline{Q}' \geq \underline{O}$ mit
$\mathrm{Rg}\ \underline{Q}_B(\underline{A}/\underline{Q}) = n$ die Ljapunovsche Matrizengleichung (4.1) erfüllt, so
gilt:

$$l(\underline{A}) = n \tag{4.103}$$

d.h. die Matrix $\underline{A}$ hat nur Eigenwerte mit negativen Realteilen.

Abschließend wird noch ein Instabilitätssatz von Müller [97,98] formuliert und bewiesen.

Satz 4.11: Instabilität

Ist für ein Matrizenpaar $\underline{P} = \underline{P}'$ und $\underline{Q} = \underline{Q}' \geq \underline{0}$ die Ljapunovsche Matrizengleichung (4.1) erfüllt, und gilt für einen beobachtbaren Zustand $\underline{x}$, $\underline{x} = \underline{Q}_B(\underline{A}/\underline{Q})\underline{q}$ mit beliebigem n^2-dimensionalen Vektor $\underline{q}$, $\underline{x}'\underline{P}\,\underline{x} < 0$, so gilt genau dann

$$v_2(\underline{A}) + r(\underline{A}) > 0 , \qquad\qquad (4.104)$$

d.h. die Matrix $\underline{A}$ weist entweder einen Eigenwert mit $\operatorname{Re}\lambda_k = 0$ und $d_k < v_k$ oder einen Eigenwert mit $\operatorname{Re}\lambda_k > 0$ auf.

Der Beweis erfolgt in zwei Teilen.

(a) Ist $\underline{Q} = \underline{Q}' \geq \underline{0}$, $\underline{P} = \underline{P}'$ mit $\underline{A}'\underline{P} + \underline{P}\,\underline{A} = -\underline{Q}$ und $\underline{x}'_0\,\underline{P}\,\underline{x}_0 < 0$ für ein $\underline{x}_0 = \underline{Q}_B(\underline{A}/\underline{Q})\underline{q}_0$. Dann ist längs der Trajektorie $\underline{x}(t) = e^{\underline{A}t}\underline{x}_0$ die Ljapunov-Funktion $V = \underline{x}'\underline{P}\,\underline{x}$ wegen $\dot{V} = -\underline{x}'\underline{Q}\,\underline{x} \leq 0$ und $\dot{V} \not\equiv 0$ stets negativ und weist damit fast überall das gleiche Vorzeichen wie $\dot{V}$ auf. Damit ist die Gleichgewichtslage $\underline{x}(t) \equiv \underline{0}$ des Systems $\dot{\underline{x}}(t) = \underline{A}\,\underline{x}(t)$ nach Satz 3.11 instabil, was die Beziehung (4.104) bedeutet.

(b) Sei umgekehrt (4.104) erfüllt. Dann sind zwei Fälle zu unterscheiden.

α) $r(\underline{A}) > 0$: $\lambda_k = \delta_k + i\,\omega_k$, $\delta_k > 0$. Zu diesem Eigenwert λ_k gehört ein Linkseigenvektor $\underline{x}_{kL} = \underline{u} + i\underline{v}$. Die Aussagen in Satz 4.11 werden dann erfüllt durch $\underline{P} = -(\underline{u}\,\underline{u}' + \underline{v}\,\underline{v}')$, $\underline{Q} = 2\delta_k(\underline{u}\,\underline{u}' + \underline{v}\,\underline{v}') \geq \underline{0}$, $\underline{x}'\underline{P}\,\underline{x} = -\frac{\mu}{2\delta_k}\underline{x}'\underline{x} < 0$ mit einem Eigenvektor $\underline{x}$ von $\underline{Q}$: $\underline{Q}\,\underline{x} = \mu\underline{x}$, $\mu > 0$.

β) $v_2(\underline{A}) > 0$: $\lambda_k = i\,\omega_k$, $d_k < v_k$. Neben einem Linkseigenvektor $\underline{x}_{kL} = \underline{u} + i\,\underline{v}$ wird zur Konstruktion des gesuchten Matrizenpaares $(\underline{P},\underline{Q})$ ein Linkshauptvektor $\underline{y}_{kL} = \underline{s} + i\,\underline{t}$,

$$\underline{y}'_{kL}\underline{A} = \lambda_k\underline{y}'_{kL} + \underline{x}'_{kL}$$

benötigt:

$$\underline{P} = -a(\underline{u}\,\underline{u}' + \underline{v}\,\underline{v}') - (\underline{u}\,\underline{s}' + \underline{s}\,\underline{u}' + \underline{v}\,\underline{t}' + \underline{t}\,\underline{v}') ,$$

$$\underline{Q} = 2(\underline{u}\,\underline{u}' + \underline{v}\,\underline{v}') \geq \underline{0} ,$$

$$\underline{x}'\underline{P}\,\underline{x} = -\frac{a\mu}{2}\,\underline{x}'\underline{x} - 2(\underline{x}'\underline{u})(\underline{x}'\underline{s}) - 2(\underline{x}'\underline{v})(\underline{x}'\underline{t}) < 0$$

für a hinreichend groß und $\underline{x}$ wiederum ein Eigenvektor von $\underline{Q}$,
$\underline{Q}\,\underline{x} = \mu\underline{x}$, $\mu > 0$.

$\square$

Hiermit sind alle wesentlichen, das Stabilitätsproblem betreffenden
Trägheitsaussagen zusammengestellt. Für die praktische Handhabung
sind jedoch die folgenden zwei Ergänzungen noch recht nützlich.

Satz_4.12:_Transponierte_Ljapunov-Gleichung

Alle Trägheitsaussagen dieses Abschnitts bleiben gültig, wenn statt
der Ljapunov-Gleichung (4.1) und der Beobachtbarkeitsmatrix (4.92)
die transponierte Ljapunov-Gleichung

$$\underline{A}\,\underline{P} + \underline{P}\,\underline{A}' = -\underline{Q} \ , \quad \underline{Q} = \underline{Q}' \ , \tag{4.105}$$

und die Steuerbarkeitsmatrix (2.76) von $\underline{A}$ bezüglich $\underline{Q}$

$$\underline{Q}_s(\underline{A}/\underline{Q}) = [\ \underline{Q} \ \ \underline{A}\,\underline{Q} \ \cdots \ \underline{A}^{n-1}\underline{Q}\ ] \ , \tag{4.106}$$

verwendet werden.

Diese Aussage ist die offensichtliche Folge der Ähnlichkeit der Ma-
trizen $\underline{A}$ und $\underline{A}'$ (siehe z.B. [136]) und der Symmetrie von $\underline{Q}$.

Satz_4.13:_Matrizen_mit_semidefinitem,__symmetrischen_Anteil

Wird eine Matrix $\underline{A}$ in ihre symmetrische und schiefsymmetrische
Anteile zerlegt,

$$\underline{A} = \underline{R} + \underline{I} \tag{4.107}$$

mit $$\underline{R} = \frac{1}{2}\,(\underline{A}+\underline{A}') \ , \quad \underline{I} = \frac{1}{2}\,(\underline{A}-\underline{A}')$$

und ist

$$\underline{R} \leq \underline{0} \quad (\underline{R} \geq \underline{0}) \ , \tag{4.108}$$

so gilt

$$v(\underline{A}) = v_1(\underline{A}) = n\text{-Rg}\ \underline{Q}_s(\underline{I}/\underline{R}) \ , \tag{4.109 a}$$

$$1(\underline{A}) = \mathrm{Rg}\ \underline{Q}_S(\underline{I}/\underline{R})\ ,\quad (r(\underline{A}) = \mathrm{Rg}\ \underline{Q}_S(\underline{I}/\underline{R}))\ . \qquad (4.109\ b)$$

Hierbei ist $\underline{Q}_S(\underline{I}/\underline{R})$ die Steuerbarkeitsmatrix des schiefsymmetrischen Anteils $\underline{I}$ bezüglich des symmetrischen Anteils $\underline{R}$:

$$\underline{Q}_S(\underline{I}/\underline{R}) = [\ \underline{R}\quad \underline{I}\,\underline{R}\ \cdots\ \underline{I}^{n-1}\,\underline{R}\ ]\ . \qquad (4.110)$$

Dieser Satz stammt von Wimmer [149,151] und wurde durch der aus Satz 4.13 für $\underline{R} \leq \underline{O}$ und $\mathrm{Rg}\ \underline{Q}_S(\underline{I}/\underline{R}) = n$ folgenden Aussage über die asymptotische Stabilität der Ruhelage $\underline{x} = \underline{O}$ von $\dot{\underline{x}}(t) = \underline{A}\,\underline{x}(t)$ von Hahn [37] initiiert. Der Beweis erfolgt mittels der Aussagen der Sätze 4.9 und 4.12. Wählt man in (4.105) $\underline{P} = \underline{E}_n$ und $\underline{Q} = -2\,\underline{R}$, so führt (4.97) genau auf (4.109) mit der Steuerbarkeitsmatrix (4.110).

In den folgenden Abschnitten werden die Sätze 4.1 - 13 auf das Stabilitätsproblem linearer, zeitinvarianter Systeme der allgemeinen Systemtheorie (Kapitel 5) und der Mechanik (Kapitel 6) angewendet.

5. Stabilität linearer, zeitinvarianter Systeme

In diesem Kapitel werden die Kriterien für asymptotische Stabilität,
für Stabilität und für Instabilität linearer, zeitinvarianter Systeme

$$\underline{\dot{x}}(t) = \underline{A}\,\underline{x}(t) \;,\quad \underline{x}(0) = \underline{x}_0 \tag{5.1}$$

entsprechend den Erkenntnissen in den Kapiteln 3 und 4 zusammengestellt. In Satz 3.5 des Abschnitts 3.2.2 ist festgehalten, daß die
Stabilitätsfrage für (5.1) durch die Eigenwertverteilung der Systemmatrix $\underline{A}$ gekennzeichnet ist. Stabilitätskriterien sind demgegen-
über solche Sätze, in denen ohne Kenntnis der Eigenwerte Aussagen
über deren Verteilung gemacht werden. Diese Fragestellung kann mit
Hilfe zweier verschiedener Ansätze untersucht werden. Die entwick-
lungsgeschichtlich erste Methode besteht in der Untersuchung der
Nullstellenverteilung des charakteristischen Polynoms $p(\lambda) =$
$= \det\,(\lambda\underline{E}_n - \underline{A})$ (2.24). Solange nicht der Defekt d_i von Eigenwerten λ_i mit verschwindendem Realteil benötigt wird, ist das Stabilitätsproblem durch die Nullstellenverteilung von $p(\lambda)$ eindeutig
zu lösen. Insbesondere das Problem der asymptotischen Stabilität
kann durch diesen Ansatz vollständig behandelt werden. Das erste
Ergebnis auf diesem Gebiet stammt von Hermite [42] im Jahr 1856, jedoch setzten sich allgemein die späteren Kriterien von Routh [121],
1877, und Hurwitz [46], 1895, durch. Die zweite Methode stammt von
Ljapunov [69], 1892, und stellt die Kennzeichnung der Eigenwertverteilung durch Lösungseigenschaften von Matrizengleichungen dar, wie
es in Kapitel 4 beschrieben wurde. Diese Methode steht heute infolge
der Entwicklung der Systemtheorie in den letzten zwei Jahrzehnten
wieder stärker im Blickfeld und beginnt, die Routh-Hurwitz-Kriterien
in ihrer Bedeutung einzuschränken.

In Abschnitt 5.1 werden die wichtigsten Ergebnisse der Betrachtungen
in Kapitel 4 zur Lösung des Stabilitätsproblems zusammengestellt. In
Abschnitt 5.2 wird das Routh-Hurwitz-Kriterium mittels der Ljapunovschen Matrizengleichung hergeleitet und zusammen mit den bekannten,
bezüglich der charakteristischen Koeffizienten formulierten Kriterien angegeben. Der letzte Abschnitt 5.3 enthält als Zusatz eine Betrachtung über Stabilitätskriterien für lineare, zeitvariante Systeme.

5.1. Stabilitäts- und Instabilitätssätze gemäß der Ljapunovschen Matrizengleichung

Die Betrachtungen des Abschnitts 4.4 enthalten die vollständige Lösung des Stabilitätsproblems für das lineare, zeitinvariante System
(5.1). Für die praktische Handhabung empfiehlt sich jedoch noch die
Berücksichtigung allgemeiner Lösungseigenschaften der Ljapunovglei-
chung (4.1), wie sie in Abschnitt 4.3 ausgeführt sind. Man erhält
dann die folgenden drei Sätze.

Satz 5.1: Asymptotische Stabilität

Das lineare, zeitinvariante System (5.1) ist genau dann asymptotisch
stabil, wenn für mindestens eine (und wegen (4.69) dann für jede)
symmetrische, positiv semidefinite Matrix $\underline{Q} = \underline{Q}' \geq \underline{O}$ mit

$$\text{Rg } \underline{Q}_B(\underline{A}/\underline{Q}) = \text{Rg } [\underline{Q} \quad \underline{A}'\underline{Q} \; \cdots \; \underline{A}'^{n-1}\underline{Q}] = n \qquad (5.2)$$

eine eindeutige, symmetrische, positiv definite Lösungsmatrix
$\underline{P} = \underline{P}' > \underline{O}$ der Ljapunov-Gleichung (4.1),

$$\underline{A}'\underline{P} + \underline{P}\,\underline{A} = - \underline{Q} \, ,$$

existiert.

Satz 5.2: Grenzstabilität

Das lineare, zeitinvariante System (5.1) ist genau dann grenzstabil,

wenn für mindestens eine symmetrische, positiv semidefinite Matrix
$\underline{Q} = \underline{Q}' \geq \underline{O}$ eine (notwendig nicht eindeutige) symmetrische, positiv
definite Lösungsmatrix $\underline{P} = \underline{P}' > \underline{O}$ der Ljapunov-Gleichung (4.1) existiert. Der Teilraum $R_{as.st.}$ der asymptotisch stabilen Trajektori-
en ($\underline{x}(t) \rightarrow \underline{O}$ für $t \rightarrow \infty$) ist durch den Wertebereich der Beobachtbarkeitsmatrix (4.92) gegeben (vgl. (2.83)):

$$R_{as.st.} = \left\{ \underline{x} : \underline{x} = \underline{Q}_B(\underline{A}/\underline{Q})\underline{q} , \right. \qquad (5.3)$$
$$\left. \underline{q} \text{ beliebiger } n^2\text{-dim. Vektor} \right\} .$$

Der dazu orthogonale Komplementärteilraum $R_{as.st.}^{\perp} = R_{gr.st.}$ der
grenzstabilen Trajektorien ist durch

$$R_{gr.st.} = \left\{ \underline{x} : \underline{x}'\underline{Q}_B(\underline{A}/\underline{Q}) = \underline{O} \right\} \qquad (5.4)$$

bestimmt (vgl. (2.84)).

<u>Satz 5.3: Instabilität</u>

Das lineare, zeitinvariante System (5.1) ist genau dann instabil,
wenn für mindestens eine symmetrische, positiv semidefinite Matrix
$\underline{Q} = \underline{Q}' \geq \underline{O}$ eine (nicht notwendig eindeutige) symmetrische Lösungsmatrix $\underline{P} = \underline{P}'$ der Ljapunov-Gleichung (4.1) existiert, so daß für mindestens einen beobachtbaren Zustand $\underline{x}$,

$$\underline{x} = \underline{Q}_B(\underline{A}/\underline{Q})\,\underline{q} \qquad (5.5)$$

mit einem beliebigen n^2-dimensionalen Vektor $\underline{q}$, die Ungleichung

$$\underline{x}'\underline{P}\,\underline{x} < O \qquad (5.6)$$

gilt.

Diese drei Sätze zur Stabilität linearer, zeitinvarianter Systeme
sind die Folge der entsprechenden Sätze 4.9 - 11 und der Beziehung
(4.69). Sie stellen die allgemeinste Formulierung dar und enthalten
die bekannten Sätze von Ljapunov als Spezialfälle.

<u>Folgerung 5.1: Asymptotische Stabilität (Ljapunov)</u>

Das lineare, zeitinvariante System (5.1) ist genau dann asymptotisch

stabil, wenn für mindestens eine (und dann für jede) symmetrische,
positiv definite Matrix $\underline{Q} = \underline{Q}' > \underline{O}$ eine eindeutige, symmetrische,
positiv definite Lösungsmatrix $\underline{P} = \underline{P}' > \underline{O}$ der Ljapunov-Gleichung
(4.1) existiert.

Satz 5.1 und Folgerung 5.1 unterscheiden sich nur in den verschiedenen Anforderungen an $\underline{Q}$. Dieser Unterschied ist jedoch für die
praktische Anwendung von erheblicher Bedeutung. In Kapitel 6 über
die Stabilität linearer, zeitinvarianter, mechanischer Systeme läßt
sich die asymptotische Stabilität mit erträglichem Aufwand nur gemäß Satz 5.1 und nicht gemäß Folgerung 5.1 nachweisen. Während Folgerung 5.1 dem 2. Stabilitätssatz von Ljapunov (Satz 3.7) entspricht,
stellt Satz 5.1 die Erweiterung entsprechend dem Stabilitätssatz von
Krasovskii (Satz 3.10) dar. Die Bedingung (5.2) gewährleistet, daß
die Ableitung $\dot{V}(t) = - \underline{x}'(t)\,\underline{Q}\,\underline{x}(t)$ der Ljapunov-Funktion $V(t) =$
$= \underline{x}'(t)\,\underline{P}\,\underline{x}(t)$ längs keiner Trajektorie $\underline{x}(t)$ identisch verschwindet. Dieser Sachverhalt kann auch unabhängig von Satz 4.9 direkt ver-
anschaulicht werden. Geht man von einer positiv definiten Ljapunov-
Funktion $V = \underline{x}'\,\underline{P}\,\underline{x}$ aus, deren Ableitung $\dot{V} = - \underline{x}'\underline{Q}\,\underline{x}$ nur negativ
semidefinit ist, so unterscheiden sich Grenzstabilität oder asympto-
tische Stabilität des Systems (5.1) genau darin, ob eine nichttrivi-
ale Trajektorie $\underline{x}(t) \neq \underline{O}$ mit $\dot{V}(t) \equiv 0$ existiert oder nicht.
Setzt man die Existenz solch einer Trajektorie voraus, so gilt wegen
$\underline{Q} = \underline{Q}' \geq \underline{O}$ auch $\underline{x}'(t)\,\underline{Q} \equiv \underline{O}$. Wird diese Beziehung mehrmals diffe-
renziert (wegen des Satzes (2.45) von Cayley und Hamilton genügt
(n-1)-maliges Differenzieren), so erhält man bei Berücksichtigung von
(5.1)

$$\underline{x}'(t)\,\underline{A}^k\,\underline{Q} \equiv \underline{O} \;,\quad k = 0,1,..,n-1 \;.$$

Faßt man diese n Vektorgleichungen zusammen, so ergibt sich

$$\underline{x}'(t)\,\underline{Q}_B\,(\underline{A}/\underline{Q}) \equiv \underline{O} \;.$$

In Übereinstimmung mit (5.4) wird dadurch gerade der Raum der grenzstabilen Trajektorien gekennzeichnet. Ist nun Bedingung (5.2) erfüllt,
so existiert keine nichttriviale Trajektorie mit $\dot{V}(t) \equiv 0$, woraus
nach Satz 3.10 die asymptotische Stabilität von (5.1) folgt.

Folgerung 5.2: Vollständige Grenzstabilität

Das lineare, zeitinvariante System (5.1) ist genau dann vollständig grenzstabil, wenn die homogene Ljapunov-Gleichung

$$\underline{A}'\underline{P} + \underline{P}\,\underline{A} = \underline{O} \qquad\qquad (5.7)$$

eine symmetrische, positiv definite Lösungsmatrix $\underline{P} = \underline{P}' > \underline{O}$ aufweist.

Folgerung 5.2 ergibt sich aus Satz 5.2 für den Fall, daß $R_{as.st.}$ der Nullraum sein soll. Aus (5.7) folgt dann mit der Zerlegung $\underline{P} = \underline{R}'\underline{R}$

$$(\underline{R}\,\underline{A}\,\underline{R}^{-1})' = - (\underline{R}\,\underline{A}\,\underline{R}^{-1}) \,, \qquad\qquad (5.8)$$

so daß das System genau dann vollständig grenzstabil ist, wenn die Systemmatrix $\underline{A}$ einer schiefsymmetrischen Matrix ähnlich ist.

Folgerung 5.3: Instabilität (Ljapunov)

Das lineare, zeitinvariante System (5.1) ist sicher dann instabil, wenn für eine symmetrische, positiv definite Matrix $\underline{Q} = \underline{Q}' > \underline{O}$ eine symmetrische, nicht positiv definite Lösungsmatrix $\underline{P} = \underline{P}' > \underline{O}$ der Ljapunov-Gleichung (4.1) existiert.

Im Gegensatz zu Satz 5.3 stellt Folgerung 5.3 nur eine hinreichende Instabilitätsbedingung dar. Dieser Unterschied soll anhand eines Beispiels verdeutlicht werden. Man untersuche die Stabilität der Ruhelage $z = 0$, $\dot{z} = 0$ für die skalare Differentialgleichung $\ddot{z} = 0$. Die Systemmatrix $\underline{A}$ der entsprechenden Zustandsraumdarstellung (2.92 - 94) lautet

$$\underline{A} = \begin{bmatrix} 0 & 1 \\ 0 & 0 \end{bmatrix} .$$

Für die zugehörige Ljapunov-Gleichung (4.1) ergeben sich die drei Beziehungen

$$0 = - Q_{11} \, ,$$

$$P_{11} = - Q_{12} \, ,$$

$$2\, P_{12} = - Q_{22} \, .$$

Damit kann die Matrix $\underline{Q}$ im vorliegenden Fall nicht positiv definit gewählt werden. Damit sie wenigstens positiv semidefinit ist, muß neben $Q_{11} = 0$ noch $Q_{12} = 0$ und $Q_{22} > 0$ gefordert werden. Die Lösung $\underline{P}$ lautet dann:

$$P_{11} = 0 \, , \quad P_{12} = - \frac{1}{2} Q_{22} \, , \quad P_{22} \ \text{beliebig} \, .$$

Während die Instabilität dieses Systems nach Folgerung 5.3 nicht bewiesen werden kann, sind mit $P_{22} < 0$ und $\underline{x} = [\ 0 \ \ Q_{22} \ ]'$ die Instabilitätsbedingungen von Satz 5.3 erfüllt $(\underline{q} = [\ 0 \ \ 1 \ \ 0 \ \ 0\ ]')$.

Beispiel 1: Magnetschwebebahn

Es soll das Stabilitätsverhalten des ungeregelten Systems (2.4) untersucht werden. Mit

$$\underline{Q} = \begin{bmatrix} 1 & 0 & 0 \\ 0 & 0 & 0 \\ 0 & 0 & 0 \end{bmatrix}$$

ergibt sich eine symmetrische Lösung $\underline{P} = \underline{P}' = [\ P_{ij}\ ]$ mit den Elementen:

$$P_{11} = (\ \frac{k\,T}{m} + \frac{l\,c}{m} - \frac{k}{l\,c} + \frac{T^2 k^2}{m\,l\,c}\ )\, P_{12} \, ,$$

$$P_{12} = - \frac{1}{2} \frac{m}{k} < 0 \, ,$$

$$P_{13} = \frac{T}{m} (\ 1 + \frac{k\,T}{c}\ )\, P_{12} < 0 \, ,$$

$$P_{22} = \frac{m}{l\,c} (\ 1 - T^2 \frac{k}{m}\ )\, P_{12} \, ,$$

$$P_{23} = \frac{T}{c} P_{12} < 0 \, ,$$

$$P_{33} = \frac{T^2 l}{m\,c} P_{12} < 0 \, .$$

Mit $\underline{q} = [\ - \frac{k}{l} \ 0 \ 0 \ 0 \ 0 \ 0 \ \frac{m}{l} \ 0 \ 0 \ ]'$ ergibt sich ein beobacht-

barer Zustand $\underline{x} = [\ 0\ \ 0\ \ 1\ ]'$, der auf $\underline{x}'\underline{P}\,\underline{x} = P_{33} < 0$ führt.
Nach Satz 5.3 ist das ungeregelte Magnetschwebebahnsystem daher in-
stabil. Eine Regelung ist daher unbedingt notwendig.

□

Beispiel 13: Trägheitsplattform

Bei der Navigation und Lenkung von Schiffen, Flugzeugen, Raketen und
Satelliten werden im zunehmenden Maße Trägheitsnavigationssysteme
verwendet. Sie ermöglichen die Navigation aufgrund von Messungen der
Beschleunigungen des Trägerfahrzeugs, ohne auf äußere Informationen
zurückgreifen zu müssen. Die Trägheitsplattform ist dabei das wesentlichste Element. Sie stellt die physikalische Verwirklichung eines vorgegebenen Bezugskoordinatensystems dar; d.h. sie hat die Auf-
gabe, den auf ihr montierten Beschleunigungsmessern eine bestimmte
Lage im Raum zu geben. Hierzu wird sie mit Kreiseln geführt und stabilisiert. Der schematische Aufbau einer dreiachsig stabilisierten
Dreikreisel-Trägheitsplattform ist in Bild 5.1 dargestellt.

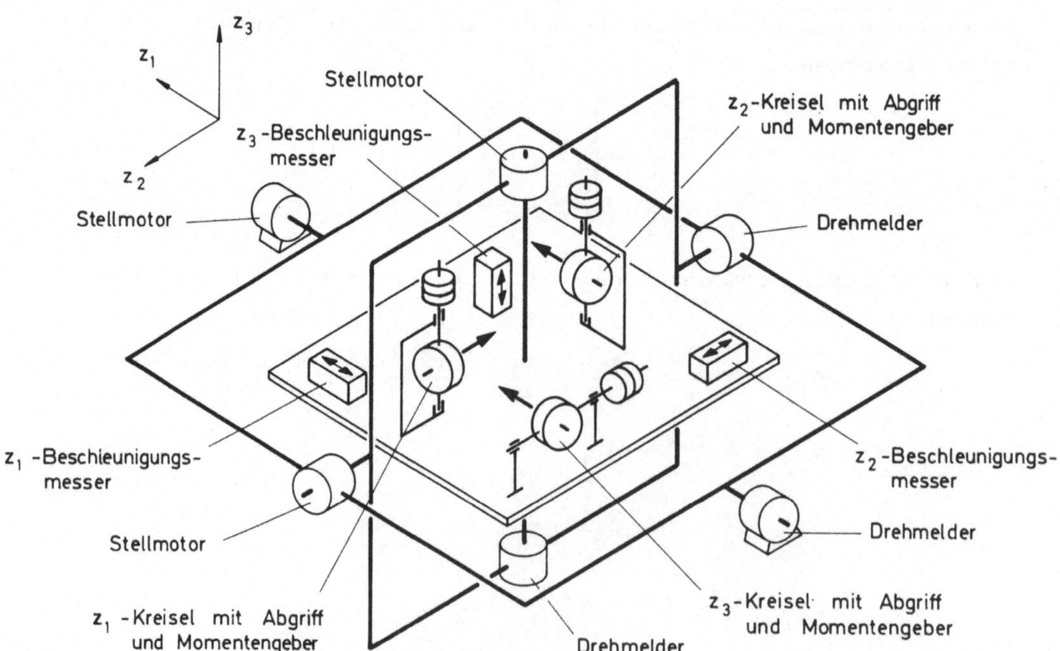

Bild 5.1. Schematischer Aufbau einer Dreikreisel-
Trägheitsplattform (Beispiel 13)

Bei dem vor dem Start (oder bei Langzeitmissionen auch während des
Einsatzes) durchzuführenden Ausrichtvorgang werden das Plattformkoordinatensystem $\left\{ z_i^P \right\}$ und das gewählte Soll-Bezugskoordinatensystem
$\left\{ z_i^S \right\}$ in Übereinstimmung gebracht. Hierbei sollen die in Bild 5.2 erläuterten Plattformfehlwinkel α, β, γ zum Verschwinden gebracht
werden.

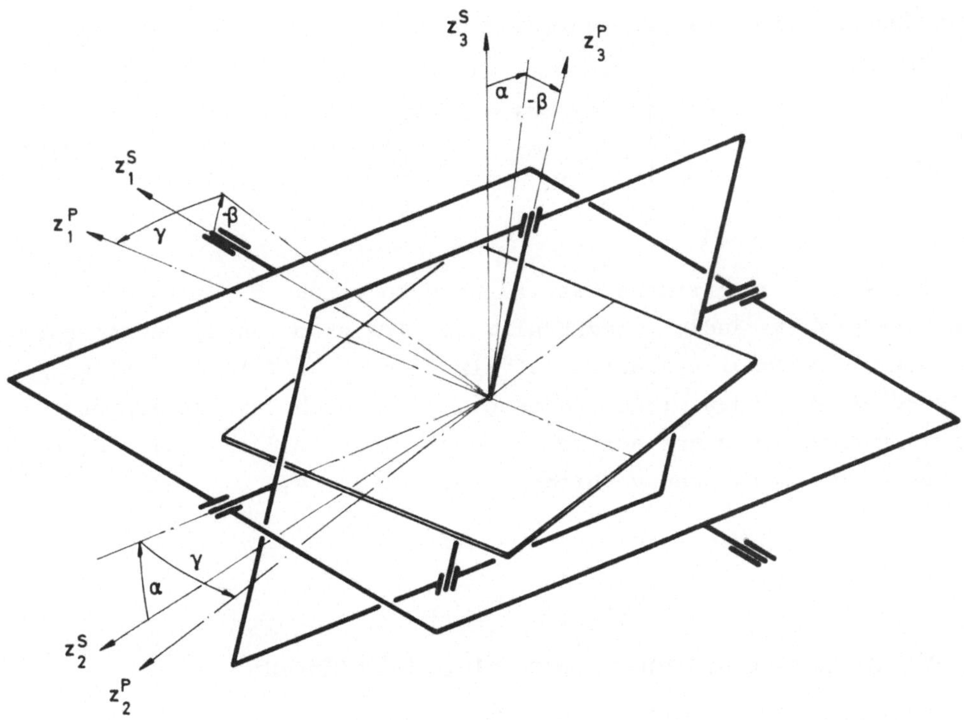

Bild 5.2. Plattformfehlwinkel α, β, γ   (Beispiel 13)

Bezeichnet man die Winkel α, β, γ als die drei Zustandsgrößen x_1
x_2, x_3 eines Zustandsvektors, so läßt sich das Ausrichten einer
Trägheitsplattform bei gleichzeitiger Berücksichtigung der Fehlereinflüsse infolge von Kreiseldriften, von ungenauen Skalierungsfaktoren der Kreiselmomentengeber und der Nichtorthogonalität der verschiedenen Kreiseleingangsachsen beschreiben [93,94] als

$$\frac{d}{dt} \begin{bmatrix} x_1 \\ x_2 \\ x_3 \end{bmatrix} = \begin{bmatrix} 0 & \omega_3 & -\omega_2 \\ -\omega_3 & 0 & \omega_1 \\ \omega_2 & -\omega_1 & 0 \end{bmatrix} \begin{bmatrix} x_1 \\ x_2 \\ x_3 \end{bmatrix} + \begin{bmatrix} u_1 \\ u_2 \\ u_3 \end{bmatrix} + \begin{bmatrix} \varepsilon_1 \\ \varepsilon_2 \\ \varepsilon_3 \end{bmatrix} +$$

$$+ \begin{bmatrix} \psi_1\omega_2 - \psi_2\omega_3 \\ - \psi_3\omega_1 + \psi_4\omega_3 \\ \psi_5\omega_1 - \psi_6\omega_2 \end{bmatrix} + \begin{bmatrix} K_1\omega_1 \\ K_2\omega_2 \\ K_3\omega_3 \end{bmatrix} ,$$

wobei ω_i die Koordinaten der Sollwinkelgeschwindigkeit, u_i und ε_i die Kreiselmomente und Kreiseldriften, ψ_i die Nichtorthogonalitäten und K_i die Skalierungsfehler darstellen. Die Systemmatrix

$$\underline{A} = \begin{bmatrix} 0 & \omega_3 & -\omega_2 \\ -\omega_3 & 0 & \omega_1 \\ \omega_2 & -\omega_1 & 0 \end{bmatrix} \tag{5.9}$$

ist eine schiefsymmetrische Matrix. Nach Folgerung 5.2 ist das homogene System vollständig grenzstabil. Die Trajektorien des ungeregelten Systems ($u_i = 0$) verlaufen auf einer Kugel $\underline{x}'(t)\underline{x}(t) = \underline{x}_0'\underline{x}_0$, falls keine Störungen wirken, können aber unbeschränkt anwachsen, wenn konstante Störungen auftreten. Dieser Fall muß ebenfalls durch geeignete Gegenmaßnahmen verhindert werden [93,94].

□

5.2. Algebraische und geometrische Stabilitätskriterien

Die Klasse der algebraischen und geometrischen Stabilitätskriterien fußt auf der Diskussion über die Nullstellenverteilung des charakteristischen Polynoms (2.24). Tritt kein Eigenwert λ_i mit verschwindendem Realteil auf, so sind für das Stabilitätsverhalten nach Satz 3.5 nur die Eigenwerte λ_i , nicht aber deren Vielfachheiten v_i und deren Defekte d_i (siehe Abschnitt 2.1.3.2) maßgebend. Die Eigenwerte allein sind jedoch durch das charakteristische Polynom (2.24) bestimmt. Zur Überprüfung der asymptotischen Stabilität von (5.1) genügt es daher, Bedingungen für die charakteristischen Koeffizienten a_i , $i = 1,\ldots,n$, des Polynoms (2.24),

$$p(\lambda) = \det (\lambda\underline{E}_n - \underline{A}) = \lambda^n + a_1\lambda^{n-1} + \ldots + a_{n-1}\lambda + a_n ,$$

aufzustellen, die gewährleisten, daß alle Nullstellen λ_i von $p(\lambda)$ in der linken Gaußschen Zahlenhalbebene liegen: Re $\lambda_i < 0$, $i = 1,\ldots,n$.

Um solche Kriterien herzuleiten, wird angenommen, daß die Systemmatrix $\underline{A}$ in der speziellen Gestalt der Frobeniusform (2.37) vorgelegt sei:

$$\underline{A}_F = \begin{bmatrix} 0 & 1 & 0 & . & . & . & . & . & 0 \\ 0 & 0 & 1 & . & . & . & . & . & 0 \\ . & . & . & & & & & & . \\ . & . & . & & & & & & . \\ . & . & . & & & & & & . \\ 0 & 0 & 0 & . & . & . & . & . & 1 \\ -a_n & -a_{n-1} & -a_{n-2} & . & . & . & . & -a_1 \end{bmatrix} . \qquad (5.10)$$

Obwohl eine beliebige Systemmatrix $\underline{A}$ nur dann einer Frobeniusmatrix $\underline{A}_F$ ähnlich ist, wenn für den Defekt $d_i = n -\text{Rang}(\lambda_i\underline{E}_n - \underline{A})$ aller Eigenwerte λ_i $d_i = 1$ gilt, ist dieses Vorgehen auch für nichtähnliche Systemmatrizen $\underline{A}$ zulässig, da es bei der asymptotischen Stabilität nur auf die durch das charakteristische Polynom

$$\det (\lambda\underline{E}_n - \underline{A}) = \det (\lambda\underline{E}_n - \underline{A}_F) = \sum_{i=0}^{n} a_i \lambda^{n-i} \quad (a_0 = 1) \qquad (5.11)$$

festgelegte Lage der Eigenwerte ankommt. Um den Satz 5.1 über die asymptotische Stabilität anzuwenden, wählt man nach Parks [109] (siehe auch [59, S.271-277])

$$\underline{Q} = \underline{q}\,\underline{q}'$$

$$\text{mit} \quad \underline{q}' = \begin{cases} [\ 0 \quad a_{n-1} \quad 0 \quad \ldots \quad 0 \quad a_3 \quad 0 \quad a_1\ ] \ , \ n \text{ gerade,} \\ [\ a_n \quad 0 \quad a_{n-2}\ldots \quad 0 \quad a_3 \quad 0 \quad a_1\ ] \ , \ n \text{ ungerade.} \end{cases} \qquad (5.12)$$

Wegen $\underline{x}'\underline{Q}\,\underline{x} = (\underline{q}'\underline{x})^2$ ist $\underline{Q} = \underline{Q}'$ positiv semidefinit, aber nicht positiv definit.

Weiterhin ist die Beobachtbarkeitsbedingung (5.2) zu überprüfen. Hierzu wird am besten das Kriterium (2.79) von Hautus gemäß Satz 2.12 herangezogen. Die Rechtseigenvektoren der Frobeniusmatrix $\underline{A}_F$

sind nach (2.38) durch

$$\underline{x}_{iR} = [\ 1 \quad \lambda_i \quad \lambda_i^2 \ \cdot \ \cdot \ \cdot \ \lambda_i^{n-1}\ ]'$$

bestimmt. Damit ist das Matrizenpaar $(\underline{A},\underline{Q})$ genau dann nicht vollständig beobachtbar, wenn für mindestens einen Eigenwert λ_i die
beiden Gleichungen

$$0 = p(\lambda_i) = \lambda_i^n + a_1\lambda_i^{n-1} + \ldots + a_{n-1}\lambda_i + a_n$$

und

$$0 = \underline{q}'\underline{x}_{iR} = \begin{cases} a_{n-1}\lambda_i + \ldots + a_3\lambda_i^{n-3} + a_1\lambda_i^{n-1}\ , & n \text{ gerade }, \\[3ex] a_n + a_{n-2}\lambda_i^2 + \ldots + a_3\lambda_i^{n-3} + a_1\lambda_i^{n-1}\ , & n \text{ ungerade }, \end{cases}$$

erfüllt sind. Hieraus folgt durch Subtraktion der zweiten von der
ersten Gleichung für gerades n ($a_n \neq 0$ wegen
$\prod\limits_{i=1}^{n} \lambda_i \neq 0$)

$$\begin{bmatrix} 1 & a_2 & a_4 & \cdots & a_{n-2} & a_n \\ a_1 & a_3 & a_5 & \cdots & a_{n-1} & 0 \end{bmatrix} \begin{bmatrix} \lambda_i^n \\ \lambda_i^{n-2} \\ \cdot \\ \cdot \\ \lambda_i^2 \\ 1 \end{bmatrix} = 0 \qquad\qquad (5.13\ a)$$

und für ungerades n

$$\begin{bmatrix} 1 & a_2 & a_4 & \cdots & a_{n-1} \\ a_1 & a_3 & a_5 & \cdots & a_n \end{bmatrix} \begin{bmatrix} \lambda_i^{n-1} \\ \lambda_i^{n-3} \\ \cdot \\ \cdot \\ \lambda_i^2 \\ 1 \end{bmatrix} = 0\ . \qquad\qquad (5.13\ b)$$

Sowohl in (5.13 a) als auch in (5.13 b) müssen daher für die nicht
vollständige $(\underline{A},\underline{Q})$-Beobachtbarkeit jeweils zwei biquadratische Glei-

chungen erfüllt werden:

$$b_0 \mu^K + b_2 \mu^{K-2} + \ldots + b_{K-2} \mu^2 + b_K = 0 \; .$$

Nach den Vietaschen Wurzelsätzen [104, Bd.II, S.838] gilt für die zugehörigen Nullstellen μ_i :

$$\sum_{i=1}^{K} \mu_i = - \frac{b_1}{b_0} = 0 \; .$$

Hieraus folgt, daß biquadratische Polynome nicht lauter Eigenwerte mit negativen Realteilen haben. Die Beziehungen (5.13 a) und (5.13 b) können daher für ein asymptotisch stabiles System (5.1) nicht erfüllt werden. Die Beobachtbarkeitsbedingung (5.2) ist also erfüllt.

Die Lösung der Ljapunov-Gleichung (4.1) für die Frobeniusmatrix (5.10) und die rechte Seite (5.12) lautet:

$$\underline{P} = \frac{1}{2} \begin{bmatrix} \vdots & \cdots\cdots\cdots\cdots\cdots & \vdots \\ \vdots & & \vdots \\ \vdots & a_5 - a_1 a_4 + a_2 a_3 & 0 & a_3 \\ \vdots & 0 & -a_3 + a_1 a_2 & 0 \\ \vdots & \cdots & a_3 & 0 & a_1 \end{bmatrix} \qquad (5.14\ a)$$

mit den Elementen

$$i \geq j : \quad P_{ij} = \begin{cases} \dfrac{1}{2} \displaystyle\sum_{K=0}^{n-i} (-1)^{K+n-i} a_K a_{2n-i-j-K+1} \, , & i+j \ \ \text{gerade,} \\[2ex] 0 \, , & i+j \ \ \text{ungerade ,} \end{cases} \Bigg\} \quad (5.14\ b)$$

$$i < j : \quad P_{ij} = P_{ji} \; .$$

Als Zwischenergebnis der bisherigen Betrachtungen kann festgehalten werden, daß das System (5.1) genau dann asymptotisch stabil ist, wenn gemäß Satz 5.1 die Matrix $\underline{P} = \underline{P}'$ (5.14) positiv definit ist.

In einem letzten Schritt wird nach Ralston [117] eine besondere Umformung von $\underline{P}$ vorgenommen, um eine einfache Überprüfung der positiven Definitheit von $\underline{P}$ mittels den Hauptabschnittsdeterminanten

einer symmetrischen Matrix vorzunehmen (vgl. [30, Bd.I, S.281]).
Hierzu nimmt man für $\underline{P}$ (5.14) zuerst eine Kongruenztransformation
vor, bei der die Schachbrettstruktur [158, S.224] von $\underline{P}$ ausgenutzt
wird:

$$\overline{\underline{P}} = \underline{U}'\underline{P}\,\underline{U} = \begin{bmatrix} \overline{\underline{P}}_o & \underline{O} \\ \underline{O} & \overline{\underline{P}}_u \end{bmatrix} \qquad\qquad (5.15\ a)$$

mit

$$\overline{P}_{oij} = P_{n+2-2i,n+2-2j} \quad \text{für} \begin{cases} i,j = 1,\ldots, \frac{n}{2} & (n\ \text{gerade})\ , \\ i,j = 1,\ldots, \frac{n+1}{2} & (n\ \text{ungerade})\ , \end{cases}$$
$$(5.15\ b)$$
$$\overline{P}_{uij} = P_{n+1-2i,n+1-2j} \quad \text{für} \begin{cases} i,j = 1,\ldots, \frac{n}{2} & (n\ \text{gerade})\ , \\ i,j = 1,\ldots, \frac{n+1}{2} & (n\ \text{ungerade})\ , \end{cases}$$

und der Transformationsmatrix

$$\underline{U} = [\ \underline{e}_n \quad \underline{e}_{n-2} \cdots \underline{e}_{n-1} \quad \underline{e}_{n-3} \cdots\ ]\ ,\quad \underline{U}^{-1} = \underline{U}'\ . \qquad (5.16)$$

Für die positive Definitheit von $\overline{\underline{P}}$ (5.15) und damit auch von $\underline{P}$
(5.14) ist es notwendig und hinreichend, daß die Hauptabschnittsde-
terminanten von $\overline{\underline{P}}_o$ und $\overline{\underline{P}}_u$ positiv sind:

$$\left.\begin{aligned} \overline{P}_{oK} &= \det \overline{\underline{P}}_o^{(K)} > 0\ ,\quad K = 1,\ldots, \tfrac{n}{2}\ (\tfrac{n+1}{2})\ , \\ \overline{P}_{uK} &= \det \overline{\underline{P}}_u^{(K)}\ \ 0\ ,\quad K = 1,\ldots, \tfrac{n}{2}\ (\tfrac{n-1}{2})\ , \end{aligned}\right\} \qquad (5.17)$$

wobei

$$\left.\begin{aligned} \overline{\underline{P}}_o^{(K)} &= [P_{n+2-2i,n+2-2j}]\ ,\quad i,j = 1,\ldots,K\ , \\ \overline{\underline{P}}_u^{(K)} &= [P_{n+1-2i,n+1-2j}]\ ,\quad i,j = 1,\ldots,K\ , \end{aligned}\right\} \qquad (5.18)$$

die von links oben gezählten Hauptabschnittsmatrizen von $\overline{\underline{P}}_o$ und
$\overline{\underline{P}}_u$ bedeuten. Nun lassen sich die Matrizen (5.18) zerlegen jeweils
in Produkte von einfacher aufgebauten Matrizen:

$$\underline{H}_{2K-1}\,\underline{K}_{2K-1} = \begin{bmatrix} \underline{O} \\[2mm] \underline{P}_o^{(K)} \end{bmatrix} \quad,\quad \underline{H}_{2K}\,\underline{K}_{2K} = \begin{bmatrix} \underline{O} \\[2mm] \underline{P}_u^{(K)} \end{bmatrix} \quad, \tag{5.19}$$

wobei $\underline{K}_j$ eine Matrix mit j Zeilen und mit $\frac{j}{2}$ Spalten für gerades j bzw. mit $\frac{j+1}{2}$ Spalten für ungerades j darstellt,

$$\underline{K}_j = (-1)^j \begin{bmatrix} \cdot & 0 & 0 & -1 \\ \cdot & 0 & 0 & a_1 \\ \cdot & 0 & -1 & -a_2 \\ \cdot & 0 & a_1 & a_3 \\ \cdot & -1 & -a_2 & -a_4 \\ \cdot & \cdot & \cdot & \cdot \\ \cdot & \cdot & \cdot & \cdot \\ \cdot & \cdot & \cdot & \cdot \\ \cdot & (-1)^j a_{j-5} & (-1)^j a_{j-3} & (-1)^j a_{j-1} \end{bmatrix} \quad, \tag{5.20}$$

und die Matrizen $\underline{H}_j$ die Hauptabschnittsmatrizen der Hurwitz-Matrix

$$\underline{H} = \begin{bmatrix} a_1 & 1 & 0 & 0 & 0 & 0 & . & . & . & 0 \\ a_3 & a_2 & a_1 & 1 & 0 & 0 & . & . & . & \cdot \\ a_5 & a_4 & a_3 & a_2 & a_1 & 1 & . & . & . & \cdot \\ \cdot & & & & & & & & & \cdot \\ \cdot & & & & & & & & & \cdot \\ \cdot & & & & & & & & & \cdot \\ 0 & . & . & . & . & . & . & . & 0 & a_n \end{bmatrix} \tag{5.21}$$

bedeuten:

$$\underline{H}_1 = [\,a_1\,] \quad,\quad \underline{H}_2 = \begin{bmatrix} a_1 & 1 \\ a_3 & a_2 \end{bmatrix} \quad,\quad \underline{H}_3 = \begin{bmatrix} a_1 & 1 & 0 \\ a_3 & a_2 & a_1 \\ a_5 & a_4 & a_3 \end{bmatrix} \quad,$$

$$\ldots\ldots\, , \quad \underline{H}_n = \underline{H} \; . \tag{5.22}$$

Aus (5.19) läßt sich dann das wesentliche Ergebnis ableiten:

$$\left.\begin{aligned}
\overline{P}_{oK} &= \det \overline{\underline{P}}_{o}^{(K)} = \det \underline{H}_{2K-1} = H_{2K-1} \ , \\[2ex]
\overline{P}_{uK} &= \det \overline{\underline{P}}_{u}^{(K)} = \det \underline{H}_{2K} \ \ = H_{2K} \ .
\end{aligned}\right\} \qquad (5.23)$$

Die Matrix $\underline{P}$ (5.14) ist demnach wegen (5.17) und (5.23) genau dann positiv definit, wenn alle Hurwitz-Determinanten H_i , $i = 1,..,n$, positiv sind.

Das Resultat (5.23) ergibt sich sofort aus einer Betrachtung von (5.19) mittels Submatrizen. Es ist z.B. für $j = 2K$:

$$\underline{H}_{2K} \, \underline{K}_{2K} = \begin{bmatrix} \underline{H}_{(11)} & \underline{H}_{(12)} \\[2ex] \underline{H}_{(21)} & \underline{H}_{(22)} \end{bmatrix} \begin{bmatrix} \underline{K}_{(1)} \\[2ex] \underline{K}_{(2)} \end{bmatrix} = \begin{bmatrix} \underline{O} \\[2ex] \overline{\underline{P}}_{u}^{(K)} \end{bmatrix}$$

d.h.

$$(- \underline{H}_{(21)} \underline{H}_{(11)}^{-1} \underline{H}_{(12)} + \underline{H}_{(22)}) \underline{K}_{(2)} = \overline{\underline{P}}_{u}^{(K)} \quad \text{mit} \quad \underline{H}_{(11)} = \underline{H}^{(K)} \ ,$$

woraus wegen

$$\det \underline{H}_{2K} = \det \underline{H}_{(11)} \cdot \det (\underline{H}_{(22)} - \underline{H}_{(21)} \underline{H}_{(11)}^{-1} \underline{H}_{(12)})$$

$$P_{uK} = \frac{\det \underline{K}_{(2)}}{H_K} \, H_{2K}$$

folgt. Da die i-te Spalte von $\underline{H}_K$ mit dem $(-1)^{i+1}$ -fachen der $(K - i + 1)$ -ten Zeile von $\underline{K}_{(2)}$ übereinstimmt und die Vorzeichenverschiedenheiten sich durch entsprechende Zeilenvertauschungen beheben lassen, gilt

$$\det \underline{K}_{(2)} = H_K \ ,$$

so daß sich gerade (5.23) ergibt. Damit ist der Übergang von dem Stabilitätssatz 5.1 mit Hilfe der Ljapunovschen Matrizengleichung auf den Hurwitzschen Stabilitätssatz (Satz 6.5) gelungen. Es werden im folgenden daher die auf der Diskussion des charakteristischen Polynoms (2.24) beruhenden bekannten Stabilitätskriterien ohne zusätzliche Beweise zusammengestellt.

Satz 5.4: Stodola-Kriterium [46]

Das lineare, zeitinvariante System (5.1) kann nur dann asymptotisch
stabil sein, wenn alle Koeffizienten a_i , $i = 1,\ldots,n$, des charakteristischen Polynoms (2.24) positiv sind:

$$a_i > 0 \ , \quad i = 1,\ldots,n \ . \tag{5.24}$$

Satz 5.5: Routh-Kriterium [121]

Das lineare, zeitinvariante System (5.1) ist genau dann asymptotisch
stabil, wenn alle Routh-Zahlen R_i positiv sind:

$$R_i > 0 \ , \quad i = 1,\ldots,n \ . \tag{5.25}$$

Hierbei werden die Routh-Zahlen R_i aus dem Routh-Schema berechnet:

$$
\begin{array}{ll|lll}
 & 1 & a_2 & a_4 & a_6 \ldots \\
 & R_1 = a_1 & a_3 & a_5 & a_7 \ldots \\
\hline
r_2 = \dfrac{1}{R_1} & R_2 = c_{21} = a_2 - r_2 a_3 & c_{22} = a_4 - r_2 a_5 & c_{23} = a_6 - r_2 a_7 \ldots \\
r_3 = \dfrac{R_1}{R_2} & R_3 = c_{31} = a_3 - r_3 c_{22} & c_{32} = a_5 - r_3 c_{23} \ldots \\
\vdots & \vdots & \vdots \\
r_j = \dfrac{R_{j-2}}{R_{j-1}} & R_j = c_{j1} & c_{jK} = c_{j-2,K+1} - r_j\, c_{j-1,K+1} \\
\vdots & \vdots & \vdots \\
r_n = \dfrac{R_{n-2}}{R_{n-1}} & R_n = a_n
\end{array}
\tag{5.26}
$$

Satz 5.6: Hurwitz-Kriterium [46]

Das lineare, zeitinvariante System (5.1) ist genau dann asymptotisch
stabil, wenn alle Hurwitz-Determinanten H_i (5.22-23) positiv sind:

$$H_i > 0 \ , \quad i = 1,\ldots,n \ . \tag{5.27}$$

134   5. Stabilität linearer, zeitinvarianter Systeme

Der Zusammenhang zwischen den Kriterien von Routh und von Hurwitz
ist bei nicht verschwindenden Hurwitz-Determinanten durch

$$R_i = \frac{H_i}{H_{i-1}} \ , \quad H_0 = 1 \ , \quad i = 1,\dots,n \qquad (5.28)$$

gegeben.

Schließlich wird noch eine Vereinfachung des Hurwitz-Kriteriums angegeben, bei denen die notwendigen Stodalaschen Bedingungen mit den
notwendigen und hinreichenden Hurwitzschen Bedingungen verbunden werden.

Satz 5.7: Liénard-Chipart-Kriterium [21,28,68]

Das lineare, zeitinvariante System (5.1) ist genau dann asymptotisch
stabil, wenn die Bedingungen

$$\left.\begin{array}{l} a_n > 0 \ , \quad H_{n-1} > 0 \ , \quad a_{n-2} > 0 \ , \quad H_{n-3} > 0 \ , \\[2ex] \dots\dots\dots\dots \ , \ H_1 = a_1 > 0 \end{array}\right\} \qquad (5.29)$$

erfüllt sind.

Dieses Kriterium erlaubt, die Stabilitätsüberprüfung mit wesentlich
geringerem Aufwand durchzuführen als gemäß Satz 5.6. Bei positiven
Koeffizienten a_i des charakteristischen Polynoms sind die Hurwitz-
Determinanten abhängig voneinander. Die Formulierung in Satz 5.7 ver-
meidet diese Redundanz der Bedingungen.

Eine weitere Darstellung von Stabilitätskriterien erhält man, wenn
man die Systemmatrix $\underline{A}$ nicht als Frobeniusmatrix $\underline{A}_F$ (5.10), sondern als Matrix $\underline{A}_S$ in Schwarzscher Form darstellt. Dieser Fall wird
hier nicht behandelt. Hierfür wird auf die einschlägige Literatur
von Schwarz [129] und von Barnett und Storey [5, S.52-54 und S.95-
100] verwiesen.

Die in den Sätzen 5.4 - 5.7 genannten Bedingungen werden als algebraische Stabilitätskriterien bezeichnet, da sie die Nullstellenverteilung des charakteristischen Polynoms algebraisch kennzeichnen. Eine

geometrische Betrachtungsweise von $p(\lambda)$ führt auf äquivalente Stabilitätssätze. Sie wurden von Michailov [83], Leonhard [67] und Cremer [20] entwickelt. Man geht dabei vom charakteristischen Polynom $p(\lambda)$ für $\lambda = i\omega$, $\omega \geq 0$, aus:

$$p(i\omega) = (i\omega)^n + a_1(i\omega)^{n-1} + \ldots + a_{n-1}(i\omega) + a_n$$

$$= R(\omega) + i\,I(\omega)$$

(5.30)

mit

$$
\left.
\begin{aligned}
R(\omega) &= a_n - a_{n-2}\omega^2 + - \ldots + (-1)^{\frac{n}{2}}\omega^n \ , \\[2mm]
I(\omega) &= \omega\,[\,a_{n-1} - a_{n-3}\omega^2 + - \ldots - (-1)^{\frac{n}{2}}a_1\,\omega^{n-2}\,]\ , \\[1mm]
&\qquad\qquad\qquad\qquad n \ \text{gerade}\ , \\[3mm]
R(\omega) &= a_n - a_{n-2}\omega^2 + - \ldots + (-1)^{\frac{n-1}{2}}a_1\,\omega^{n-1}\ , \\[2mm]
I(\omega) &= \omega\,[\,a_{n-1} - a_{n-3}\omega^2 + - \ldots + (-1)^{\frac{n-1}{2}}\omega^{n-1}\,]\ , \\[1mm]
&\qquad\qquad\qquad\qquad n \ \text{ungerade}\ .
\end{aligned}
\right\}
$$

(5.31)

Es gilt

$$
\left.
\begin{aligned}
R(\omega) &= R(-\omega) = \overline{R}(\omega^2)\ , \\[2mm]
I(\omega) &= -I(-\omega) = \omega\,\overline{I}(\omega^2)\ .
\end{aligned}
\right\}
$$

(5.32)

Mit diesen Bezeichnungen kann nun folgender Stabilitätssatz aufgestellt werden.

Satz 5.8: Cremer-Leonhard-Michailov-Kriterium [20,67,83]

Das lineare, zeitinvariante System ist genau dann asymptotisch stabil, wenn die folgenden äquivalenten Bedingungen erfüllt sind:

(a) Mit $a_1 > 0$ sind die Nullstellen der Polynome $\overline{R}(\omega^2)$ und $\overline{I}(\omega^2)$ positiv und trennen sich gegenseitig, d.h. für ω_{iR}^2 mit $\overline{R}(\omega_{iR}^2) = 0$ und ω_{iI}^2 mit $\overline{I}(\omega_{iI}^2) = 0$ gilt

$$0 < \omega^2_{1R} < \omega^2_{1I} < \omega^2_{2R} < \omega^2_{2I} < \ldots < \begin{cases} \omega^2_{\frac{n}{2}R} \ , \ n \text{ gerade} \ , \\[2ex] \omega^2_{\frac{n-1}{2}I} \ , \ n \ \text{ ungerade} \ , \end{cases} \qquad (5.33)$$

(b) Mit $a_1 > 0$ sind die Nullstellen von $\bar{I}(\omega^2)$ einfach und positiv und die Folge $R(\omega^2_{iI})$ hat alternierende Vorzeichen.

(c) Der geometrische Ort des komplexen Polynoms $p(i\omega)$ (5.30) in der komplexen Zahlenebene, die sog. Leonhard-Kurve, durchläuft im mathematisch positiven Sinne n Quadranten des Koordinatensystems, wenn ω von $\omega = 0$ bis $\omega \to \infty$ variiert.

Die Kriterien der Sätze 5.4 - 5.8 betreffen stets das Problem der asymptotischen Stabilität. Es können jedoch Erweiterungen so vorgenommen werden, daß man auch auf allgemeinere Nullstellenverteilungen des charakteristischen Polynoms schließen kann (siehe z.B. [62]). Jedoch kann das Problem der Stabilität im Ljapunovschen Sinn mittels dieser Methoden, wie eingangs erwähnt, nicht behandelt werden, wenn mehrfache Eigenwerte mit verschwindendem Realteil auftreten.

Zum Schluß dieses Abschnitts sollen die Kriterien mit Hilfe der Beispiele 1, 5 und 13 veranschaulicht werden.

Beispiel 1: Magnetschwebebahn

Das charakteristische Polynom des ungeregelten Systems (2.4) liest man aus der Systemdarstellung (2.48) zu

$$p(\lambda) = \lambda^3 + \frac{1}{T}\lambda^2 + \left(\frac{c\,l}{m\,T} - \frac{k}{m}\right)\lambda - \frac{k}{m\,T}$$

ab. Aus den notwendigen Bedingungen von Stodola (Satz 5.4) ergibt sich wegen

$$a_3 = -\frac{k}{m\,T}$$

schon der Nachweis der Instabilität. Auch das geometrische Kriterium (Satz 5.8) ergibt mit

$$\bar{R}(\omega^2) = -\frac{1}{T}\,\omega^2 - \frac{k}{m\,T} \ ,$$

$$\overline{I}(\omega^2) = -\omega^2 + (\frac{c\,1}{m\,T} - \frac{k}{m})$$

einen Widerspruch zur Stabilitätsbedingung (5.33), da $\overline{R}(\omega^2)$ keine positive Nullstelle aufweist.

□

Beispiel 5: Vertikalschwingungen von Automobilen

Das charakteristische Polynom $p(\lambda)$ des mathematischen Modells (2.109) zur Beschreibung von Automobil-Vertikalschwingungen berechnet sich zu

$$p(\lambda) = \lambda^4 + d(\frac{1}{m_1} + \frac{1}{m_2})\lambda^3 + (\frac{k_1 + k_2}{m_2} + \frac{k_1}{m_1})\lambda^2 +$$
$$+ \frac{d}{m_1}\frac{k_2}{m_2}\lambda + \frac{k_1}{m_1}\frac{k_2}{m_2} \,. \tag{5.34}$$

Für $d > 0$, $k_1 > 0$, $k_2 > 0$ ist das Koeffizientenkriterium (5.24) erfüllt. Daß diese Parametereinschränkung auch hinreichend für die asymptotische Stabilität des Systems ist, wird mit dem Liénard-Chipart-Kriterium (5.29) nachgewiesen:

$$a_4 > 0 \,, \quad H_3 > 0 \,, \quad a_2 > 0 \,, \quad H_1 = a_1 > 0 \,.$$

Es gilt neben $a_i > 0$, $i = 1,\dots,4$, auch

$$H_3 = a_1 a_2 a_3 - a_1^2 a_4 - a_3^2 = \frac{d^2 k_2^2}{m_1 m_2^3} > 0 \,, \tag{5.35}$$

so daß die Vertikalschwingungen eines Automobils asymptotisch stabil verlaufen.

Zum Vergleich liefert das geometrische Kriterium von Satz 5.8 mit

$$\overline{R}(\omega^2) = \omega^4 - (\frac{k_1}{m_1} + \frac{k_1 + k_2}{m_2})\omega^2 + \frac{k_1}{m_1}\frac{k_2}{m_2} \,,$$

$$\overline{I}(\omega^2) = d\left[-(\frac{1}{m_1} + \frac{1}{m_2})\omega^2 + \frac{k_2}{m_1 m_2} \right]$$

und $a_1 = d(\frac{1}{m_1} + \frac{1}{m_2}) > 0$ für $d > 0$ die Nullstelle

$$\omega_{1I}^2 = \frac{k_2}{m_1 + m_2} > 0 \quad \text{für} \quad k_2 > 0 \; .$$

Weiterhin ist wegen

$$\bar{R}(0) = \frac{k_1 k_2}{m_1 m_2} > 0 \text{ für } k_1 > 0 \; , \quad R(\omega_{1I}^2) = - k_2^2 \frac{m_1}{m_2} < 0 \; ,$$

$$\bar{R}(\infty) > 0$$

eine alternierende Vorzeichenfolge gemäß Aussage (b) von Satz 5.8 vorhanden, so daß mit $d > 0$, $k_1 > 0$ und $k_2 > 0$ wiederum asymptotische Stabilität nachgewiesen ist.

□

Beispiel 13: Trägheitsplattform

Das charakteristische Polynom für die Systemmatrix (5.9) lautet

$$p(\lambda) = \lambda^3 + \Omega^2 \lambda \; , \quad \Omega^2 = \omega_1^2 + \omega_2^2 + \omega_3^2 \; .$$

Die algebraischen Kriterien liefern hier sofort die Aussage, daß das System nicht asymptotisch stabil ist, jedoch läßt sich die Grenzstabilität im Gegensatz zur Behandlung in Abschnitt 5.1 nicht sofort ablesen. Das geometrische Kriterium ergibt

$$\bar{R}(\omega^2) \equiv 0 \; , \quad I^2(\omega^2) = - \omega^2 + \Omega^2 \; ,$$

so daß auch Satz 5.8 nicht anwendbar ist. Da für $a_{n-1} = a_2 = \Omega^2 \neq 0$ sowohl $\lambda = 0$ in $p(\lambda)$ als auch $\omega^2 = \Omega^2 > 0$ in $\bar{I}(\omega^2)$ (und in $\bar{R}(\omega^2)$) einfache Nullstellen sind, ist die Systemmatrix stabil. Aber für $a_{n-1} = a_2 = \Omega^2 = 0$ kann dieser modifizierte Nachweis der Grenzstabilität nicht mehr durchgeführt werden; die Stabilitätsfrage ist dann mit den algebraischen und geometrischen Kriterien nicht mehr zu beantworten.

□

Zum Schluß dieses Abschnitts wird noch die kritische Stabilitätsbedingung angegeben. Variiert man die Parameter einer Systemmatrix, um im Parameterraum die Grenzen des Bereichs der asymptotischen Stabilität festzustellen, so gelangt man aus dem asymptotisch stabilen Bereich auf die Stabilitätsgrenze. Hierbei muß mindestens eine der Stabilitätsbedingungen (5.25) oder (5.27) verletzt werden. Diese Bedin-

gung ist dadurch gekennzeichnet, daß mindestens ein Eigenwert einen
verschwindenden Realteil aufweist. Wegen der Formel von Orlando [30,
Bd.II, S.173] gilt

$$H_n = (-1)^{\frac{n(n+1)}{2}} \; \frac{1}{2^n} \; \prod_{i \leq k}^{1,\ldots,n} (\lambda_i + \lambda_k) \; , \tag{5.36}$$

d.h. die n-te Hurwitz-Determinante verschwindet genau dann, wenn mit
der Nullstelle $\lambda = \lambda_i$ von $p(\lambda)$ auch $p(-\lambda_i) = 0$ gilt. Dieser
Sachverhalt ist aber gerade kennzeichnend für Eigenwerte auf der Stabilitätsgrenze.

Satz_5.9:_Kritische_Stabilitätsgrenze

Werden die Parameter eines Systems, im asymptotisch stabilen Bereich
beginnend, variiert, so ist die Stabilitätsgrenze durch

$$H_n = 0 \tag{5.37}$$

gegeben.

Beispiel_5:_Vertikalschwingungen_von_Automobilen

Für $d > 0$, $k_1 > 0$, $k_2 > 0$ hatte das Polynom (5.34) nur Nullstellen mit negativen Realteilen. Es sollen hier nochmals die Stabilitätsgrenzen gemäß (5.37) bestätigt werden. Es gilt mit (5.35)

$$H_4 = a_4 H_3 = \frac{k_1 k_2}{m_1 m_2} \; \frac{d^2 k_2^2}{m_1 m_2^3} \; ,$$

so daß (5.37) gerade durch $d = 0$ oder $k_1 = 0$ oder $k_2 = 0$ erfüllt
wird.   □

In Folgerung 4.2 war auf den Zusammenhang der n-ten Hurwitz-Determi-
nante H_n mit der Systemmatrix $\underline{A}' \times \underline{E}_n + \underline{E}_n \times \underline{A}'$ der Kroneckerpro-
dukt-Darstellung der Ljapunov-Gleichung (4.1) hingewiesen worden. In
Verbindung mit Satz 5.9 erhält man damit folgendes Ergebnis (siehe
auch [149]).

Folgerung_5.4:_Stabilität_und_kritische_Stabilitätsgrenze

Ist das System (5.1) stabil, so ist es genau dann asymptotisch stabil,
wenn

$$\det(\underline{A} \times \underline{E}_n + \underline{E}_n \times \underline{A}) \neq 0 \qquad (5.38)$$

gilt. Für ein asymptotisch stabiles System stellt $\det(\underline{A} \times \underline{E}_n + \underline{E}_n \times \underline{A}) = 0$ die kritische Stabilitätsgrenze dar.

5.3. Ergänzung: Gleichmäßige Stabilität linearer, zeitvarianter Systeme

Die Stabilitätsuntersuchung linearer, zeitvarianter Systeme

$$\dot{\underline{x}}(t) = \underline{A}(t)\underline{x}(t) \ , \quad \underline{x}(t_0) = \underline{x}_0 \qquad (5.39)$$

läßt sich nicht mit Hilfe der in den Abschnitten 5.1 und 5.2 angegebenen Methoden durchführen. Insbesondere ist die naheliegende Idee, die zu jedem Zeitpunkt "eingefrorenen Eigenwerte" $\lambda_i(t)$ zur Stabilitätsuntersuchung heranzuziehen, nicht anwendbar. So gilt z.B. für das System

$$\dot{\underline{x}}(t) = \begin{bmatrix} -2 & e^{4t} \\ -e^{-4t} & 0 \end{bmatrix} \underline{x}(t)$$

die charakteristische Gleichung

$$p(\lambda(t)) = \lambda^2(t) + 2\lambda(t) + 1$$

mit den eingefrorenen Eigenwerten

$$\lambda_{1,2}(t) = -1 \ .$$

Obwohl $\mathrm{Re}\,\lambda_{1,2}(t) = -1 < 0$ gilt, ist das System jedoch instabil, wie aus der allgemeinen Lösung

$$x_1(t) = \frac{1}{2\sqrt{8}}(x_{20} - x_{10}(3 - \sqrt{8}))\,e^{(1+\sqrt{8})t} -$$

$$- \frac{1}{2\sqrt{8}}(x_{20} - x_{10}(3 + \sqrt{8}))\,e^{(1-\sqrt{8})t} \ ,$$

$$x_2(t) = \frac{1}{2\sqrt{8}(3-\sqrt{8})} \, (x_{20} - x_{10}(3-\sqrt{8})) \, e^{(-3+\sqrt{8})t} -$$

$$- \frac{1}{2\sqrt{8}(3+\sqrt{8})} \, (x_{20} - x_{10}(3+\sqrt{8})) \, e^{-(3+\sqrt{8})t}$$

hervorgeht: Für $x_{20} \neq x_{10}(3-\sqrt{8})$ ist $x_1(t)$ eine unbeschränkt
anwachsende Funktion.

Dieses Beispiel zeigt, daß die in Abschnitt 5.2 behandelten Stabilitätskriterien in keiner Weise auf zeitvariante Systeme übertragen
werden können. Dagegen hat die Verallgemeinerung der algebraischen
Ljapunov-Matrizengleichung (3.17) bzw. (4.1) auf eine Matrizendifferentialgleichung (3.16) für das Stabilitätsproblem von (5.39) wesentliche Erfolgsaussichten, wie der Stabilitätssatz 3.14 zeigte.
Da auch die (zeitvariante) Beobachtbarkeitsmatrix $\underline{W}_B(t_1,t)$ (2.62)
einer Ljapunovschen Matrizendifferentialgleichung (2.67) genügt,
ist eine Übertragung des Stabilitätssatzes 5.1 auf zeitvariante Systeme offensichtlich [99].

Satz 5.10: Gleichmäßige asymptotische Stabilität

Ist die Systemmatrix $\underline{A}(t)$ von (5.39) beschränkt, $\|\underline{A}(t)\| < a$,
dann ist das System (5.39) genau dann gleichmäßig asymptotisch sta-
bil, wenn für mindestens eine (und dann für jede) beschränkte, sym-
metrische, positiv semidefinite Matrix $\underline{Q}(t) = \underline{Q}'(t) \geq \underline{O}$,
$\|\underline{Q}(t)\| < q$, die bezüglich $\underline{A}(t)$ gleichmäßig beobachtbar ist
(Satz 2.4), eine gleichmäßig beschränkte, symmetrische, positiv definite Lösungsmatrix $\underline{P}(t)$ der Ljapunovschen Matrizendifferentialgleichung (3.16),

$$\dot{\underline{P}}(t) = - \underline{A}'(t)\,\underline{P}(t) - \underline{P}(t)\,\underline{A}(t) - \underline{Q}(t) \ , \quad \underline{P}(t_0) = \underline{P}_0 \ ,$$

existiert.

Beweis:

a) Seien die Matrizen $\underline{Q}(t)$ und $\underline{P}(t)$ mit den genannten Eigenschaften vorhanden. Nach Satz 3.14 ist das System (5.39) mindestens
gleichmäßig stabil. Wird nun die Ljapunov-Funktion $V(t) =$
$= \underline{x}'(t)\underline{P}(t)\underline{x}(t)$ gewählt, so gilt

$$V(t + T) - V(t) = - \underline{x}'(t)\underline{W}_B(t + T,t)\underline{x}(t) \qquad (5.40)$$

mit der Beobachtbarkeitsmatrix (2.62) bezüglich $\underline{Q}(t)$:

$$\underline{W}_B(t_1,t_0) = \int_{t_0}^{t_1} \underline{\Phi}'(\tau,t_0)\ \underline{Q}(\tau)\ \underline{\Phi}(\tau,t_0)d\tau\ . \qquad (5.41)$$

Ist T die Intervallänge der gleichmäßigen Beobachtbarkeit, so gilt gemäß (2.64) die Abschätzung

$$V(t + T) - V(t) \leq - d_1\ \underline{x}'(t)\underline{x}(t) \qquad (d_1 > 0) \qquad (5.42)$$

für alle t . Da der Wert der Ljapunov-Funktion über ein Intervall T stets abnimmt, kann V(t) nicht positiv bleiben für $t \to \infty$, sondern muß gegen Null streben. Andererseits ist $\underline{P}(t)$ positiv definit, $\underline{P}(t) \geq c\,\underline{E}_n > \underline{0}$, und damit nach unten beschränkt, so daß $V(t) \to 0$ nur mit $\underline{x}(t) \to \underline{0}$ erfüllt werden kann. Das System (5.39) ist daher nicht nur gleichmäßig stabil sondern sogar gleichmäßig asymptotisch stabil.

b) Ist umgekehrt das System (5.39) gleichmäßig asymptotisch stabil, so konvergiert das uneigentliche Integral

$$\int_t^{\infty} \underline{\Phi}'(\tau,t)\ \underline{Q}(\tau)\ \underline{\Phi}(\tau,t)d\tau$$

für jedes beschränkte $\underline{Q}(t)$. Ist nun $\underline{Q}(t)$ so gewählt, daß das Matrizenpaar $(\underline{A}(t), \underline{Q}(t))$ für jedes Zeitintervall der Länge T gleichmäßig beobachtbar ist, d.h.

$$\underline{0} < d_1\underline{E}_n \leq \int_t^{t+T} \underline{\Phi}'(\tau,t)\ \underline{Q}(\tau)\ \underline{\Phi}(\tau,t)d\tau \leq d_2\underline{E}_n\ ,$$

so ist

$$\underline{P}(t) = \int_t^{\infty} \underline{\Phi}'(\tau,t)\ \underline{Q}(\tau)\ \underline{\Phi}(\tau,t)d\tau \qquad (5.43)$$

eine positiv definite, gleichmäßig beschränkte Lösung von (3.16). Wegen der gleichmäßigen Beobachtbarkeit gilt gewiß

$$\underline{0} < d_1\underline{E}_n \leq \underline{P}(t)\ .$$

Andererseits gilt nach Satz 3.4

$$\| \underline{\Phi}(t,t_0) \| \leq c_1 \, e^{-c_2(t-t_0)} \quad , \quad c_i > 0 \ , \ i = 1,2 \ ,$$

so daß gemäß der Abschätzung

$$\| \underline{P}(t) \| \leq q \, c_1^2 \int\limits_t^\infty e^{-2c_2(\tau-t)} d\tau = q \, \frac{c_1^2}{2c_2}$$

die Lösungsmatrix $\underline{P}(t)$ auch gleichmäßig beschränkt ist. Daß die Lösung (5.43) die Differentialgleichung (3.16) erfüllt, wird durch Differentiation von (5.43) gezeigt.

□

Der Satz 5.10 ist die Verallgemeinerung des Stabilitätssatzes 5.1 auf zeitvariante Systeme. Gegenüber den Formulierungen in [10, S.202-203; 48, Teil I; 138, S.103] ist der Satz als notwendiges und hinreichendes Kriterium mit einer Beobachtbarkeitsbedingung aufgestellt [99].

Als einfache Folgerung erhält man aus Satz 5.10 für $\underline{Q}(t) = -(\underline{A}(t) + \underline{A}'(t))$ und $\underline{P}(t) = \underline{E}_n$ bei beschränkter Systemmatrix $\underline{A}(t)$ ein hinreichendes Stabilitätskriterium.

<u>Folgerung 5.5: Einfaches, hinreichendes Kriterium für gleichmäßige asymptotische Stabilität</u>

Ist $\lambda_{max}(\underline{A}(t) + \underline{A}'(t)) < -\mu < 0$ für alle Zeiten t, so ist das System (5.39) gleichmäßig asymptotisch stabil.

Dieses Kriterium erinnert an die am Anfang dieses Abschnitts genannte Idee der "eingefrorenen Eigenwerte". Anhand eines Beispiels wurde gezeigt, daß sie für die Systemmatrix $\underline{A}(t)$ nicht allgemein gültig ist. Die Folgerung 5.4 zeigt jedoch, wie diese Idee variiert und auf die Eigenwerte von $\underline{A}(t) + \underline{A}'(t)$ angewendet werden kann.

Wird in Satz 5.10 die Beobachtbarkeitsbedingung fallen gelassen, so erhält man in Analogie zum Satz 5.2 die Aussage über die gleichmäßige Grenzstabilität [99].

Satz 5.11: Gleichmäßige Grenzstabilität

Ist die Systemmatrix $\underline{A}(t)$ von (5.39) beschränkt, $\|\underline{A}(t)\| < a$, dann ist das System (5.39) genau dann gleichmäßig grenzstabil, wenn für mindestens eine beschränkte, symmetrische, positiv semidefinite Matrix $\underline{Q}(t) = \underline{Q}'(t) \geq \underline{0}$, $\|\underline{Q}(t)\| < q$, die bezüglich $\underline{A}(t)$ nicht vollständig beobachtbar ist, eine gleichmäßig beschränkte, symmetrische, positiv definite Lösungsmatrix $\underline{P}(t)$ von (3.16) existiert.

Auch der Instabilitätssatz 5.3 läßt sich in abgewandelter Form auf lineare zeitinvariante Systeme (5.39) übertragen [99].

Satz 5.12: Gleichmäßige Instabilität

Ist die Matrix $\underline{A}(t)$ von (5.39) beschränkt, $\|\underline{A}(t)\| < a$, dann ist das System (5.39) gleichmäßig instabil, wenn es eine beschränkte, symmetrische Matrix $\underline{Q}(t) = \underline{Q}'(t)$, $\|\underline{Q}(t)\| < q$, gibt, zu der die Ljapunovsche Matrizendifferentialgleichung (3.16) eine gleichmäßig beschränkte Lösung $\underline{P}(t) = \underline{P}'(t)$, $\|\underline{P}(t)\| < p$, so aufweist, daß für einen Zeitpunkt t_1 ein Vektor $\overline{\underline{x}}$ existiert, der auf eine Trajektorie $\underline{x}(t) = \underline{\Phi}(t,t_1)\overline{\underline{x}}$ mit

$$\overline{\underline{x}}'\underline{P}(t_1)\overline{\underline{x}} < 0 \tag{5.44}$$

und

$$\underline{x}'(t)\underline{W}_B(t+T,t)\underline{x}(t) > d\,\underline{x}'(t)\underline{x}(t) \ , \ d > 0 \ , \tag{5.45}$$

für ein T $(0 < T < \infty)$ führt. Ist umgekehrt das System (5.39) so instabil, daß es eine Trajektorie $\underline{x}(t)$ mit $\|\underline{x}(t+T)\| > (1+k)\|\underline{x}(t)\|$ für ein T $(0 < T < \infty)$ und $k > 0$ gibt, so existieren beschränkte Matrizen $\underline{P}(t) = \underline{P}'(t)$ und $\underline{Q}(t) = \underline{Q}'(t)$, welche den Beziehungen (3.16), (5.44) und (5.45) genügen.

Beweis:

a) Existieren beschränkte, symmetrische Matrizen $\underline{P}(t)$ und $\underline{Q}(t)$, die (3.16) erfüllen, so gilt für die Ljapunov-Funktion $V(t) = \underline{x}'(t)\underline{P}(t)\underline{x}(t)$ längs der Trajektorie $\underline{x}(t) = \underline{\Phi}(t,t_1)\overline{\underline{x}}$ mit (5.45) die Abschätzung

$$V(t+T) - V(t) = \int_t^{t+T} \dot{V}(\tau)\,d\tau$$

$$= - \underline{\bar{x}}' \int_t^{t+T} \underline{\Phi}'(\tau,t_1)\underline{Q}(\tau)\underline{\Phi}(\tau,t_1)d\tau \; \underline{\bar{x}}$$

$$= - \underline{x}'(t)\underline{W}_B(t+T,t)\underline{x}(t) \; < \; - \, d \, \underline{x}'(t)\underline{x}(t) \; .$$

Wegen (5.44) ist $V(t_1) < 0$. Damit gilt

$$V_i = V(t_1 + i\,T) < 0 \; , \; i = 0,1,2,\dots \; .$$

Andererseits ist

$$- \, p \, \underline{x}'(t_1 + i\,T)\underline{x}(t_1 + i\,T) < V_i \; ,$$

so daß sich mit der obigen Abschätzung

$$V_{i+1} - V_i < \frac{d}{p} \, V_i$$

ergibt, d.h.

$$V_{i+1} < (1 + \frac{d}{p}) \, V_i \; ,$$

$$V_i < (1 + \frac{d}{p})^i \, V_0 \; .$$

Wegen $V_0 < 0$, $\frac{d}{p} > 0$ wächst $|V_i|$ für wachsendes i über alle Grenzen. Mit

$$\underline{x}'(t_1 + i\,T)\underline{x}(t_1 + i\,T) > - \frac{1}{p} \, V_i$$

gilt auch

$$\lim_{i\to\infty} \| \, \underline{x}(t_1 + i\,T) \, \| = \infty \; ,$$

so daß die Trajektorie unbegrenzt anwächst. Damit ist das System
(5.39) instabil. Da es bei dem zeitlichen Prozeßablauf nur auf
$t - t_1 = i\,T$, nicht aber auf t_1 ankommt, liegt eine gleichmäßige
Instabilität vor.

b) Ist umgekehrt das System (5.39) instabil und existiert dabei ein
Trajektorienverlauf $\underline{x}(t)$ mit $\| \, \underline{x}(t+T) \, \| > (1+k) \| \, \underline{x}(t) \, \|$ für ein
endliches T und alle Zeiten t , so sind $\underline{P}(t) = - \, \underline{E}_n$ und

$\underline{Q}(t) = \underline{A}'(t) + \underline{A}(t)$ solche gesuchte, gleichmäßig beschränkte, symmetrische Matrizen $(\|\underline{P}(t)\| = 1$, $\|\underline{Q}(t)\| \leq 2\,a)$, für die (3.16) und (5.44) offensichtlich erfüllt sind. Wegen $\underline{W}_B(t+T,t) =$
$= \underline{\Phi}'(t+T,t)\underline{\Phi}(t+T,t) - \underline{E}_n$ gilt aber auch (5.45):

$$\underline{x}'(t)\underline{W}_B(t+T,t)\underline{x}(t) = \|\underline{x}(t+T)\|^2 - \|\underline{x}(t)\|^2$$

$$= (\|\underline{x}(t+T)\| - \|\underline{x}(t)\|)(\|\underline{x}(t+T)\| +$$

$$+ \|\underline{x}(t)\|) > d\|\underline{x}(t)\|^2 \text{ mit } d = k(2+k).$$

□

Die praktische Anwendung des Satzes 5.12 wird durch die Bedingung (5.45) eingeschränkt. Für analytische Matrizen $\underline{A}(t)$ und $\underline{Q}(t)$ kann die gleichmäßige $(\underline{A}(t),\ \underline{Q}(t))$ -Beobachtbarkeit jedoch nach Satz 2.8 wesentlich einfacher mittels der zeitvariablen Beobachtbarkeitsmatrix $\underline{Q}_B(t)$ (2.71) überprüft werden. Für $\underline{Q}(t) = \underline{Q}'(t) \geq \underline{O}$, Sp $\underline{Q}(t) \geq s > 0$, und Rg $\underline{Q}_B(t) = n$ ist dann (5.45) erfüllt. Als hinreichende Bedingung für gleichmäßige Instabilität kann daher Folgerung 5.6 formuliert werden.

Folgerung 5.6: Hinreichendes Kriterium für gleichmäßige Instabilität

Sind die Elemente der Matrix $\underline{A}(t)$ von (5.39) beschränkte, analytische Zeitfunktionen, dann ist das System (5.39) sicher dann gleichmäßig instabil, wenn es eine beschränkte, symmetrische, positiv semidefinite Matrix $\underline{Q}(t) = \underline{Q}'(t) \geq \underline{O}$ mit analytischen Elementfunktionen $Q_{ij}(t)$ und Sp $\underline{Q}(t) \geq s > 0$ derart gibt, daß sie bezüglich $\underline{A}(t)$ gleichmäßig beobachtbar ist, d.h. Rg $\underline{Q}_B(t) = n$ für fast alle t mit $\underline{Q}_B(t)$ gemäß (2.71), und mit der Ljapunovschen Matrizendifferentialgleichung (3.16) auf eine beschränkte, symmetrische Lösung $\underline{P}(t) = \underline{P}'(t)$ führt, welche für mindestens ein t_1 und ein $\overline{\underline{x}}$

$$\overline{\underline{x}}'\underline{P}(t_1)\overline{\underline{x}} < 0$$

ergibt.

Entsprechend der Folgerung 5.5 kann jetzt ein einfaches Instabilitätskriterium angegeben werden.

<u>Folgerung 5.7: Einfaches, hinreichendes Kriterium für gleichmäßige</u>
<u>Instabilität</u>

Ist $\lambda_{min}(\underline{A}'(t) + \underline{A}(t)) > \mu > 0$ für alle Zeiten t , so ist das System (5.38) gleichmäßig instabil.

6. Stabilität linearer, zeitinvarianter, mechanischer Systeme

Lineare, zeitinvariante, gewöhnliche mechanische Systeme mit endlich vielen Freiheitsgraden f lassen sich entsprechend den Betrachtungen in Abschnitt 2.3 durch die Matrizendifferentialgleichung (2.90),

$$\underline{M}\,\ddot{\underline{z}}(t) + (\underline{D}+\underline{G})\,\dot{\underline{z}}(t) + (\underline{K}+\underline{N})\,\underline{z}(t) = \underline{O}\ , \tag{6.1}$$

beschreiben. Hierin ist $\underline{z}(t)$ ein f-dimensionaler Vektor der verallgemeinerten Koordinaten und die f × f-Matrizen $\underline{M} = \underline{M}'$, $\underline{D} = \underline{D}'$, $\underline{G} = -\underline{G}'$, $\underline{K} = \underline{K}'$ und $\underline{N} = -\underline{N}'$ sind die in Teil 2.3.3 diskutierten Matrizen der Massen-, Dämpfungs-, gyroskopischen, Fesselungs- und zirkulatorischen Kräfte. Die Bewegungsgleichungen (6.1) lassen sich für reguläre Massenmatrizen $\underline{M}$, det $\underline{M} \neq O$, mit dem Zustandsvektor (2.92) in einem Zustandsraum der Dimension n = 2f gemäß (2.94) angeben:

$$\dot{\underline{x}}(t) = \underline{A}\,\underline{x}(t)\ ,\quad \underline{A} = \begin{bmatrix} \underline{O} & \underline{E}_f \\ -\underline{M}^{-1}(\underline{K}+\underline{N}) & -\underline{M}^{-1}(\underline{D}+\underline{G}) \end{bmatrix}\ . \tag{6.2}$$

Damit können sämtliche Stabilitätssätze des Kapitels 5 auch auf mechanische Systeme (6.1) übertragen werden.

Die Stabilitätsuntersuchung für lineare, zeitinvariante, gewöhnliche mechanische Systeme läßt sich entsprechend den Sätzen 5.1 - 5.3 und den Folgerungen 5.1 - 5.3 mit Hilfe der Ljapunovschen Methode oder gemäß den Sätzen 5.4 - 5.8 mit den charakteristischen Koeffizienten durchführen. Hierbei stellt sich die Ljapunovsche Vorgehensweise für mechanische Systeme als die wesentlich interessantere Methode heraus. Bei den Routh-Hurwitz-Kriterien vernachlässigt man die spezielle Struktur der Systemmatrix $\underline{A}$ der Darstellung (6.2), d.h. man berücksichtigt nicht die physikalische Bedeutung der einzelnen Matrizen

$\underline{M}$, $\underline{D}$, $\underline{G}$, $\underline{K}$ und $\underline{N}$ in den Bewegungsgleichungen (6.1). Dagegen erlaubt die Lösung des Stabilitätsproblems des Systems (6.1) mit Hilfe
der Ljapunovschen Matrizengleichung (4.1) eine physikalische Interpretation der Stabilitätsbedingungen in Abhängigkeit von diesen einzelnen Matrizen. Der Einfluß der verschiedenen Kräftearten (siehe
Teil 2.3.3) auf das Stabilitätsverhalten wird erkennbar.

Stabilitätsbetrachtungen in Abhängigkeit der auf ein System wirken-
den Kräfte sind in der Mechanik frühzeitig angestellt worden. So besagt der Satz von Lagrange und Dirichlet [29, S.169; 38, S.269], daß
eine isolierte Gleichgewichtslage eines konservativen (nichtgyroskopischen) nichtlinearen mechanischen Systems sicher dann stabil ist,
wenn die potentielle Energie in der Gleichgewichtslage ein strenges
Minimum hat. Gantmacher [29, S.171] weist auch darauf hin, daß diese
Aussage gültig bleibt, wenn gyroskopische oder dissipative Kräfte
auf das System einwirken. Ist das System überdies definit dissipativ,
so ist die Gleichgewichtslage sogar asymptotisch stabil [29, S.178].

Solche Formulierungen von Stabilitätssätzen mit Hilfe von Energie-
oder Dissipationsausdrücken sind sehr anschaulich (siehe z.B. [11]).
Es ist daher nicht überraschend, daß versucht wurde, weitere Aussagen dieser Art zu finden. Einen entscheidenden Fortschritt auf diesem Gebiet stellen die beiden Stabilitätssätze von Thomson und Tait
[138, S.391] im Jahr 1879 dar (siehe in den Teilen 6.2.2 und 6.2.4).
Sie gaben in den späteren Jahren Anlaß, nach verwandten Stabilitätsaussagen zu forschen. Zusammenfassende Übersichten geben die Mono-
grafien von Merkin [79] über Kreiselsysteme und von Ziegler [156]
über Strukturstabilität sowie insbesondere die Betrachtungen von
Magnus [74; 75, S.215-221][1]. Trotz der parallelen Entwicklung der
Ljapunovschen Stabilitätstheorie, die auf einer Verallgemeinerung
der Energiebetrachtungen aufbaut, wurden viele dieser Stabilitätssätze für lineare mechanische Systeme mittels der Routh-Hurwitz-Kriterien hergeleitet [79; 80, § 6]. Die so gewonnenen Sätze entsprechen
dabei im wesentlichen den Aussagen, die man bei Betrachtung der Ljapunovschen Matrizengleichung aus den Folgerungen 5.1 und 5.3 sowie
dem Satz 5.2 gewinnen kann. Werden jedoch Stabilitätsaussagen erst
durch die Verfeinerung der allgemeinen Sätze mit Hilfe der Beobacht-

---

[1] Interessante Zusammenstellungen gibt auch Lakhadanov in seinen beiden Arbeiten [159,160].

barkeitsbedingungen möglich (Sätze 5.1, 5.3), so erhält man auch in der Mechanik wesentliche, neue Stabilitätsergebnisse, die im Abschnitt 6.2 mit aufgeführt sind. Die gleichen Unterschiede treten auf, wenn das Stabilitätsverhalten von (6.1) mit Hilfe der Wertebereiche der Matrizen $\underline{M}, \underline{D}, \underline{G}, \underline{K}, \underline{N}$ untersucht wird [23]: es können z.B. nur für positiv definite Dämpfungsmatrizen Abschätzungen der Eigenwerte von (6.1) vorgenommen werden, die auf asymptotische Stabilität schließen lassen, nicht jedoch bei positiver Semidefinitheit $(\underline{D} = \underline{D}' \geq \underline{O})$.

In Abschnitt 6.1 werden die Ergebnisse des Kapitels 5 auf mechanische Systeme (6.1) umgeschrieben. Damit werden die Grundlagen gelegt für die in Abschnitt 6.2 aufgeführten Stabilitätssätze, welche den Einfluß der einzelnen Kräftearten auf das Stabilitätsverhalten von (6.1) kennzeichnen. Da hierbei von den Ergebnissen der Ljapunovschen Stabilitätstheorie mit ihren Verfeinerungen gemäß Kapitel 5 Gebrauch gemacht wird, werden nicht nur die schon in [74,75,79,156] aufgeführten Stabilitätsaussagen unter einem allgemeinen Gesichtspunkt wiederholt, sondern eine Reihe von Erweiterungen und Verschärfungen der Stabilitätsbedingungen vorgenommen, wie sie zum Teil in [95,96,97] enthalten sind.

6.1. Allgemeine Stabilitäts- und Instabilitätssätze für mechanische Systeme

Die Ljapunovsche Matrizengleichung (4.1) läßt sich entsprechend der Zustandsraumdarstellung (6.2) für das mechanische System (6.1) mit Hilfe von Submatrizen $\underline{P}_{ij}$ und $\underline{Q}_{ij}$ der Ordnung f für

$$\underline{P} = \begin{bmatrix} \underline{P}_{11} & \underline{P}_{12} \\ \underline{P}'_{12} & \underline{P}_{22} \end{bmatrix} , \quad \underline{Q} = \begin{bmatrix} \underline{Q}_{11} & \underline{Q}_{12} \\ \underline{Q}'_{12} & \underline{Q}_{22} \end{bmatrix} \qquad (6.3\ a)$$

umschreiben. Hierbei gelten noch die Symmetriebedingungen

$$\underline{P}_{11} = \underline{P}'_{11}, \quad \underline{P}_{22} = \underline{P}'_{22}, \quad \underline{Q}_{11} = \underline{Q}'_{11}, \quad \underline{Q}_{22} = \underline{Q}'_{22} . \qquad (6.3\ b)$$

Anstelle der einen Matrizengleichung (4.1) für Matrizen der Dimension $n \times n$ $(n = 2f)$ ergeben sich nun vier Matrizengleichungen (6.4) für Matrizen der Dimension $f \times f$:

$$\underline{P}_{12} \, \underline{M}^{-1} (\underline{K} + \underline{N}) + (\underline{K} - \underline{N}) \, \underline{M}^{-1} \, \underline{P}'_{12} = \underline{Q}_{11} \ , \qquad (6.4 \ a)$$

$$\underline{P}_{22} \, \underline{M}^{-1} (\underline{D} + \underline{G}) + (\underline{D} - \underline{G}) \, \underline{M}^{-1} \, \underline{P}_{22} - (\underline{P}_{12} + \underline{P}'_{12}) = \underline{Q}_{22} \ , \qquad (6.4 \ b)$$

$$\underline{P}_{11} - [\ \underline{P}_{12} \, \underline{M}^{-1} (\underline{D} + \underline{G}) + (\underline{K} - \underline{N}) \, \underline{M}^{-1} \, \underline{P}_{22} \ ] = - \, \underline{Q}_{12} \ , \qquad (6.4 \ c)$$

$$\underline{P}_{11} = \underline{P}'_{11} \ . \qquad (6.4 \ d)$$

Diese Gleichungen sind der Ljapunov-Gleichung (4.1) mit der Systemmatrix $\underline{A}$ (6.2) völlig gleichwertig. Sie enthalten auch nicht weniger Unbekannte als (4.1), wie in [41] behauptet wird; die Symmetriebedingung (6.4 d) wurde dort nicht berücksichtigt, worauf in [33] hingewiesen wurde. Trotzdem hat die Aufspaltung von (4.1) in vier Teilgleichungen (6.4 a - d) Vorteile, da man sich mit Matrizen der Dimension $f \times f$ und nicht der Dimension $2f \times 2f$ beschäftigt. Trotzdem ist keine der vier Gleichungen unabhängig von den anderen. Selbst wenn die Matrix $\underline{P}$ von (4.1) eindeutig existiert, ist z.B. (6.4 a) allein nicht eindeutig nach $\underline{P}_{12}$ aufzulösen: für $\det (\underline{K} + \underline{N}) \neq 0$ gilt

$$\underline{P}_{12} = (\tfrac{1}{2} \underline{Q}_{11} + \underline{S}) \ (\underline{K} + \underline{N})^{-1} \, \underline{M}$$

mit einer beliebigen schiefsymmetrischen Matrix $\underline{S} = - \, \underline{S}'$. Die Gleichung (6.4 b) ist bei bekanntem $\underline{P}_{12}$ eine Ljapunov-Gleichung, jedoch erfüllt die Matrix $\underline{M}^{-1} (\underline{D} + \underline{G})$ meistens nicht die Eindeutigkeitsbedingungen gemäß Folgerung 4.2 . Die Eindeutigkeit der Lösungsmatrizen $\underline{P}_{12}, \underline{P}_{22}$ wird erst durch (6.4 d) mit $\underline{P}_{11}$ gemäß (6.4 c) erzwungen.

Die Untersuchung der positiven (Semi-)Definitheit der Matrizen (6.3) erfolgt nach [55]. So ist

$$\underline{R} = \begin{bmatrix} \underline{R}_{11} & \underline{R}_{12} \\[2mm] \underline{R}'_{12} & \underline{R}_{22} \end{bmatrix} \ , \quad \underline{R}_{11} = \underline{R}'_{11} \, , \underline{R}_{22} = \underline{R}'_{22}$$

genau dann positiv definit, wenn die gleichwertigen Bedingungen

$$\underline{R}_{11} > \underline{O} \ , \quad \underline{R}_{22} - \underline{R}'_{12}\,\underline{R}_{11}^{-1}\,\underline{R}_{12} > \underline{O} \qquad\qquad (6.5\ a)$$

oder

$$\underline{R}_{22} > \underline{O} \ , \quad \underline{R}_{11} - \underline{R}_{12}\,\underline{R}_{22}^{-1}\,\underline{R}'_{12} > \underline{O} \qquad\qquad (6.5\ b)$$

erfüllt sind. Positive Semidefinitheit liegt genau dann vor, wenn
mit irgendwelchen Matrizen $\underline{L}_1$ und $\underline{L}_2$ gilt:

$$\underline{R}_{11} \geq \underline{O} \ , \quad \underline{R}_{12} = \underline{R}_{11}\,\underline{L}_1 \ , \quad \underline{R}_{22} - \underline{L}'_1\,\underline{R}_{11}\,\underline{L}_1 \geq \underline{O} \qquad\qquad (6.6\ a)$$

oder

$$\underline{R}_{22} \geq \underline{O} \ , \quad \underline{R}_{12} = \underline{L}_2\,\underline{R}_{22} \ , \quad \underline{R}_{11} - \underline{L}_2\,\underline{R}_{22}\,\underline{L}'_2 \geq \underline{O} \ . \qquad\qquad (6.6\ b)$$

Mit den Beziehungen (6.4) - (6.6) lassen sich die Stabilitätssätze
5.1 - 5.3 auf mechanische Systeme (6.1) übertragen. Obwohl sich die
Ljapunov-Gleichung und die Definitsrelation mit den Submatrizen aus-
drücken lassen, werden die $2f \times 2f$ -Matrizen $\underline{A}$ (6.2) und $\underline{Q}$
(6.3 a) für die Beobachtbarkeitsbedingung benötigt.

Satz 6.1: Asymptotische Stabilität mechanischer Systeme

Das lineare, zeitinvariante, gewöhnliche mechanische System (6.1)
ist genau dann asymptotisch stabil, wenn für mindestens eine (und
dann für jede) Matrix $\underline{Q}$ mit Submatrizen $\underline{Q}_{11}\,,\underline{Q}_{12}\,,\underline{Q}_{22}$ gemäß
(6.3), welche die Bedingungen (6.6) erfüllen, und für welche die
vollständige $(\underline{A},\underline{Q})$-Beobachtbarkeit gegeben ist, eindeutig Lösungsmatrizen $\underline{P}_{11}\,,\underline{P}_{12}\,,\underline{P}_{22}$ aus (6.4) zu bestimmen sind, die den Definitheitsforderungen (6.5) genügen.

Satz 6.2: Grenzstabilität mechanischer Systeme

Das lineare, zeitinvariante, gewöhnliche mechanische System (6.1)
ist genau dann grenzstabil, wenn für mindestens eine Matrix $\underline{Q}$ mit
Submatrizen $\underline{Q}_{11}\,,\underline{Q}_{12}\,,\underline{Q}_{22}$ gemäß (6.3), welche die Bedingungen
(6.6) erfüllen und für welche die vollständige $(\underline{A},\underline{Q})$-Beobachtbarkeit
nicht gegeben ist, Lösungsmatrizen $\underline{P}_{11}\,,\underline{P}_{12}\,,\underline{P}_{22}$ aus (6.4) zu

bestimmen sind, die den Definitheitsforderungen (6.5) genügen.

Satz 6.3: Instabilität mechanischer Systeme

Das lineare, zeitinvariante, gewöhnliche mechanische System (6.1) ist genau dann instabil, wenn für mindestens eine Matrix $\underline{Q}$ mit Submatrizen $\underline{Q}_{11}, \underline{Q}_{12}, \underline{Q}_{22}$ gemäß (6.3), welche die Bedingungen (6.6) erfüllen, Lösungsmatrizen $\underline{P}_{11}, \underline{P}_{12}, \underline{P}_{22}$ aus (6.4) zu bestimmen sind, so daß für mindestens einen beobachtbaren Zustand $\underline{x}$, $\underline{x} = \underline{Q}_B(\underline{A}/\underline{Q})\underline{q}$ gemäß (5.5), die Ungleichung

$$\underline{x}'\ \underline{P}\ \underline{x} < 0$$

gilt.

Diese drei Sätze stellen die Grundlage für alle weiteren, speziellen Betrachtungen in Abschnitt 6.2 dar. Durch bestimmte Annahmen über die Matrizen $\underline{P}_{ij}$ und $\underline{Q}_{ij}$ kann man Kriterien für Stabilität oder Instabilität erhalten. So hat Walker [142] die Beziehungen (6.4) mit $\underline{Q}_{12} = \underline{O}$ herangezogen, um ohne die Beobachtbarkeitsbedingung Aussagen über Stabilität oder Instabilität von (6.1) zu gewinnen. Ebenso hat er in [139] mit $\underline{Q}_{11} = \underline{O}$, $\underline{Q}_{12} = \underline{O}$, $\underline{Q}_{22} = \underline{P}_{22}\underline{M}^{-1}(\underline{D}+\underline{G})$ + $+ (\underline{D}-\underline{G})\underline{M}^{-1}\underline{P}_{22}$, $\underline{P}_{11} = \underline{P}_{22}\underline{M}^{-1}(\underline{K}+\underline{N}) = (\underline{K}-\underline{N})\underline{M}^{-1}\underline{P}_{22}$ und $\underline{P}_{12} = \underline{O}$ entsprechende hinreichende Bedingungen aufgestellt. In (6.2) wird gezeigt, daß diese speziellen hinreichenden Bedingungen für eine Reihe von mechanischen Systemen recht praktische Ergebnisse liefern.

In manchen Fällen ist es auch bei mechanischen Systemen vorteilhaft, die Stabilitätsuntersuchung gemäß Satz 4.12 mit Hilfe der transponierten Ljapunov-Gleichung durchzuführen. Anstelle von (6.4) treten dann die Gleichungen

$$\underline{P}_{12} + \underline{P}'_{12} = -\underline{Q}_{11}\ , \tag{6.7 a}$$

$$\underline{P}_{22}(\underline{D}-\underline{G})\underline{M}^{-1} + \underline{M}^{-1}(\underline{D}+\underline{G})\underline{P}_{22} + \underline{P}'_{12}(\underline{K}+\underline{N})\underline{M}^{-1} +$$

$$+ \underline{M}^{-1}(\underline{K}+\underline{N})\underline{P}_{12} = \underline{Q}_{22}\ , \tag{6.7 b}$$

$$\underline{P}_{11}(\underline{K}-\underline{N})\underline{M}^{-1} + \underline{P}_{12}(\underline{D}-\underline{G})\underline{M}^{-1} - \underline{P}_{22} = \underline{Q}_{12}\ , \tag{6.7 c}$$

$$\underline{P}_{22} = \underline{P}'_{22}\ . \tag{6.7 d}$$

Statt der Beobachtbarkeitsbedingung ist in den Sätzen 6.1 - 6.3 eine Steuerbarkeitsbedingung zu berücksichtigen.

Da das Gleichungssystem (6.7) auch bei der Berechnung von Kovarianzmatrizen eines stochastisch gestörten mechanischen Systems (6.1) auftritt [102; 103, S.274-280], empfiehlt sich für eine simultane Stabilitäts- und Kovarianzanalyse $\underline{Q}_{11} = \underline{O}$, $\underline{Q}_{12} = \underline{O}$ und $\underline{Q}_{22} = \underline{S}$ zu setzen, wobei $\underline{S} = \underline{S}' \geq \underline{O}$ die Spaktraldichtematrix der stochastischen Störung ist.

6.2. Stabilität und Instabilität mechanischer Systeme entsprechend dem Einfluß der verschiedenen Kräftearten

Im Teil 2.3.3 waren die Bewegungsgleichungen (6.1) entsprechend den verschiedenen Kräftearten charakterisiert worden, die auf das mechanische System einwirken. In den Unterabschnitten 2.3.3.2 bis 2.3.3.7 waren verschiedene Typen von Systemen betrachtet worden: Nichtgyroskopische konservative M-K-Systeme, gyroskopische konservative M-G-K-Systeme, nichtgyroskopische dissipative M-D-K-Systeme, gyroskopische dissipative M-D-G-K-Systeme, zirkulatorische M-K-N-Systeme und allgemeine zirkulatorische M-D-G-K-N-Systeme. Entsprechend dieser Einteilung soll im folgenden Stabilität oder Instabilität von linearen, zeitinvarianten, gewöhnlichen mechanischen Systemen untersucht werden. Hierbei wird (mit einer Ausnahme in Teil 6.2.3) stets eine positiv definite Massenmatrix $\underline{M} = \underline{M}' > \underline{O}$ vorausgesetzt.

Für eine erste Klärung des Stabilitätsverhaltens von (6.1) sind folgende Bedingungen von Interesse.

Satz 6.4: Notwendige Stabilitäts- und hinreichende Instabilitätsbedingungen

Für die Stabilität des mechanischen Systems (6.1) muß notwendig gelten

$$\text{Sp} \ (\underline{M}^{-1}\underline{D}) \geq O \ , \quad \det \ (\underline{K}+\underline{N}) \geq O \ , \qquad (6.8\ a)$$

wobei im Falle der asymptotischen Stabilität die Ungleichungen

(6.8 a) durch

$$\mathrm{Sp}\ (\underline{M}^{-1}\underline{D}) > 0\ , \quad \det\ (\underline{K} + \underline{N}) > 0 \qquad\qquad (6.8\ \mathrm{b})$$

und im Falle der vollständigen Grenzstabilität durch

$$\mathrm{Sp}\ (\underline{M}^{-1}\underline{D}) = 0\ , \quad \det\ (\underline{K} + \underline{N}) \geq 0 \qquad\qquad (6.8\ \mathrm{c})$$

ersetzt werden können. Für die Instabilität von (6.1) sind

$$\mathrm{Sp}\ (\underline{M}^{-1}\underline{D}) < 0 \qquad\qquad (6.8\ \mathrm{d})$$

oder

$$\det\ (\underline{K} + \underline{N}) < 0 \qquad\qquad (6.8\ \mathrm{e})$$

hinreichende Bedingungen.

Dieser Satz folgt sofort aus dem Koeffizientenkriterium (5.24) für
die Koeffizienten a_1 und a_n des charakteristischen Polynoms unter zusätzlicher Berücksichtigung des Falles der Grenzstabilität. Die
Instabilitätsbedingung (6.8 d) ist auch in [74] und [75, S.221] mit
der Forderung $\mathrm{Sp}\ \underline{D} < 0$ als Satz 20 aufgeführt. Diese Formulierung
ist jedoch nur in einer Systemdarstellung richtig, in welcher die
Massenmatrix zur Einheitsmatrix normiert ist, $\underline{M} = \underline{E}_f$, wie es z.B.
in Normalkoordinaten der Fall ist (siehe Teil 2.3.4.2). Hiervon geht
auch der Beweis von (6.8 d) in [79, S.213] aus. Für ein Beispiel
hierfür wird auf das System (6.45) verwiesen.

Die erwähnte normierte Systemdarstellung ist auch für die folgenden
Betrachtungen recht nützlich. Durch die Punkttransformation (2.135),

$$\underline{z}(t) = \underline{Z}\ \underline{\bar{z}}(t)\ ,$$

mit der Modalmatrix (2.134) geht die Darstellung (6.1) über in

$$\underline{\ddot{\bar{z}}}(t)\ +\ (\overline{\underline{D}} + \overline{\underline{G}})\underline{\dot{\bar{z}}}(t)\ +\ (\overline{\underline{K}} + \overline{\underline{N}})\underline{\bar{z}}(t) = \underline{O} \qquad\qquad (6.9)$$

mit (siehe auch (2.136-139)

$$\underline{Z}'\ \underline{M}\ \underline{Z} = \underline{E}_f\ , \qquad\qquad (6.10\ \mathrm{a})$$

$$\underline{Z}' \, \underline{D} \, \underline{Z} = \overline{\underline{D}} = \overline{\underline{D}}' \, , \qquad\qquad\qquad (6.10 \text{ b})$$

$$\underline{Z}' \, \underline{G} \, \underline{Z} = \overline{\underline{G}} = - \, \overline{\underline{G}}' \, , \qquad\qquad\qquad (6.10 \text{ c})$$

$$\underline{Z}' \, \underline{K} \, \underline{Z} = \overline{\underline{K}} = \overline{\underline{K}}' = \underline{\text{diag}} \, [\, \kappa_i \,] \, , \qquad\qquad (6.10 \text{ d})$$

$$\underline{Z}' \, \underline{N} \, \underline{Z} = \overline{\underline{N}} = - \, \overline{\underline{N}}' \, . \qquad\qquad\qquad (6.10 \text{ e})$$

Bei dieser Punkttransformation bleibt das Stabilitätsverhalten unverändert, so daß anstelle von (6.1) auch (6.9) zur Herleitung von Stabilitätssätzen herangezogen werden kann. Die Bedingung (6.8 d) geht z.B. dabei über in

$$\text{Sp} \, (\underline{M}^{-1}\underline{D}) = \text{Sp} \, (\underline{Z} \, \underline{Z}' \, \underline{D}) = \text{Sp} \, (\underline{Z}' \, \underline{D} \, \underline{Z}) = \text{Sp} \, \overline{\underline{D}} < 0 \, .$$

6.2.1. Nichtgyroskopische konservative Systeme (M-K-Systeme)

Das Stabilitätsproblem für nichtgyroskopische konservative Systeme (2.103),

$$\underline{M} \, \ddot{\underline{z}}(t) + \underline{K} \, \underline{z}(t) = \underline{0} \, , \qquad\qquad\qquad (6.11)$$

ist durch den Übergang zu Modalkoordinaten sofort zu lösen (2.134-139):

$$\ddot{\overline{z}}_i(t) + \kappa_i \overline{z}_i(t) = 0 \, , \quad i = 1,..,f \, . \qquad\qquad (6.12)$$

Jede dieser entkoppelten Gleichungen muß für sich stabil sein, d.h. $\kappa_i > 0$, um die Stabilität des Gesamtsystems (6.11) zu gewährleisten. Hierbei sind die κ_i die Eigenwerte von $\underline{Z}' \underline{K} \underline{Z}$ (6.10 d), d.h. von $\underline{M}^{-1} \underline{K}$.

Satz 6.5: Stabilitätsverhalten von M-K-Systemen

Nichtgyroskopische konservative M-K-Systeme mit $\underline{M} = \underline{M}' > \underline{0}$ sind genau dann stabil, und zwar vollständig grenzstabil, wenn die konservative Fesselungsmatrix $\underline{K}$ (2.101) positiv definit ist:

$$\underline{K} = \underline{K}' > \underline{0} \, . \qquad\qquad\qquad (6.13)$$

Andernfalls ist (6.11) instabil.

Die Bedingung (6.13) kann auch unabhängig von der Darstellung des Systems (6.11) in Normalkoordinaten, (6.12), mit Hilfe der Hamilton-funktion

$$H(t) = T + U = \frac{1}{2} (\dot{\underline{z}}'(t)\, \underline{M}\, \dot{\underline{z}}(t) + \underline{z}'(t)\, \underline{K}\, \underline{z}(t)) \qquad (6.14)$$

(siehe (2.95) und (2.100)) gefunden werden. Verwendet man H als eine Ljapunov-Funktion V , so gilt

$$\dot{H}(t) \equiv 0 \qquad (6.15)$$

und der Stabilitätssatz 6.2 ist für $\underline{P}_{11} = \underline{K} = \underline{K}' > \underline{O}$, $\underline{P}_{12} = \underline{O}$, $\underline{P}_{22} = \underline{M} = \underline{M}' > \underline{O}$, $\underline{Q}_{11} = \underline{Q}_{12} = \underline{Q}_{22} = \underline{O}$ erfüllt.

Als Anwendung für die Stabilitätsbedingung (6.13) werden die Beispiele 2 und 3 betrachtet.

Beispiel 2: Physikalisches Starrkörper-Doppelpendel

In Bild 2.4 ist ein physikalisches Starrkörper-Doppelpendel dargestellt, dessen Bewegungen durch die Gleichung (2.104) gekennzeichnet sind. Die Massenmatrix ist positiv definit; ebenfalls ist die Fesselungsmatrix für

$$s_1 > 0 , \quad s_2 > 0 \qquad (6.16)$$

positiv definit. Eine Gleichgewichtslage des physikalischen Starrkörper-Doppelpendels ist also genau dann stabil, wenn die beiden Schwerpunkte in der Gleichgewichtslage jeweils unterhalb der Aufhängepunkte der jeweiligen Körper liegen. Die Gleichgewichtslagen mit $s_1 < 0$ oder $s_2 < 0$ (Schwerpunkt oberhalb Aufhängepunkt) sind instabil.
□

Beispiel 3: Inverses mathematisches Doppelpendel mit richtungstreuer vertikaler Last

Für das Stabilitätsverhalten des in Bild 2.5 aufgeführten mathematischen Doppelpendels ist für $m_1 a_1 > 0$, $m_2 a_2 > 0$ nach (2.105) die Fesselungsmatrix

$$\underline{K} = \begin{bmatrix} 2k - P_1 l & -k \\ -k & k - P_1 l \end{bmatrix}$$

maßgebend. Die Bedingung (6.13) ist genau für

$$P_1 < \frac{k}{2\,l}\,(\,3 - \sqrt{5}\,) \tag{6.17}$$

erfüllt. Solange die Last diesen Wert nicht erreicht, ist die Gleichgewichtslage $\theta_1 = \theta_2 = 0$ des inversen mathematischen Doppelpendels
mit richtungstreuer vertikaler Last grenzstabil.

□

6.2.2. Gyroskopische konservative Systeme (M-G-K-Systeme)

Gyroskopische konservative Systeme (2.106) werden durch die Bewegungsgleichung

$$\underline{M}\,\underline{\ddot{z}}(t) + \underline{G}\,\underline{\dot{z}}(t) + \underline{K}\,\underline{z}(t) = \underline{O} \tag{6.18}$$

gekennzeichnet. Ihr Stabilitätsverhalten kann im wesentlichen durch
drei Sätze beschrieben werden.

Satz 6.6: Statische Stabilität von M-G-K-Systemen

Das gyroskopische konservative System (6.18) ist sicher dann stabil,
und zwar vollständig grenzstabil, wenn

$$\underline{K} = \underline{K}' \geq \underline{O} \tag{6.19}$$

mit $\mathrm{Rg}\,\underline{K} = f - d$, d gerade , und

$$\mathrm{Rg}\,(\underline{E}_f - \underline{K}\,\underline{K}^+)\,\underline{G}\,(\underline{E}_f - \underline{K}\,\underline{K}^+) = d \tag{6.20}$$

gilt, wobei $\underline{K}^+$ die verallgemeinerte Penrose-Inverse zu $\underline{K}$ ist
(siehe hierzu [59, S.303-307]).

Die Bedingung (6.20) besagt, daß in dem Teil des Systems (6.18), in
dem keine konservative Rückführung wirkt, die gyroskopische Matrix
eine reguläre geschwindigkeitsproportionale Kopplung des Systems gewährleistet.

Folgerung 6.1: Stabilität bei $\underline{K} > \underline{O}$ und $\underline{K} = \underline{O}$

Ist das gyroskopische konservative System (6.18) statisch stabil, d.h. $\underline{K} > \underline{O}$, so bleibt das System auch unter Einfluß gyroskopischer Kräfte stets vollständig grenzstabil. Ist dagegen $\underline{K} = \underline{O}$, so ist das System (6.18) genau für $\det \underline{G} \neq 0$ vollständig grenzstabil.

Zum Beweis von Satz 6.6 wird eine Modaltransformation $\underline{z}(t) = \underline{Z}\,\underline{\bar{z}}(t)$ (2.135) vorgenommen, wobei $\underline{Z} = [\ \underline{Z}_1\ \ \underline{Z}_2\ ]$ so angeordnet ist, daß die Submatrix $\underline{Z}_2$ genau eine Basis der Null-Eigenvektoren von $\underline{K}$ repräsentiert. Das System (6.18) geht dabei über in

$$\underline{\ddot{\bar{z}}}(t) + \underline{\bar{G}}\,\underline{\dot{\bar{z}}}(t) + \underline{\bar{K}}\,\underline{\bar{z}}(t) = \underline{O} \tag{6.21}$$

mit

$$\underline{\bar{G}} = \begin{bmatrix} \underline{\bar{G}}_{11} & \underline{\bar{G}}_{12} \\[2ex] -\underline{\bar{G}}'_{12} & \underline{\bar{G}}_{22} \end{bmatrix} , \quad \underline{\bar{G}}_{ij} = \underline{Z}'_i\,\underline{G}\,\underline{Z}_j , \quad i,j = 1,2 , \tag{6.22 a}$$

$$\underline{\bar{K}} = \begin{bmatrix} \underline{\bar{K}}_{11} & \underline{O} \\[2ex] \underline{O} & \underline{O} \end{bmatrix} , \quad \underline{\bar{K}}_{11} = \underline{Z}'_1\,\underline{K}\,\underline{Z}_1 > \underline{O} . \tag{6.22 b}$$

Hierbei ist wegen (6.20) $\underline{\bar{G}}_{22}$ eine reguläre Matrix. In dieser Darstellung wird das Ljapunovsche Gleichungssystem (6.4) mit

$$\underline{\bar{P}}_{11} = \underline{\bar{K}} + \underline{\bar{G}}'(\underline{E}_f - \underline{\bar{K}}\,\underline{\bar{K}}^+)\underline{\bar{G}} ,$$

$$\underline{\bar{P}}_{12} = -\underline{\bar{G}}(\underline{E}_f - \underline{\bar{K}}\,\underline{\bar{K}}^+) ,$$

$$\underline{\bar{P}}_{22} = \underline{E}_f + (\underline{E}_f - \underline{\bar{K}}\,\underline{\bar{K}}^+) , \tag{6.23}$$

$$\underline{\bar{Q}}_{11} = \underline{\bar{Q}}_{12} = \underline{\bar{Q}}_{22} = \underline{O}$$

erfüllt. Die verallgemeinerte Penrose-Inverse $\underline{\bar{K}}^+$ zu $\underline{\bar{K}}$ lautet:

$$\underline{\bar{K}}^+ = \begin{bmatrix} \underline{\bar{K}}_{11}^{-1} & \underline{O} \\[2ex] \underline{O} & \underline{O} \end{bmatrix} . \tag{6.24}$$

Die angegebenen Matrizen $\underline{\bar{P}}_{11}$, $\underline{\bar{P}}_{12}$ und $\underline{\bar{P}}_{22}$ befriedigen die Definitheitsbedingungen (6.5), so daß nach Satz 6.2 das gyroskopische konservative System vollständig grenzstabil ist.

Beispiel 4: Gravitationsstabilisierter Satellit auf einer Kreisbahn

Die Bewegungsgleichungen (2.107) für einen gravitationsstabilisierten Satelliten auf einer Kreisbahn kennzeichnen gemäß Satz 6.6 und Folgerung 6.1 eine vollständig grenzstabile Gleichgewichtslage für

$$J_2 > J_1 > J_3 \qquad\qquad (6.25)$$

während für $J_2 = J_1 \searrow J_3$ und für $J_2 > J_1 = J_3$ der Defekt von $\underline{K}$ gleich der ungeraden Zahl Eins ist, so daß hier Satz 6.6 nicht angewendet werden kann. Für $J_1 = J_2 = J_3$ ist $\underline{K} = \underline{O}$ und det $\underline{G} = O$, so daß gemäß Folgerung 6.1 dann der Satellit instabil ist.

□

Der Satz 6.6 zeigt, daß die gyroskopische Matrix keine destabilisierende Wirkung hat. Im folgenden soll nun ein Satz bewiesen werden, daß unter Umständen sogar ein statisch instabiles System durch gyroskopische Kräfte stabilisiert werden kann. Hierzu wird anstelle von (6.18) das System

$$\underline{M}\,\ddot{\underline{z}}(t) + h\,\underline{G}_O\,\dot{\underline{z}}(t) + \underline{K}\,\underline{z}(t) = \underline{O} \qquad\qquad (6.26)$$

betrachtet, in dem $\underline{G}_O$ eine konstante, schiefsymmetrische Matrix ist, während h einen skalaren Parameter bedeutet, der häufig den Betrag des Dralls eines rotierenden Körpers darstellt (Kreiseldrall).

Satz 6.7: Gyroskopische Stabilisierung

Das gyroskopische konservative System (6.26) ist bei einer statisch instabilen Gleichgewichtslage, d.h.

$$\underline{K} = \underline{K}' \leq \underline{O}\,, \qquad\qquad (6.27)$$

sicher dann mit einem hinreichend großen Drall $|h|$ zu stabilisieren, d.h. (6.26) wird vollständig grenzstabil, wenn

$$\det \underline{G}_O \neq O \qquad\qquad (6.28)$$

und mit Rg $\underline{K} = f - d$, d gerade, wiederum Bedingung (6.20) gilt.

Ist (6.20) verletzt oder gilt det $\underline{K}$ < O , so ist keine gyroskopische Stabilisierung möglich.

Die Bedingungen von Satz 6.7 beinhalten, daß f und d gerade Zahlen sein müssen. Die Anzahl der negativen Eigenwerte von $\underline{K}$ ist damit notwendig ebenfalls gerade.

<u>Folgerung 6.2: Satz von Thomson-Tait über die gyroskopische Stabilisierung [138, S.391]</u>

Das System (6.26) läßt sich bei

$$\underline{K} < \underline{O} \tag{6.29}$$

genau dann durch geeignete gyroskopische Kräfte $(-h\ \underline{G}_O\ \dot{\underline{z}}(t))$ stabilisieren, wenn die Anzahl der instabilen Freiheitsgrade gerade ist:

$$\det \underline{K} > O\ . \tag{6.30}$$

Diese Folgerung 6.2 ergibt sich aus (6.20) und (6.28) für d = O .
Für det $\underline{K}$ < O ist (6.8 e) erfüllt (bei $\underline{N} = \underline{O}$) und damit das System (6.26) instabil.

Im Gegensatz zur Formulierung von Merkin [79, S.179] über die gyroskopische Stabilisierung wird in Satz 6.7 oder in Folgerung 6.2 nicht vorausgesetzt, daß die Matrix $\underline{M}^{-1}\underline{K}$ nur einfache Eigenwerte aufweist. Diese Bedingung ist nicht nötig.

Die Stabilitätsaussage des Satzes 6.7 wird ähnlich bewiesen wie der Satz 6.6. Eine entsprechende Modaltransformation (2.135) führt auf ein System (6.21) mit h $\underline{\overline{G}}_O$ anstelle von $\underline{\overline{G}}$ und mit $\underline{\overline{K}}_{11}$ < $\underline{O}$.
Die Ljapunov-Gleichungen (6.4) werden dann befriedigt durch

$$\left. \begin{aligned}
\underline{\overline{P}}_{11} &= -\underline{\overline{K}} + \underline{\overline{K}}^2 + h^2\ \underline{\overline{G}}_O'(\underline{E}_f - \underline{\overline{K}}\,\underline{\overline{K}}^+)\ \underline{\overline{G}}_O\ , \\[4pt]
\underline{\overline{P}}_{12} &= h\ \underline{\overline{K}}\ \underline{\overline{G}}_O + h\ \underline{\overline{G}}_O'(\underline{E}_f - \underline{\overline{K}}\,\underline{\overline{K}}^+)\ , \\[4pt]
\underline{\overline{P}}_{22} &= \underline{\overline{K}} - \underline{\overline{K}}\,\underline{\overline{K}}^+ + h^2\underline{\overline{G}}_O'\,\underline{\overline{G}}_O\ , \\[4pt]
\underline{\overline{Q}}_{11} &= \underline{\overline{Q}}_{12} = \underline{\overline{Q}}_{22} = \underline{O}
\end{aligned} \right\} \tag{6.31}$$

Die Submatrix $\bar{\underline{P}}_{11}$ ist für $h \neq 0$ wegen (6.20) und (6.27) stets positiv definit, während $\bar{\underline{P}}_{22} > \underline{0}$ wegen (6.27) und (6.28) erst für ein hinreichend großes h^2 erfüllt ist. Die Bedingung $\underline{P}_{11} - \underline{P}_{12} \underline{P}_{22}^{-1} \underline{P}_{12}' > \underline{0}$ wird ebenfalls für hinreichend großes h^2 erreicht, so daß nach Satz 6.2 die Stabilisierung von (6.26) nachgewiesen ist.

Der Zusatz über die Instabilität ist offensichtlich. Eine Verletzung von (6.20) bedeutet, daß mehrfache Nulleigenwerte $\lambda_i = 0$ mit $d_i < v_i$ existieren, so daß gemäß Satz 3.5 Instabilität vorliegt. Die Bedingung det $\underline{K} < 0$ ist nach Satz 6.4 hinreichend für instabiles Verhalten. Sie kann auch noch durch die schwächere Bedingung det $\bar{\underline{K}}_{11} < 0$ ersetzt werden.

Beispiel 4: Gravitationsstabilisierter Satellit auf einer Kreisbahn

Für das Beispiel 4 kann bei geeigneter Wahl der Trägheitsmomente eine gyroskopische Stabilisierung auftreten. Für

$$J_1 > J_3 > J_2 \tag{6.32 a}$$

und

$$\left(1 + 3 \frac{J_2 - J_3}{J_1} - \frac{J_2 - J_3}{J_1} \frac{J_1 - J_2}{J_3} \right)^2 + 16 \frac{J_2 - J_3}{J_1} \frac{J_1 - J_2}{J_3} > 0 \tag{6.32 b}$$

liegt eine gyroskopische Stabilisierung des Systems vor [124, S.49]. Während (6.25) den Lagrangeschen Stabilitätsbereich kennzeichnet, erhält man durch (6.32) den Delpschen Bereich. In Bild 6.1 sind die Stabilitätsgebiete im Magnusschen Formdreieck eingetragen [93, S.20].

Der Delpsche Stabilitätsbereich hat jedoch keine praktische Bedeutung erlangt, da die gyroskopische Stabilisierung zwei kritischen Betrachtungen unterzogen werden muß. Erstens handelt es sich um die Grenzstabilität eines linearisierten Systems, so daß nicht auf das Stabilitätsverhalten des nichtlinearen Systems geschlossen werden kann. Während für den Lagrange-Bereich $\underline{K} > \underline{0}$ gilt, was nach [112] auch hinreichend für die Stabilität der Gleichgewichtslage des nichtlinearen Systems ist, gilt für den Delp-Bereich $\underline{K} \not> \underline{0}$, womit diese Folgerung nicht gemacht werden kann. Der zweite Einwand betrifft die Vernachlässigung möglicher Spureneffekte [106,157] wie eventueller Dämpfungseinflüsse. In Abschnitt 6.2.4 wird gezeigt, daß eine gyros-

kopische Stabilisierung bei noch so gering aber durchdringend gedämpf-
ten Systemen nicht möglich ist. Das Stabilitätsverhalten von M-G-K-
Systemen ist daher für $\underline{K} \ngtr \underline{0}$ äußerst empfindlich gegenüber der Vernachlässigung von Dämpfungen. Entsprechende Stabilitätsbereiche sind
deshalb nur in seltenen Fällen von praktischer Bedeutung.

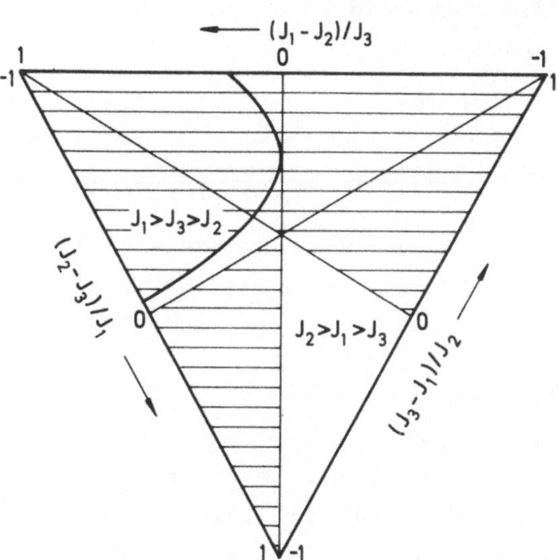

Bild 6.1. Stabilitätsdiagramm für einen gravitationsstabilisierten
          Satelliten auf einer Kreisbahn

Als dritte wesentliche Aussage über M-G-K-Systeme erhält man das folgende Resultat.

<u>Satz 6.8: Instabilität von M-G-K-Systemen</u>

Das gyroskopische konservative System (6.18) ist sicher dann instabil,
wenn die symmetrische Matrix

$$\underline{K} + \frac{1}{4}\,\underline{G}'\,\underline{M}^{-1}\,\underline{G} < \underline{0} \tag{6.33}$$

negativ definit ist.

Dieses Ergebnis wurde in [35] als Sonderfall der Instabilität nichtlinearer, konservativer Systeme mit gyroskopischen Kräften gefunden.
Hier läßt sich Satz 6.8 über die Ljapunov-Gleichungen (6.4) mit

$$\underline{P}_{11} = \underline{P}_{22} = \underline{0}\ ,\quad \underline{P}_{12} = -\,\underline{M}\ ,$$

$$\underline{Q}_{11} = -\,2\,\underline{K}\ ,\quad \underline{Q}_{22} = 2\,\underline{M}\ ,\quad \underline{Q}_{12} = -\,\underline{G}$$

nachweisen. Die Matrix $\underline{P}$ ist indefinit und die Matrix $\underline{Q}$ ist nach (6.5 b) mit (6.33) positiv definit. Nach Satz 6.3 liegt damit Instabilität des Systems (6.18) vor.

Eine Umkehrung des Satzes 6.8 in dem Sinne, daß $\underline{K} + \frac{1}{4}\underline{G}'\,\underline{M}^{-1}\,\underline{G} > \underline{O}$ eine hinreichende oder notwendige Bedingung für Grenzstabilität des Systems (6.18) ist, gilt nicht.

6.2.3. Nichtgyroskopische dissipative Systeme (M-D-K-Systeme)

Mechanische Systeme mit Dämpfungs-, aber ohne Kreiselwirkungen können häufig durch die Bewegungsgleichungen (2.108) beschrieben werden (Abschnitt 2.3.3.4):

$$\underline{M}\,\ddot{\underline{z}}(t) + \underline{D}\,\dot{\underline{z}}(t) + \underline{K}\,\underline{z}(t) = \underline{O} \tag{6.34}$$

Elektrische Netzwerke führen ebenfalls zu der mathematischen Systembeschreibung (6.34) (siehe Abschnitt 2.3.6), jedoch treten dabei häufig nur positiv semidefinite Matrizen $\underline{M} = \underline{M}' \geq \underline{O}$ auf. Dieser Fall soll daher auch berücksichtigt werden.

Satz 6.9: Stabilität und asymptotische Stabilität von M-D-K-Systemen

Sind die Systemmatrizen $\underline{M},\underline{D},\underline{K}$ symmetrisch und positiv semidefinit,

$$\underline{M} = \underline{M}' \geq \underline{O}\ ,\quad \underline{D} = \underline{D}' \geq \underline{O}\ ,\quad \underline{K} = \underline{K}' \geq \underline{O}\ , \tag{6.35 a}$$

und sind die f skalaren Gleichungen von (6.34) linear unabhängig, d.h. mit (6.35 a) gilt

$$\underline{M} + \underline{D} + \underline{K} > \underline{O}\ , \tag{6.35 b}$$

so ist das M-D-K-System (6.34) genau dann stabil, wenn

$$\underline{D} + \underline{K} > \underline{O} \tag{6.36}$$

erfüllt ist, und genau dann asymptotisch stabil, wenn

$$\underline{K} > \underline{O} \tag{6.37}$$

gilt und das zugeordnete, gesteuerte System

$$\underline{M}\,\ddot{\underline{z}}(t) + \underline{K}\,\underline{z}(t) = \underline{D}\,\underline{u}(t) \qquad\qquad (6.38\ a)$$

vollständig steuerbar ist. Die Bedingung (6.38 a) kann für $\underline{M} > \underline{O}$ durch die Forderung

$$\text{Rg}\ \left[\ \underline{M}^{-1}\underline{D}\ (\underline{M}^{-1}\underline{K})(\underline{M}^{-1}\underline{D})\ \ldots\ (\underline{M}^{-1}\underline{K})^{f-1}(\underline{M}^{-1}\underline{D})\ \right] = f \qquad (6.38\ b)$$

ersetzt werden.

Die Relationen (6.35 b) und (6.36) sind als mathematische Ungleichungen zu verstehen. Bei einer physikalischen Interpretation stimmen die Dimensionen nicht; hierfür hat man sich $\underline{M}$, $\underline{D}$ und $\underline{K}$ mit entsprechenden Dimensionsfaktoren multipliziert vorzustellen. Ist t die Zeit, so können diese Faktoren lauten: $\underline{M}\cdot[1]$, $\underline{D}\cdot[s]$, $\underline{K}\cdot[s^2]$.

<u>Beweis:</u>

Der Beweis soll zuerst unter der zusätzlichen Voraussetzung $\underline{M} = \underline{M}' > \underline{O}$ durchgeführt werden. Dann kann für (6.34) eine Modaltransformation (2.135) vorgenommen werden, die eine Systemdarstellung (6.9) ergibt:

$$\ddot{\overline{z}}(t) + \overline{D}\,\dot{\overline{z}}(t) + \overline{K}\,\overline{z}(t) = \underline{O}\ .$$

Mit den Matrizen

$$\underline{\overline{P}}_{11} = \overline{K} + \overline{D} + (\underline{E}_f - \overline{K}\,\overline{K}^+)\,\overline{D}\ ,$$

$$\underline{\overline{P}}_{12} = \overline{D}(\underline{E}_f - \overline{K}\,\overline{K}^+)\ ,$$

$$\underline{\overline{P}}_{22} = \underline{E}_f + (\underline{E}_f - \overline{K}\,\overline{K}^+)\ ,$$

$$\underline{\overline{Q}}_{11} = \underline{\overline{Q}}_{12} = \underline{O}\ ,\quad \underline{\overline{Q}}_{22} = 2\,\overline{D}$$

werden die Ljapunov-Beziehungen (6.4 a - d) erfüllt. Hierbei ist $\overline{K}^+$ wieder die verallgemeinerte Penrose-Inverse von $\overline{K}$ entsprechend (6.24). Weiterhin gilt

$$\underline{\overline{P}}_{22} > \underline{O}\ ,\quad \underline{\overline{P}}_{22}^{-1} = \underline{E}_f - \tfrac{1}{2}\,(\underline{E}_f - \overline{K}\,\overline{K}^+)\ ,$$

$$\underline{\bar{P}}_{11} - \underline{\bar{P}}_{12}\,\underline{\bar{P}}_{22}^{-1}\,\underline{\bar{P}}'_{12} = \underline{\bar{K}} + \frac{1}{2}\,\underline{\bar{D}}\,(\underline{\bar{E}}_f - \underline{\bar{K}}\,\underline{\bar{K}}^+)\,\underline{\bar{D}} > \underline{O}\ ,$$

wobei die letzte Abschätzung direkt aus (6.36) folgt. Mit $\underline{\bar{Q}}_{22} \geq \underline{O}$ sind damit alle Bedingungen für die Sätze 6.1 und 6.2 erfüllt. Ob nun Grenzstabilität oder asymptotische Stabilität vorliegt, hängt nur noch von der Beobachtbarkeitsbedingung ab. Sie ist hier gleichwertig zur Untersuchung der Beobachtbarkeit des Systems

$$\ddot{\underline{\bar{z}}}(t) + \underline{\bar{D}}\,\dot{\underline{\bar{z}}}(t) + \underline{\bar{K}}\,\underline{\bar{z}}(t) = \underline{O}\ ,$$

$$\underline{y}(t) = 2\,\underline{\bar{D}}\,\dot{\underline{\bar{z}}}(t)\ .$$

Wegen der Folgerung 2.2 ist dieses gedämpfte System genau dann vollständig beobachtbar, wenn es das ungedämpfte System ist. Der Satz 2.21 ergibt dann die vollständige Beobachtbarkeit genau dann, wenn det $\underline{\bar{K}} \neq 0$ und

$$\ddot{\underline{\bar{z}}}(t) + \underline{\bar{K}}\,\underline{\bar{z}}(t) = 2\,\underline{\bar{D}}\,\underline{u}(t) = \underline{\bar{D}}\,\underline{\bar{u}}(t)$$

vollständig steuerbar ist. Die Rücktransformation mittels der Modalmatrix (2.135) führt damit auf die im Satz 6.9 angegebenen Bedingungen, wie sie auch aus Satz 2.20 abzulesen sind.

Ist $\underline{M} = \underline{M}' \geq \underline{O}$ mit det $\underline{M} = 0$ keine positiv definite Matrix, so ist ein Beweis mit Hilfe der Ljapunov-Gleichung nicht mehr so einfach möglich, da man für eine Zustandsraumdarstellung eine Aufteilung des Problems gemäß der Kongruenztransformation $\underline{T}'\,\underline{M}\,\underline{T} = \text{diag}\,[\,\underline{\bar{M}}_1, \underline{\bar{O}}\,]$ mit $\underline{\bar{M}}_1 = \underline{\bar{M}}'_1 > \underline{O}$ vornehmen muß. Es soll daher in diesem Fall eine andere Beweistechnik herangezogen werden.

Unter den Voraussetzungen (6.35) wird angenommen, daß für ein $\underline{z}_0$ $\underline{z}'_0\,(\underline{D} + \underline{K})\,\underline{z}_0 = 0$, d.h. $\underline{D}\,\underline{z}_0 = \underline{O}$, $\underline{K}\,\underline{z}_0 = \underline{O}$ gilt. Dann weist aber (6.34) die instabile Lösung $\underline{z}(t) = \underline{z}_0\,t$ auf. Für Stabilität ist also die Gültigkeit von (6.36) eine notwendige Bedingung. Sie ist aber auch hinreichend, da die Annahme einer instabilen Trajektorie $\underline{z}(t) = t\,e^{i\omega t}\,\underline{z}_0$ oder $\underline{z}(t) = e^{\lambda t}\,\underline{z}_0$ mit Re $\lambda > 0$ bei den Voraussetzungen (6.35) mit der Bedingung (6.36) stets auf einen Widerspruch führt:

a) $\underline{z}(t) = t\,e^{i\omega t}\,\underline{z}_0$ führt wegen (6.34) auf

$$- \omega^2 \, \bar{z}_0' \, M \, z_0 + i \, \omega \, \bar{z}_0' \, D \, z_0 + \bar{z}_0' \, K \, z_0 = 0 \; ,$$

$$2 \, i \, \omega \, \bar{z}_0' \, M \, z_0 + \bar{z}_0' \, D \, z_0 = 0$$

($\bar{z}_0$ ist der konjugiert komplexe Vektor zu z_0). Ist $\bar{z}_0' \, M \, z_0 = 0$, so folgt $D \, z_0 = 0$ aus der zweiten Gleichung und dann $K \, z_0 = 0$ aus der ersten. Wegen (6.36) ist das aber nicht möglich. Für $\bar{z}_0' \, M \, z_0 \neq 0$ ergibt sich aus der zweiten Gleichung $\omega = 0$ und $D \, z_0 = 0$ sowie dann aus der ersten Gleichung $K \, z_0 = 0$, was wiederum im Gegensatz zu (6.36) steht.

b) $z(t) = e^{\lambda t} \, z_0$ mit $\mathrm{Re} \, \lambda > 0$ führt wegen (6.34) auf

$$\lambda^2 \, \bar{z}_0' \, M \, z_0 + \lambda \, \bar{z}_0' \, D \, z_0 + \bar{z}_0' \, K \, z_0 = 0 \; .$$

Ist $\bar{z}_0' \, M \, z_0 = 0$, so ist für $\bar{z}_0' \, D \, z_0 > 0$ der Eigenwert λ reell mit $\lambda \leq 0$, und für $\bar{z}_0' \, D \, z_0 = 0$ muß auch $\bar{z}_0' \, K \, z_0 = 0$ sein. Beides steht im Widerspruch zu den Annahmen. Gilt aber $\bar{z}_0' \, M \, z_0 > 0$, so ergibt sich aus der quadratischen Gleichung

$$\lambda_{1,2} = \frac{1}{2 \, \bar{z}_0' \, M \, z_0} \left[- \bar{z}_0' \, D \, z_0 \pm \sqrt{(\bar{z}_0' \, D \, z_0)^2 - 4 \, \bar{z}_0' \, K \, z_0} \, \right] \; .$$

Wegen $\bar{z}_0' \, D \, z_0 \geq 0$, $\bar{z}_0' \, K \, z_0 \geq 0$ gilt damit $\mathrm{Re} \, \lambda_{1,2} \leq 0$ im Gegensatz zur Annahme.

Unter den Voraussetzungen (6.35) ist die Bedingung (6.36) notwendig und hinreichend für die Stabilität von (6.34).

Für die asymptotische Stabilität ist $K > 0$ (6.37) eine notwendige Bedingung. Nach den Sätzen 6.1 und 6.2 unterscheiden sich Grenzstabilität und asymptotische Stabilität nur durch eine Beobachtbarkeitsbedingung, die aber für $\det K \neq 0$ durch eine Steuerbarkeitsbedingung ersetzt werden kann. Das führt genau auf (6.38 a) bzw. auf (6.38 b).   □

Der hier bewiesene Satz stellt für $M = M' \geq 0$ bei nichtgyroskopischen dissipativen Systemen (6.34) eine Vertiefung der in [31] und [146] durchgeführten Betrachtungen dar. Für $M = M' > 0$ ergeben sich bei Berücksichtigung von durchdringender Dämpfung (siehe Abschnitt 2.3.3.1) Sätze über asymptotische Stabilität wie sie von Moran [88], Müller [95] sowie Walker und Schmitendorf [143] formuliert wurden. Hierbei ist zu vermerken, daß in [88] die Steuerbarkeitsbedingung (6.38 b) gemäß Satz 2.22 mit Hilfe der Eigenvektoren des ungedämpften Systems aufgestellt wurden, was gegenüber der Bedingung (6.38 b) die Lösung eines symmetrischen Eigenvektorproblems darstellt. Die Steuerbarkeitsbedingung (6.38 a), die im Satz 6.9 zusammen mit (6.37) als notwendige und hinreichende Bedingung für asymptotische Stabilität des linearen Systems (6.34) auftritt (siehe auch [144]), ist allgemein als eine notwendige Bedingung dafür aufzufassen, daß ein unvollständiger Dämpfungsmechanismus ein mechanisches System durchdringend dämpfen kann. Für nichtlineare Systeme konnte das von Formalskii [25] gezeigt werden.

Beispiel 5: Vertikalschwingungen von Automobilen

Durch das System (2.109) können die Vertikalbewegungen von Automobilen beschrieben werden. Es gilt hier

$$\underline{M} = \underline{M}' > \underline{O} \quad \text{für} \quad m_1 > 0 \ , \ m_2 > 0 \ ;$$

$$\underline{D} = \underline{D}' \geq \underline{O} \ , \ \det \underline{D} = 0 \ , \quad \text{für} \quad d > 0 \ ;$$

$$\underline{K} = \underline{K}' > \underline{O} \quad \text{für} \quad k_1 > 0 \ , \ k_2 > 0 \ .$$

Nach Satz 6.9 ist das System (2.109) stabil, und sogar asymptotisch stabil, da die Dämpfung durchdringend ist:

$$\text{Rg} \left[\underline{M}^{-1} \underline{D} \quad \underline{M}^{-1} \underline{K} \underline{M}^{-1} \underline{D} \right] =$$

$$= \text{Rg} \left\{ d \begin{bmatrix} \dfrac{1}{m_1} & -\dfrac{1}{m_1} & \dfrac{k_1}{m_1}\left(\dfrac{1}{m_1}+\dfrac{1}{m_2}\right) & -\dfrac{k_1}{m_1}\left(\dfrac{1}{m_1}+\dfrac{1}{m_2}\right) \\[2ex] -\dfrac{1}{m_2} & \dfrac{1}{m_2} & -\dfrac{k_1}{m_2}\left(\dfrac{1}{m_1}+\dfrac{1}{m_2}\right) - \dfrac{k_2}{m_2^2} & \dfrac{k_1}{m_2}\left(\dfrac{1}{m_1}+\dfrac{1}{m_2}\right) + \dfrac{k_2}{m_2^2} \end{bmatrix} \right\}$$

$$= \text{Rg} \left\{ d \begin{bmatrix} \dfrac{1}{m_1} & -\dfrac{k_1}{m_1}\left(\dfrac{1}{m_1}+\dfrac{1}{m_2}\right) \\[2ex] O & \dfrac{k_2}{m_2^2} \end{bmatrix} \right\} = 2 \quad \text{für} \quad d > 0 \ , \ k_2 > 0 \ .$$

Die Feder "k_1" ist also für die Durchdringung der Dämpfung nicht
wichtig, dagegen die Reifenfederung "k_2" . Für die Stabilität des
Systems ist daher $k_2 > 0$ von größerer Bedeutung als $k_1 > 0$: Für
$k_1 > 0$, $k_2 = 0$ ist die Vertikalschwingung trotz Dämpfung instabil
(det $(\underline{D} + \underline{K}) = 0$), während für $k_1 = 0$, $k_2 > 0$ das System grenzstabil ist.

Beispiel 6: Passive Lagestabilisierung eines Zwei-Körper-Satelliten
(Nickbewegung)

Die Stabilitätsuntersuchung des Systems (2.110) führt mit

$$\underline{M} = \underline{M}' > \underline{0} \quad \text{für} \quad I_2^1 > 0 \ , \ I_2^2 > 0 \ ,$$

$$\underline{D} = \underline{D}' \geq \underline{0} \ , \ \det \underline{D} = 0 \ , \ \text{für } d > 0 \ ,$$

auf die Bedingungen für $\underline{K} = \underline{K}' > \underline{0}$:

$$J_1 - J_3 > 0 \ , \qquad\qquad (6.39\ a)$$

$$\frac{k}{I_2^1} > \frac{-\ 3\ \beta_1 \beta_2}{\dfrac{I_2^1}{I_2^2}\ \beta_1 + \beta_2} \quad \text{mit} \quad \beta_j = \frac{I_1^j - I_3^j}{I_2^j} \ . \qquad (6.39\ b)$$

Dann ist die Lage des Zwei-Körper-Satelliten sicherlich stabil. Die
Steuerbarkeitsbedingung (6.38) ergibt die Forderung

$$\beta_1 \neq \beta_2 \qquad\qquad (6.40)$$

Die Dämpfung ist genau dann durchdringend, wenn die beiden Satelli-
tenteilkörper verschiedene Nick-Trägheitsverhältnisse β_i , $i = 1,2$,
aufweisen. Für $\beta_1 = \beta_2$ können die beiden Teilkörper eine gemeinsa-
me Starrkörperbewegung ausführen, ohne daß sich ihre relative Lage
zueinander ändert; es kann dann der Dämpfungsmechanismus nicht wirksam werden.   □

Beispiel 11: Elektrisches Netzwerk

Für das elektrische Netzwerk von Bild 2.12 mit den Bewegungsgleichungen (2.155) gilt

$$\underline{M} = \underline{M}' \geq \underline{O} \ , \ \det \underline{M} = O \ , \quad \text{für } L_1 > O \ , \ L_{23} > O \ ;$$

$$\underline{D} = \underline{D}' > \underline{O} \quad \text{für } R_1 > O \ , \ R_2 > O \ , \ R_3 > O \ ;$$

$$\underline{K} = \underline{K}' \geq \underline{O} \ , \ \det \underline{K} = O \ , \quad \text{für } C_{12} > O \ , \ C_3 > O \ .$$

Es gilt daher $\underline{M} + \underline{D} + \underline{K} > \underline{O}$ und $\underline{D} + \underline{K} > \underline{O}$. Das System ist grenzstabil. Wegen det $\underline{K} = O$ kann es kein asymptotisch stabiles Verhalten
aufweisen.

□

Der Stabilitätssatz 6.9 gilt unter den Voraussetzungen (6.35). Es erhebt sich die Frage, welche dieser Voraussetzungen eventuell fallen
gelassen werden kann oder welche Änderungen sich im Stabilitätsver-
halten ergeben, wenn z.B. $\underline{K}$ oder $\underline{D}$ als indefinite Matrizen zugelassen werden.

<u>Satz 6.10: Stabilität und asymptotische Stabilität von simultan ent-
koppelbaren M-D-K-Systemen</u>

Gilt für die Matrizen $\underline{M} = \underline{M}' > \underline{O}$, $\underline{D}$, $\underline{K}$ des Systems (6.34) die
Vertauschbarkeitsbedingung (2.141),

$$\underline{D}\,\underline{M}^{-1}\,\underline{K} = \underline{K}\,\underline{M}^{-1}\,\underline{D} \ , \tag{6.41}$$

so ist (6.34) genau für

$$\underline{D} = \underline{D}' \geq \underline{O} \ , \quad \underline{K} = \underline{K}' \geq \underline{O} \ , \quad \underline{D} + \underline{K} > \underline{O} \tag{6.42}$$

stabil und genau für

$$\underline{D} = \underline{D}' > \underline{O} \ , \quad \underline{K} = \underline{K}' > \underline{O} \tag{6.43}$$

asymptotisch stabil.

Die Bedingung (6.41) gewährleistet nach Satz 2.16 genau die simultane
Entkopplung für M-D-K-Systeme. Mit der Modaltransformation (2.135)
erhält man f skalare Gleichungen

$$\ddot{\overline{z}}_i + \Delta_i \, \dot{\overline{z}}_i + \kappa_i \, \overline{z}_i = O \ , \quad i = 1,..,f \ .$$

Jede Gleichung ist genau für $\Delta_i \geq 0$, $\kappa_i \geq 0$, $\Delta_i + \kappa_i > 0$ stabil und für $\Delta_i > 0$, $\kappa_i > 0$ sogar asymptotisch stabil. Hieraus folgen sofort die Bedingungen (6.42) und (6.43).

<u>Satz 6.11: Instabilität von M-D-K-Systemen</u>

Das M-D-K-System (6.34) ist für $\underline{M} = \underline{M}' > \underline{O}$, $\underline{D} = \underline{D}' \geq \underline{O}$ sicher dann instabil, wenn $\underline{K}$ mindestens einen negativen Eigenwert aufweist:

$$\underline{K} \ngtr \underline{O} \ . \tag{6.44}$$

<u>Beweis:</u>

Zum Beweis des Satzes 6.11 wird eine Modaltransformation (2.135) des Systems (6.34) vorgenommen. Dabei wird die Modalmatrix $\underline{Z}$ (2.134) so in zwei Teilmatrizen aufgespalten, daß gilt:

$$\underline{Z} = [\ \underline{Z}_1 \ \ \underline{Z}_2 \ ] \ :$$

$$\underline{D} \, \underline{Z}_1 = \underline{O} \ , \quad \underline{D} \, \underline{Z}_2 \, \underline{e}_i \neq \underline{O} \ .$$

Nach dem Hautus-Kriterium (2.152) für die Steuerbarkeit mechanischer Systeme repräsentiert dann $\underline{Z}_1$ die Eigenvektoren von (6.34), die von $\underline{D}$ nicht beeinflußt sind, während $\underline{Z}_2$ die von der Dämpfung abhängigen Bewegungsrichtungen enthält. Die Transformation ergibt

$$\begin{bmatrix} \ddot{\overline{z}}_1 \\ \ddot{\overline{z}}_2 \end{bmatrix} + \begin{bmatrix} \underline{O} & \underline{O} \\ \underline{O} & \underline{D}_2 \end{bmatrix} \begin{bmatrix} \dot{\overline{z}}_1 \\ \dot{\overline{z}}_2 \end{bmatrix} + \begin{bmatrix} \underline{K}_1 & \underline{O} \\ \underline{O} & \underline{K}_2 \end{bmatrix} \begin{bmatrix} \overline{z}_1 \\ \overline{z}_2 \end{bmatrix} = \underline{O} \ ,$$

wobei

$$\mathrm{Rg} \ [\ \underline{M}^{-1} \underline{D} \ \ \underline{M}^{-1} \underline{K}\,\underline{M}^{-1} \underline{D} \ \ldots \ (\underline{M}^{-1} \underline{K})^{f-1} \underline{M}^{-1} \underline{D} \ ] =$$

$$= \mathrm{Rg} \ [\ \overline{\underline{D}}_2 \ \ \overline{\underline{K}}_2 \overline{\underline{D}}_2 \ \ldots \ \overline{\underline{K}}_2^{\,f_2-1} \ \overline{\underline{D}}_2 \ ] = \dim \overline{\underline{z}}_2 = f_2$$

gilt. Das M-D-K-System zerfällt in zwei Teilsysteme. Das erste Teilsystem ist nach Satz 6.5 genau dann stabil, wenn $\overline{\underline{K}}_1 > \underline{O}$ gilt. Für das zweite Teilsystem werden die Ljapunov-Gleichungen (6.4) für

$$\underline{\bar{P}}_{11} = \underline{\bar{K}}_2 \ , \quad \underline{\bar{P}}_{12} = \underline{O} \ , \quad \underline{\bar{P}}_{22} = \underline{E}_{f_2}$$

$$\underline{\bar{Q}}_{11} = \underline{O} \ , \quad \underline{\bar{Q}}_{12} = \underline{O} \ , \quad \underline{\bar{Q}}_{22} = 2\,\underline{\bar{D}}_2$$

erfüllt, woraus wegen der Steuerbarkeitsbedingung mit Satz 6.3 die Instabilität für $\underline{\bar{K}}_2 \neq \underline{O}$ folgt. Damit ist der Satz 6.11 nachgewiesen.

Eine Änderung der Voraussetzung (6.35 a) bezüglich der konservativen Fesselungsmatrix $\underline{K}$ führt nach Satz 6.11 sofort zu Instabilität. Das gleiche gilt jedoch nicht für die Dämpfungsmatrix $\underline{D}$. In dem Zahlenbeispiel

$$\begin{bmatrix} 1 & 0 \\ 0 & 5 \end{bmatrix} \underline{\ddot{z}}(t) + \begin{bmatrix} 8 & 0 \\ 0 & -10 \end{bmatrix} \underline{\dot{z}}(t) + \begin{bmatrix} 24,8 & \sqrt{1060,8} \\ \sqrt{1060,8} & 46 \end{bmatrix} \underline{z}(t) = O \tag{6.45 a}$$

ist $\underline{D}$ eine indefinite Matrix, es gilt

$$\mathrm{Sp}\ \underline{D} = -2 < O \ , \quad \text{aber} \quad \mathrm{Sp}\ \underline{M}^{-1}\underline{D} = 6 > O \tag{6.45 b}$$

und die Eigenwerte sind

$$\lambda_{1,2} = -1 \pm i \ , \quad \lambda_{3,4} = -2 \pm 2i \ . \tag{6.45 c}$$

Obwohl $\underline{D} \neq \underline{O}$ gilt, ist das System asymptotisch stabil. Die Werte (6.45 b) stehen auch nicht im Widerspruch zu Satz 6.4, da es dort nicht auf $\mathrm{Sp}\ \underline{D}$, sondern auf $\mathrm{Sp}\ \underline{M}^{-1}\underline{D}$ ankommt.

Dieses Beispiel und die Sätze 6.9 - 6.11 ergeben eine Aussage für die kritische Stabilitätsgrenze bei M-D-K-Systemen (vgl. Satz 5.9 und Folgerung 5.4):

<u>Folgerung 6.3: Kritische Stabilitätsgrenze bei M-D-K-Systemen</u>

Für ein M-D-K-System mit $\underline{M} = \underline{M}' \geq \underline{O}$, $\underline{D} = \underline{D}' \geq \underline{O}$, $\underline{K} = \underline{K}' > \underline{O}$ ist die kritische Stabilitätsgrenze durch (6.37) und (6.38) gegeben:

$$\underline{K} > \underline{O} \ ,$$

$$\underline{M}\,\ddot{\underline{z}}(t) + \underline{K}\,\underline{z}(t) = \underline{D}\,\underline{u}(t) \qquad \text{vollst.steuerbar.}$$

6.2.4. Gyroskopische dissipative Systeme (M-D-G-K-Systeme)

Mechanische Systeme, die Dämpfungs- und Kreiselkräfte enthalten, lassen sich häufig durch die Bewegungsgleichung (2.111) beschreiben:

$$\underline{M}\,\ddot{\underline{z}}(t) + (\underline{D}+\underline{G})\dot{\underline{z}}(t) + \underline{K}\,\underline{z}(t) = \underline{O}\ . \tag{6.46}$$

Wie die Beispiele 7 und 8 zeigen, ist mit (6.46) schon eine sehr um-
fangreiche Klasse mechanischer Systeme erfaßt. Stabilitätsuntersuchungen für (6.46) wurden daher schon frühzeitig vorgenommen. Man ist dabei besonders interessiert, wie sich die Stabilitätssätze für M-G-K-
Systeme (6.18) und M-D-K-Systeme (6.34) für M-D-G-K-Systeme (6.46)
zusammenfassen lassen. Ein erster und wichtiger Stabilitätssatz wurde 1879 von Thomson und Tait [138, S.391] mitgeteilt und später von
Chetayev [18, S.99] bewiesen.

Satz 6.12: Satz von Thomson und Tait über vollständig dissipative
M-D-G-K-Systeme

Ist die Rayleigh-Funktion (2.97) positiv definit, d.h.

$$\underline{D} = \underline{D}' > \underline{O}\ ,$$

und hat die Fesselungsmatrix $\underline{K}$ keine verschwindenden Eigenwerte,

$$\det \underline{K} \neq O\ ,$$

dann ist die Stabilität von (6.46) allein durch das Stabilitätsverhalten des reduzierten M-K-Systems

$$\underline{M}\,\ddot{\underline{z}}(t) + \underline{K}\,\underline{z}(t) = \underline{O}$$

bestimmt.

Dieser bekannte Satz besagt also unter den genannten Voraussetzungen,
daß (6.46) unabhängig von den gyroskopischen Kräften für $\underline{D} > \underline{O}$ nur
stabil, und dann asymptotisch stabil ist, wenn $\underline{K} > \underline{O}$ gilt. Damit

wird der Satz 6.7 über die gyroskopische Stabilisierung sehr stark eingeschränkt, da in allen mechanischen Systemen Dämpfungseffekte infolge Reibung auftreten werden.

Im Zusammenhang mit Stabilitätsuntersuchungen für Satelliten hat sich bei der praktischen Anwendung von Satz 6.12 die Voraussetzung einer vollständig dissipativen Rayleigh-Funktion als störend bemerkbar gemacht. Es wurden daher verschiedene Versuche gemacht, diese Forderung abzuschwächen. Man erkannte, daß für die Aussage von Thomson und Tait nicht die vollständige, sondern die durchdringende Dämpfung wesentlich ist. In Arbeiten von Zajac [152,153] und Pringle [114,115] wurden erste Verallgemeinerungen von Satz 6.12 durchgeführt, jedoch ergab sich die Schwierigkeit, den Begriff der durchdringenden Dämpfung algebraisch zu erfassen. Hierin hatten Roberson [118] mit Hilfe der Graphentheorie und Connell [19] mit Hilfe eines Ersatz-Eigenwertproblems erste Erfolge. Den Zusammenhang dieser Frage mit der Beobachtbarkeits- bzw. Steuerbarkeitseigenschaft dynamischer Systeme zeigte Müller [93, Kap.2; 95] und später nochmals Hughes und Gardner [45]. Dieser Zusammenhang erweist sich aber nicht nur für das Problem der durchdringenden Dämpfung als sehr wesentlich, sondern allgemein für die Behandlung von Stabilitätsproblemen mit Hilfe der Ljapunov-Gleichung (vgl. Kap.4, 5). Eine Beobachtbarkeitsbedingung wurde auch von Pritchard [116] aufgestellt; sie ist jedoch falsch formuliert. Einen anderen Weg zur Lösung des Problems ging Moran [88], der die Eigenvektoren des konservativen M-G-K-Systems betrachtet, die nicht orthogonal zu $\underline{D}$ sein dürfen. Das entspricht aber der nach Folgerung 2.2 und Satz 2.22 äquivalenten Bedingung von Müller [95].

Satz 6.13: Verallgemeinerung des Satzes von Thomson und Tait für M-D-G-K-Systeme

Für ein M-D-G-K-System mit regulärer Massenmatrix, positiv semidefiniter Dämpfungsmatrix und regulärer Fesselungsmatrix,

$$\underline{M} = \underline{M}' > \underline{O} \;, \quad \underline{D} = \underline{D}' \geq \underline{O} \;, \quad \det \underline{K} \neq O \tag{6.47}$$

sowie mit durchdringender Dämpfung, d.h.

$$\text{Rg } \underline{Q}_S(\underline{A}_O/\underline{B}_O) = \text{Rg} \left[\underline{B}_O \; \underline{A}_O\underline{B}_O \; \cdots \; \underline{A}_O^{2f-1}\underline{B}_O \right] = 2f \;, \tag{6.48 a}$$

$$\underline{A}_O = \begin{bmatrix} \underline{O} & \underline{E}_f \\ -\underline{M}^{-1}\underline{K} & -\underline{M}^{-1}\underline{G} \end{bmatrix} \;,\quad \underline{B}_O = \begin{bmatrix} \underline{O} \\ \underline{M}^{-1}\underline{D} \end{bmatrix} \;,\qquad (6.48\text{ b})$$

ist (6.46) genau dann asymptotisch stabil, wenn

$$\underline{K} > \underline{O} \qquad\qquad (6.49)$$

ist. Ist dagegen $\underline{K} \not> \underline{O}$, so ist die Anzahl der instabilen Eigenwerte mit $\mathrm{Re}\,\lambda_i > O$ von (6.46) gleich der Anzahl der negativen Eigenwerte von $\underline{K}$.

Die Bedingung (6.48) kann auch durch die Forderung ersetzt werden, daß das zugeordnete gesteuerte System

$$\underline{M}\,\ddot{\underline{z}}(t) + \underline{G}\,\dot{\underline{z}}(t) + \underline{K}\,\underline{z}(t) = \underline{D}\,\underline{u}(t) \qquad (6.48\text{ c})$$

vollständig steuerbar ist.

Der Beweis des Satzes 6.13 und damit auch des Satzes 6.12 ist mit Hilfe der Sätze 4.8, 6.1 und 6.3 einfach durchzuführen. Die Matrizen

$$\underline{P}_{11} = \underline{K} \;,\quad \underline{P}_{12} = \underline{O} \;,\quad \underline{P}_{22} = \underline{M} \;,$$

$$\underline{Q}_{11} = \underline{O} \;,\quad \underline{Q}_{12} = \underline{O} \;,\quad \underline{Q}_{22} = 2\,\underline{D}$$

erfüllen die Ljapunov-Gleichung (6.4). Wegen der Voraussetzung (6.48) liegt wegen Satz 2.21 und Folgerung 2.2 eine vollständige Beobachtbarkeit des Matrizenpaares $(\underline{A},\underline{Q})$ vor, wobei $\underline{A}$ die dem mechanischen System (6.46) zugeordnete Systemmatrix (6.2) und $\underline{Q} = [\,\underline{Q}_{ij}\,]$ (6.3 a) bedeuten. Nach Satz 4.8 ist dann die Anzahl der Eigenwerte von (6.46) mit negativem Realteil gleich der Anzahl der positiven Eigenwerte von

$$\underline{P} = \begin{bmatrix} \underline{K} & \underline{O} \\ \underline{O} & \underline{M} \end{bmatrix}$$

und die Anzahl der Eigenwerte von (6.46) mit positivem Realteil gleich der Anzahl der negativen Eigenwerte von $\underline{P}$, d.h. von $\underline{K}$.

Eigenwerte von (6.46) mit negativen Realteilen treten keine auf. Damit ist Satz 6.13 bewiesen.

Beispiel 7: Passive Lagestabilisierung eines Zwei-Körper-Satelliten (Roll-Gier-Bewegung)

Die Roll-Gier-Bewegung eines passiv lagestabilisierten Zwei-Körper-Satelliten genügt dem Differentialgleichungssystem (2.112). Für die asymptotische Stabilität sind die Bedingungen (6.48) und (6.49) zu überprüfen. Für $\underline{K} > \underline{O}$ ergeben sich die Forderungen

$$J_2 > J_1 \ , \quad J_2 > J_3 \ , \tag{6.50 a}$$

$$\frac{\underline{K}}{I_1^1} > \frac{-4\,\gamma_1\gamma_2}{\dfrac{I_1^1}{I_1^2}\,\gamma_1 + \gamma_2} \quad \text{mit} \quad \gamma_j = \frac{I_2^j - I_3^j}{I_1^j} \ . \tag{6.50 b}$$

Die Dämpfung ist bei $\bar{d} > O$ für

$$\gamma_1 \neq \gamma_2 \tag{6.51}$$

stets durchdringend. Das weist man am besten mit dem Hautus-Kriterium (2.152) nach: $\underline{z}'\underline{D} = \underline{O}$ wird nur für $\underline{z} = [\ z_1 \ \ z_2 \ \ O\ ]'$ erfüllt; andererseits kann solch ein nichttrivialer Vektor nur für $\gamma_1 = \gamma_2$ Eigenvektor sein, da

$$\begin{bmatrix} \lambda^2 + 4\,\gamma & \lambda(1-\gamma) \\[2ex] -\lambda(1-\gamma) & \dfrac{J_3}{J_1}\lambda^2 + \gamma \\[2ex] \lambda^2 + 4\,\gamma_2 & \lambda(1-\gamma_2) \end{bmatrix} \begin{bmatrix} z_1 \\[1ex] z_2 \end{bmatrix} = \underline{O}$$

gelten muß ($\gamma = \dfrac{J_2 - J_3}{J_1}$) . Für eine nichttriviale Lösung muß die Matrix den Rang 1 haben, d.h. alle 2×2-Unterdeterminanten müssen für ein gewisses λ verschwinden. Die Unterdeterminante der 1. und der 3. Zeile führt auf

$$(\gamma - \gamma_2)\lambda(\lambda^2 + 4) = O \ .$$

Die möglichen Werte $\lambda = O$ und $\lambda^2 = -4$ führen bei den beiden anderen Unterdeterminanten auf von Null verschiedene Werte; nur der Fall $\gamma = \gamma_1 = \gamma_2$ führt auf einen Eigenwert mit nichttrivialem Lösungsvektor.

Die passive Lagestabilisierung des gesamten Zwei-Körper-Satelliten ist damit asymptotisch stabil, wenn die Bedingungen (6.39), (6.40), (6.50) und (6.51) erfüllt sind.

□

Beispiel 8: Elastisch gelagerter Rotor

Der in Bild 2.9 gezeigte, elastisch gelagerte Rotor genügt ebenfalls einer Bewegungsgleichung (2.113) vom M-D-G-K-Typ. Für seine asymptotische Stabilität muß die Dämpfung durchdringend und die Fesselungsmatrix $\underline{K}_1$ (2.114) positiv definit sein. Diese letzte Forderung führt auf die Stabilitätsbedingung

$$\det \underline{K}_1 = \frac{1}{c^2} (N c - K d) \left[(k_o + k_h)k_u k_w + (k_u + k_w)k_o k_h \right] +$$

$$+ k_o k_h k_u k_w (1 + \frac{d}{c})^2 > 0 . \qquad (6.52)$$

Wirken obere und untere Lagerdämpfungen gleichzeitig, so führt die Steuerbarkeitsüberprüfung (6.48 c) mit dem Hautus-Kriterium (2.152) sofort zu dem Ergebnis, daß die Dämpfung durchdringend ist. Das System (2.113) ist mit (6.52) asymptotisch stabil.

□

Neben dem Satz von Thomson und Tait und seiner Verallgemeinerung gibt es noch weitere nützliche Aussagen über die Stabilität oder Instabilität von gyroskopischen, dissipativen Systemen (6.46).

Satz 6.14: Statische Stabilität von M-D-G-K-Systemen

Das M-D-G-K-System (6.46) ist sicher dann stabil, wenn neben $\underline{M} = \underline{M}' > \underline{0}$ gilt:

$$\underline{D} = \underline{D}' \geq \underline{0} , \quad \underline{K} = \underline{K}' > \underline{0} . \qquad (6.53)$$

Bei statisch stabilen Systemen ist die Stabilität von (6.46) unabhängig von Dämpfungs- und Kreiselkräften.

Der Beweis folgt sofort aus dem Beweis für Satz 6.13 gemäß den Aussagen der Sätze 6.1 und 6.2.

<u>Satz 6.15: Stabilität von M-D-G-K-Systemen bei semidefiniter Fesse-
lungsmatrix</u>

Das M-D-G-K-System (6.46·) ist sicher dann stabil, wenn gilt:

$$\underline{M} = \underline{M}' > \underline{O} \ , \quad \underline{D} = \underline{D}' \geq \underline{O} \ , \quad \underline{K} = \underline{K}' \geq \underline{O} \ , \qquad (6.54 \text{ a})$$

$$\underline{K} + (\underline{D} - \underline{G})(\underline{D} + \underline{G}) > \underline{O} \qquad (6.54 \text{ b})$$

Für det $\underline{K}$ = O ist (6.46) dann grenzstabil.

Folgerung 6.4: Stabilität von M-D-G-K-Systemen für $\underline{K} = \underline{O}$

Das M-D-G-K-System ist für $\underline{K} = \underline{O}$, $\underline{D} \geq \underline{O}$ genau dann grenzstabil,
wenn gilt

$$\det (\underline{D} + \underline{G}) \neq O \ . \qquad (6.55)$$

Der Beweis von Satz 6.15 verläuft sehr ähnlich zu dem Beweis von
Satz 6.9 mit Hilfe der Betrachtungen der Eigenwerte über die quadra-
tischen Formen $\underline{\bar{z}}_0' \, \underline{M} \, \underline{z}_0$, $\underline{\bar{z}}_0' (\underline{D} + \underline{G}) \underline{z}_0$, $\underline{\bar{z}}_0' \, \underline{K} \, \underline{z}$. Wegen dieser Analogie wird der Beweis von Satz 6.15 nicht durchgeführt.

Obwohl Folgerung 6.4 ein unmittelbares Ergebnis des Satzes 6.15 ist,
kann diese Behauptung auch unabhängig davon beweisen werden. Wählt
man

$$\underline{P}_{11} = \frac{1}{2} (\underline{D} - \underline{G})\underline{M}^{-1}(\underline{D} + \underline{G}) \ ,$$

$$\underline{P}_{12} = \frac{1}{2} (\underline{D} - \underline{G}) \ , \quad \underline{P}_{22} = \underline{M}$$

$$\underline{Q}_{11} = \underline{O} \ , \quad \underline{Q}_{12} = \underline{O} \ , \quad \underline{Q}_{22} = 2 \, \underline{D} \ ,$$

so sind die Ljapunov-Gleichungen (6.4) erfüllt. Hierbei sind die Matrizen $\underline{P}$ bzw. $\underline{Q}$ gemäß (6.3) wegen

$$\underline{P}_{22} = \underline{M} > \underline{O} \ , \quad \underline{P}_{11} - \underline{P}_{12}\underline{P}_{22}^{-1}\underline{P}_{12}' = \frac{1}{2} \underline{P}_{11} > \underline{O} \ , \quad \underline{Q}_{22} \geq \underline{O}$$

positiv definit bzw. semidefinit. Nach Satz 6.2 ist das M-D-G-System
also grenzstabil. Ist umgekehrt die Bedingung (6.55) verletzt, so

existiert ein $\underline{z}_0 \neq \underline{O}$ mit $(\underline{D} + \underline{G})\underline{z}_0 = \underline{O}$ und $\underline{z}(t) = t\,\underline{z}_0$ ist eine instabile Lösung. Damit ist die Folgerung 6.4 bewiesen.

Ein gyroskopisches System (6.46) mit durchdringender Dämpfung ist nach Satz 6.13 instabil, wenn die statische Fesselung instabil ist. Wenn die Dämpfung nicht durchdringend ist, kann in solchen Fällen $(\underline{K} \nmid \underline{O})$ unter Umständen an eine gyroskopische Stabilisierung gedacht werden. Das ist sicher dann möglich, wenn die Dämpfung die statisch instabilen Freiheitsgrade nicht beeinflußt, die Anzahl der statisch instabilen Freiheitsgrade gerade ist, und die gyroskopischen Kräfte für diese Freiheitsgrade die Bedingungen des Satzes 6.7 erfüllen. Die Sätze 6.7 und 6.13 kommen dann nur in gewissen Teilsystemen des mechanischen Systems zur Anwendung. Diese Überlagerungen sollen nicht weiter in allen Einzelheiten ausgeführt werden. Es soll zum Schluß dieses Abschnitts nur noch ein einfacher Satz über die Instabilität bei M-D-G-K-Systemen angeführt werden.

<u>Satz 6.16: Instabilität von M-D-G-K-Systemen</u>

Ein gyroskopisches, dissipatives System (6.46) ist für eine negativ definite Fesselungsmatrix stets instabil:

$$\underline{D} \geq \underline{O}\ (\underline{D} \neq \underline{O})\ ,\quad \underline{K} < \underline{O}\ . \tag{6.56}$$

Der Beweis hierfür wird nur kurz angedeutet. Wegen $\underline{D} \neq \underline{O}$ gibt es einen gewissen Teilraum des Systems (6.46), in dem die Dämpfung wirksam ist. Wegen $\underline{K} < \underline{O}$ ist aber auch in diesem Teilraum eine instabile Fesselung vorhanden. Nach Satz 6.13, den man nun nur auf dieses Teilsystem anwendet, ist damit das System instabil.

Als Folgerung aus den Betrachtungen über asymptotisch stabile M-D-G-K-Systeme erhält man noch die Aussage über die kritische Stabilitätsgrenze.

<u>Folgerung 6.5: Kritische Stabilitätsgrenze bei M-D-G-K-Systemen</u>

Für ein asymptotisch stabiles M-D-G-K-System mit $\underline{M} = \underline{M}' > \underline{O}$, $\underline{D} = \underline{D}' \geq \underline{O}$, $\underline{G} = -\underline{G}'$, $\underline{K} = \underline{K}' > \underline{O}$ ist die kritische Stabilitätsgrenze gegeben durch:

$$\underline{K} > \underline{0} \ ,$$

$$\underline{M}\,\ddot{\underline{z}}(t) + \underline{G}\,\dot{\underline{z}}(t) + \underline{K}\,\underline{z}(t) = \underline{D}\,\underline{u}(t) \qquad \text{vollst.steuerbar.}$$

6.2.5. Zirkulatorische Systeme (M-K-N-Systeme)

Zirkulatorische Systeme (2.115),

$$\underline{M}\,\ddot{\underline{z}}(t) + (\underline{K}+\underline{N})\underline{z}(t) = \underline{0} \ , \qquad\qquad (6.57)$$

treten häufig bei der Behandlung von Problemen der Elastomechanik
auf. Wird ein elastisches System durch ein diskretes System mit endlich vielen Freiheitsgraden angenähert, wie z.B. das inverse Doppelpendel von Beispiel 9 ein Ersatzmodell für einen Knickstab mit kontinuierlicher Massenverteilung und mit am freien Stabende angreifen-
der tangentialer Last darstellt, so ergeben sich ohne Berücksichtigung von Werkstoffdämpfungen Bewegungsgleichungen der Art (6.57). In
der Elastomechanik werden dabei zwei verschiedene Typen von Instabilität untersucht: das Auswandern des Stabes aus der Gleichgewichtslage infolge der äußeren Last (Divergenz), das sich durch das sog. sta-
tische Stabilitätskriterium $\det\,(\underline{K}+\underline{N}) = 0$ charakterisieren läßt,
und das instabile Flattern, bei dem sich die Bewegung schwingend auf-
schaukelt und das sich nur durch ein kinetisches Stabilitätskriterium erfassen läßt (vgl. [63, Kap.2.3; 105; 113; 154]). Hier soll weiterhin der Ljapunovsche Stabilitätsbegriff verwendet werden, da er
der kinetischen Stabilitätsbetrachtung entspricht und das statische
Stabilitätskriterium enthält.

Satz 6.17: Stabilität von M-K-N-Systemen

Das M-K-N-System (6.57) ist bei positiv definiter Massenmatrix
$\underline{M} = \underline{M}' > \underline{0}$ genau dann stabil, und zwar vollständig grenzstabil,
wenn sich

$$\underline{K} + \underline{N} = \underline{M}\,\underline{B}_1\,\underline{B}_2 \ , \quad \underline{B}_i = \underline{B}'_i > \underline{0} \ , \quad i = 1,2 \ , \qquad (6.58)$$

schreiben läßt, d.h. genau dann, wenn $\underline{M}^{-1}(\underline{K}+\underline{N})$ einer positiv definiten Diagonalmatrix ähnlich ist.

<u>Beweis:</u>

Wegen der fehlenden Dämpfung kann das System höchstens vollständig grenzstabil sein (Satz 6.4). Nach Folgerung 5.2 müssen daher Lösungsmatrizen $\underline{P}_{11}$, $\underline{P}_{12}$, $\underline{P}_{22}$ der homogenen Ljapunov-Gleichungen (6.4) gefunden werden:

$$\underline{P}_{12}\,\underline{M}^{-1}\,(\underline{K} + \underline{N}) + (\underline{K} - \underline{N})\,\underline{M}^{-1}\,\underline{P}'_{12} = \underline{O}\ , \qquad (6.59\ a)$$

$$\underline{P}_{12} + \underline{P}'_{12} = \underline{O}\ , \qquad (6.59\ b)$$

$$\underline{P}_{11} = (\underline{K} - \underline{N})\,\underline{M}^{-1}\,\underline{P}_{22} = \underline{P}_{22}\,\underline{M}^{-1}\,(\underline{K} + \underline{N})\ . \qquad (6.59\ c)$$

Aus (6.59 c) folgt

$$\underline{K} + \underline{N} = \underline{M}\,\underline{P}_{22}^{-1}\,\underline{P}_{11}\ ,$$

woraus wegen $\underline{P}_{11} > \underline{O}$, $\underline{P}_{22} > \underline{O}$ sofort die Notwendigkeit der Relation (6.58) für stabiles Verhalten von (6.57) folgt. Da aber umgekehrt mit $\underline{P}_{11} = \underline{B}_2$, $\underline{P}_{22} = \underline{B}_1^{-1}$ und $\underline{P}_{12} = \underline{O}$ die Beziehungen (6.59) erfüllt sind, ist die Bedingung (6.58) auch hinreichend für Stabilität. Bezeichnet man mit $\underline{U}$ eine orthogonale Matrix, die bei einer Kongruenztransformation die Matrix $\underline{B}_2^{1/2}\,\underline{B}_1\,\underline{B}_2^{1/2}$ diagonalisiert, $\underline{U}'\,\underline{B}_2^{1/2}\,\underline{B}_1\,\underline{B}_2^{1/2}\,\underline{U} = \bar{\bar{\underline{K}}} > \underline{O}$, so gilt $\underline{T}^{-1}\,[\,\underline{M}^{-1}(\underline{K} + \underline{N})\,]\,\underline{T} = \bar{\bar{\underline{K}}}$ mit $\underline{T} = \underline{B}_2^{1/2}\,\underline{U}$.   □

<u>Beispiel 9: Inverses mathematisches Doppelpendel mit tangential mitgehender Last</u>

Setzt man im Beispiel 9 mit den Bewegungsgleichungen (2.116) $m_1 = m_2 = \frac{m}{2}$, $a_1 = a_2 = \frac{l}{2}$, so ist

$$\underline{M}^{-1}(\underline{K} + \underline{N}) = \frac{8}{m\,l}\begin{bmatrix} 4\,\frac{k}{l} - P_2 & -\,3\,\frac{k}{l} + P_2 \\[2ex] -\,9\,\frac{k}{l} + 2\,P_2 & 7\,\frac{k}{l} - 2\,P_2 \end{bmatrix}$$

$$
= \frac{8}{m\,l}
\begin{bmatrix}
\dfrac{4\,\frac{k}{l} - P_2}{9\,\frac{k}{l} - 2\,P_2} & -1 \\[2em]
-1 & \dfrac{7\,\frac{k}{l} - 2\,P_2}{3\,\frac{k}{l} - P_2}
\end{bmatrix}
\begin{bmatrix}
9\,\frac{k}{l} - 2\,P_2 & 0 \\[2em]
0 & 3\,\frac{k}{l} - P_2
\end{bmatrix}
= \underline{B}_1\,\underline{B}_2\;.
$$

Die symmetrischen Matrizen $\underline{B}_1$ und $\underline{B}_2$ sind positiv definit für

$$
P_2 < 3\,\frac{k}{l}\;.
$$

Da das System (2.116) für $P_2 = 3\,\frac{k}{l}$ die Eigenwerte $\lambda_{1,2,3,4} = \pm\,i\,\sqrt{\frac{k}{l}}$ aufweist, liegt hier für $P_2 > 3\,\frac{k}{l}$ eine Flatter-Instabilität vor.

Berechnet man die kritische Last P_2 ohne die spezielle Festlegung von $m_1\,,m_2\,,a_1$ und a_2 , so ergibt sich gemäß Satz 6.17 die Stabilitätsbedingung

$$
P_2 < P_{krit} = \frac{k}{l}\,\frac{(\sqrt{m_1}\,a_1 - \sqrt{m_2}\,a_2)^2 + m_2(a_2+1)^2}{m_2\,a_2\,(a_2+1)}\;. \tag{6.60}
$$

Hieraus erkennt man, daß die kritische Last, ab der für $P_2 > P_{krit}$ Flatter-Instabilität auftritt, wesentlich von den Parametern des Doppelpendels abhängt. Bei der Modellierung eines Knickstabs mit kontinuierlich verteilter Masse durch das diskrete Ersatzsystem (2.116) ist hierauf besonders zu achten. Der ungünstigste Fall tritt für $m_1\,a_1^2 = m_2\,a_2^2$ und $a_2 = 1$ ein:

$$
P_{krit,min} = 2\,\frac{k}{l}\;. \tag{6.61}
$$

$\square$

Der Satz 6.17 gibt eine Möglichkeit, das Stabilitätsverhalten von (6.57) quantitativ zu erfassen. Ist man dagegen daran interessiert, qualitativ den Einfluß der zirkulatorischen Kräfte auf ein nichtgyroskopisches konservatives System mit mehr als zwei Freiheitsgraden $(f \geq 2)$ zu beurteilen, so ist folgender Satz nützlich.

Satz 6.18: Qualitativer Einfluß der zirkulatorischen Kräfte bei M-K-N-Systemen mit f ≥ 2

Ein statisch stabiles M-K-System (6.11) kann durch Hinzufügen von zirkulatorischen Kräften destabilisiert werden. Umgekehrt kann ein instabiles M-K-System unter Umständen durch Hinzufügen von zirkulatorischen Kräften stabilisiert werden, und zwar genau dann, wenn gilt

$$\text{Sp } \underline{M}^{-1} \underline{K} > 0 \; . \tag{6.62}$$

Beweis:

Zum Beweis der ersten Aussage nimmt man eine Modaltransformation vor und erhält gemäß (6.9) und (6.10)

$$\ddot{\underline{z}}(t) + (\overline{\underline{K}} + \overline{\underline{N}}) \, \underline{z}(t) = \underline{0} \; .$$

Wählt man

$$\overline{\underline{N}} = \begin{bmatrix} \begin{bmatrix} o & n \\ -n & o \end{bmatrix} & \underline{0} \\[2mm] \underline{0} & \underline{0} \end{bmatrix} , \quad n > \frac{1}{2} \, | \, \kappa_1 - \kappa_2 \, | \; ,$$

so ergeben sich die Eigenwerte

$$\lambda^2_{1,2,3,4} = -\frac{1}{2} (\kappa_1 + \kappa_2) \pm i \sqrt{n^2 - \frac{1}{4} (\kappa_1 - \kappa_2)^2} \; ,$$

$$\lambda_{2j-1,2j} = \pm i \; \kappa_j \; , \quad j = 3, \ldots, f \; ,$$

woraus wegen $\lambda_{1,2,3,4}$ sofort die Instabilität folgt.

Die zweite Aussage, die Stabilisierung durch Hinzufügen zirkulatorischer Kräfte, kann durch Beispiele veranschaulicht werden (siehe z.B. Ziegler [156, S.19-20, S.108]), jedoch muß im Gegensatz zu [156, S.108] die Nebenbedingung (6.62) erfüllt sein, da nach Satz 6.17 für ein stabiles System gelten muß:

$$0 < \text{Sp } \overline{\overline{\underline{K}}} = \text{Sp } [\, \underline{M}^{-1} (\underline{K} + \underline{N}) \,] = \text{Sp } [\, \underline{M}^{-1/2} (\underline{K} + \underline{N}) \, \underline{M}^{-1/2} \,]$$

$$= \text{Sp } [\, \underline{M}^{-1/2} \underline{K} \, \underline{M}^{-1/2} \,] = \text{Sp } \underline{M}^{-1} \underline{K} \; .$$

Die Bedingung (6.62) ist aber nicht nur notwendig, sondern wie in [160] gezeigt ist, auch hinreichend für die Stabilisierungsmöglichkeit.

□

Die notwendige Bedingung (6.62) für Stabilität von M-K-N-Systemen liefert für das Beispiel 9 statt der richtigen kritischen Last (6.60) den zu großen Wert

$$\tilde{P} = \frac{k}{l} \frac{m_1 a_1^2 + m_2 a_2^2 + m_2 (a_2 + 1)^2}{m_2 a_2 (a_2 + 1)}$$

$$= P_{krit} + 2 \frac{k}{l} \sqrt{\frac{m_1}{m_2}} \sqrt{\frac{a_1}{a_2 + 1}} \ .$$

6.2.6. Allgemeine zirkulatorische Systeme (M-D-G-K-N-Systeme)

Allgemeine zirkulatorische Systeme (2.90),

$$\underline{M} \ \underline{\ddot{z}}(t) + (\underline{D} + \underline{G}) \ \underline{\dot{z}}(t) + (\underline{K} + \underline{N}) \ \underline{z}(t) = \underline{O} \qquad (6.63)$$

mit $\underline{N} \neq \underline{O}$, treten bei der Behandlung allgemeiner, gedämpfter Systeme auf, bei denen sogenannte mitgehende Kräfte auftreten. Das ist z.B. der Fall im Beispiel 10 eines elastisch gelagerten Doppelrotors (Bild 2.11), wo die Gelenkdämpfungskraft im Gegensatz zu den übrigen Kräften wesentlich von der Stellung der beiden Rotoren abhängt und somit keine richtungstreue, sondern eine mitgehende Kraft ist. Ebenso treten Bewegungsgleichungen (6.63) in elastomechanischen Systemen bei Berücksichtigung von Werkstoffdämpfungen auf.

Quantitative Stabilitätssätze für allgemeine zirkulatorische Systeme sind äußerst schwierig aufzustellen, d.h. es fehlt wesentlich an Kriterien für die Matrizen $\underline{M}$, $\underline{D}$, $\underline{G}$, $\underline{K}$ und $\underline{N}$, die einfach überprüft werden können, und mit denen Stabilität oder Instabilität von (6.63) festgestellt werden kann. Der Schwerpunkt der Stabilitätsuntersuchung liegt hier vielmehr bei qualitativen Aussagen. Im folgenden werden zuerst die quantitativen, dann die qualitativen Stabilitätssätze behandelt.

Satz 6.19: Hinreichende Bedingungen für asymptotische Stabilität
von M-D-G-K-N-Systemen

Das allgemeine zirkulatorische System (6.63) ist sicherlich dann
asymptotisch stabil, wenn gilt:

(a)
$$\underline{T}^{-1}\,\underline{M}^{-1}\,(\underline{D}+\underline{G})\,\underline{T} = \bar{\bar{\underline{D}}} = \bar{\bar{\underline{D}}}{}' \geq \underline{O} \ , \tag{6.64 a}$$

$$\underline{T}^{-1}\,\underline{M}^{-1}\,(\underline{K}+\underline{N})\,\underline{T} = \bar{\bar{\underline{K}}} = \bar{\bar{\underline{K}}}{}' > \underline{O} \ , \tag{6.64 b}$$

$$\mathrm{Rg}\ [\ \bar{\bar{\underline{D}}} \quad \bar{\bar{\underline{K}}}\,\bar{\bar{\underline{D}}} \ \dots \ \bar{\bar{\underline{K}}}{}^{f-1}\,\bar{\bar{\underline{D}}} \ ] = f \ ; \tag{6.64 c}$$

oder

(b)
$$(\underline{D}+\underline{G})\,\underline{M}^{-1}\,(\underline{K}+\underline{N}) = (\underline{K}+\underline{N})\,\underline{M}^{-1}\,(\underline{D}+\underline{G}) \ , \tag{6.65 a}$$

$$\underline{M}^{-1}\,(\underline{K}+\underline{N}) = \underline{B}_1\,\underline{B}_2 \ , \quad \underline{B}_i = \underline{B}_i' > \underline{O} \ , \quad i = 1,2 \ , \tag{6.65 b}$$

$$\underline{M}^{-1}\,(\underline{D}+\underline{G}) = \underline{C}_1\,\underline{C}_2 \ , \quad \underline{C}_i = \underline{C}_i' > \underline{O} \ , \quad i = 1,2 \ ; \tag{6.65 c}$$

oder

(c)
$$\underline{K} = \underline{K}' > \underline{O} \ , \quad \underline{D} = \underline{D}' > d_0\,\underline{E}_f > \underline{O} \ , \tag{6.66 a}$$

$$d_0 = \frac{n_{max}}{2\,k_{min}}\,(g_{max} + \sqrt{g_{max}^2 + 4\,m_{max}\,k_{min}}) \ , \tag{6.66 b}$$

wobei

$$m_{max} = \underset{i=1,\dots,f}{\mathrm{M\,a\,x}}\ \lambda_i(\underline{M}) \ , \tag{6.67 a}$$

$$g_{max} = \underset{i=1,\dots,f}{\mathrm{M\,a\,x}}\ \lambda_i(i\,\underline{G}) \ , \tag{6.67 b}$$

$$k_{min} = \underset{i=1,\dots,f}{\mathrm{M\,i\,n}}\ \lambda_i(\underline{K}) \ , \tag{6.67 c}$$

$$n_{max} = \underset{i=1,\dots,f}{\mathrm{M\,a\,x}}\ \lambda_i(i\,\underline{N}) \tag{6.67 d}$$

bedeuten.

Beweis:

Die Aussagen (a) und (b) sind einfache Kombinationen der Sätze 6.9,
6.10 und 6.17. In beiden Fällen geht man davon aus, daß das verkürz-
te M-K-N-System stabil ist (Bedingungen (6.64 b) und (6.65 b)). Die
Forderungen (6.64 a) und (6.65 a) gewährleisten dann, daß durch eine
Koordinatentransformation das System (6.63) auf ein M-D-K-System
(6.34) zurückgeführt werden kann. Die Sätze 6.9 und 6.10 ergeben
dann die geforderten Bedingungen (6.64 c) und (6.65 c). Diese sehr
einfachen Aussagen sind ohne die Erweiterung (6.64 c) in [22] aufgeführt.

Die Aussage (c) ergibt sich aus dem zu (6.63) gehörenden Eigenwert-
Eigenvektorproblem mit Hilfe der Rayleigh-Quotienten der Matrizen
$\underline{M}$, $\underline{D}$, $\underline{G}$, $\underline{K}$ und $\underline{N}$ [23]. Nach Frik [27] berechnet man dann die Abschätzung (6.66) für die Größe einer vollständigen Dämpfung. Ein
allgemeines zirkulatorisches System ist also für hinreichend große,
vollständige Dämpfung sicherlich asymptotisch stabil, wenn die potentielle Energie positiv definit ist.

□

Mit den Bedingungen (6.65) läßt sich ein Stabilitätssatz von Walker
[140] sofort bestätigen. Mit (6.65 b) und einer regulären Matrix der
Form

$$\underline{D} + \underline{G} = \sum_{i=-\infty}^{+\infty} c_i \underline{M} \left[\underline{M}^{-1} (\underline{K} + \underline{N}) \right]^{i} , \quad c_i \geq 0 , \tag{6.68}$$

sind die Forderungen (6.65 a) und (6.65 c) erfüllt.

<u>Folgerung 6.6: Hinreichende Bedingung für asymptotische Stabilität
von M-D-G-K-N-Systemen</u>

Ist das zirkulatorische System (6.57) grenzstabil, so ist das System
(6.63) mit einer regulären Matrix (6.68) asymptotisch stabil.

Einen weiteren Stabilitätssatz erhält man durch die Gegenüberstel-
lung der Bewegungsgleichungen (2.113) und (2.117) eines elastisch
gelagerten Rotors (Beispiel 8, Bild 2.9, [130]). In einem inertialen
Koordinatensystem ergab sich die Darstellung (2.113) eines M-D-G-K-
Systems, während in einem mitdrehenden Koordinatensystem das allge-

meine, zirkulatorische M-D-G-K-N-System (2.117) für das Bewegungsverhalten maßgebend ist. Die zirkulatorischen Kräfte sind hier also eine Folge des gewählten Koordinatensystems und nicht die eines eigen-
ständigen physikalischen Phänomens. Dieser Sachverhalt wurde,angeregt
durch eine Arbeit von Mingori [84], in [96] vollständig analysiert.
Das Ergebnis ist eine klare Unterscheidung der zirkulatorischen Kräfte, die unabhängig vom gewählten Koordinatensystem echte mitgehende
Kräfte sind, und solcher, die nur scheinbar als nichtkonservative
Lagekräfte auftreten und nach einer Koordinatentransformation als
nichtzirkulatorische Kräfte klassifiziert werden können.

<u>Satz 6.20: Transformations-Theorem</u>

Wird das System (6.63) nach einer Modaltransformation (2.135) durch
die Bewegungsgleichungen (6.9) dargestellt,

$$\ddot{\underline{z}}(t) + (\overline{\underline{D}} + \overline{\underline{G}})\,\dot{\underline{z}}(t) + (\overline{\underline{K}} + \overline{\underline{N}})\,\underline{z}(t) = \underline{0}\ ,$$

so ist diese Systemdarstellung äquivalent zu einer Repräsentation

$$\ddot{\underline{\zeta}}(t) + (\overline{\overline{\underline{D}}} + \overline{\overline{\underline{G}}})\,\dot{\underline{\zeta}}(t) + \overline{\overline{\underline{K}}}\,\underline{\zeta}(t) = \underline{0} \qquad\qquad (6.69)$$

(ohne zirkulatorischer Matrix $\overline{\overline{\underline{N}}}$!) genau dann, wenn für irgendeine
Matrix $\tilde{\underline{L}}$ gilt:

$$\overline{\underline{D}} = \overline{\underline{D}}_1 + \overline{\underline{D}}_2\ ,\quad \overline{\underline{D}}_2\,\overline{\underline{D}}_1 = \underline{0}\ ,\quad \overline{\underline{D}}_2\,\overline{\underline{N}} = \underline{0}\ , \qquad (6.70\ \text{a})$$

$$(\underline{E}_f - \overline{\underline{D}}_1\,\overline{\underline{D}}_1^+)\overline{\underline{N}} = \underline{0}\ , \qquad (6.70\ \text{b})$$

$$(\underline{E}_f - \overline{\underline{D}}_1\,\overline{\underline{D}}_1^+)\tilde{\underline{L}} = -\,\tilde{\underline{L}}'(\underline{E}_f - \overline{\underline{D}}_1\,\overline{\underline{D}}_1^+)\ , \qquad (6.70\ \text{c})$$

$$\overline{\underline{D}}_2\,\tilde{\underline{L}} = -(\overline{\underline{D}}_2\,\tilde{\underline{L}})' = -\tilde{\underline{L}}'\,\overline{\underline{D}}_2\ , \qquad (6.70\ \text{d})$$

$$\underline{N}\,\overline{\underline{D}}_1^+ = -(\underline{N}\,\overline{\underline{D}}_1^+)' = \overline{\underline{D}}_1^+\,\underline{N}\ , \qquad (6.70\ \text{e})$$

$$[\,\underline{N}\,\overline{\underline{D}}_1^+ - (\underline{E}_f - \overline{\underline{D}}_1\,\overline{\underline{D}}_1^+)\tilde{\underline{L}}\,]\,\overline{\underline{G}} = \overline{\underline{G}}\,[\overline{\underline{D}}_1^+\,\underline{N} - (\underline{E}_f - \overline{\underline{D}}_1\,\overline{\underline{D}}_1^+)\,\tilde{\underline{L}}\,]\ , \qquad (6.70\ \text{f})$$

$$[\,\underline{N}\,\overline{\underline{D}}_1^+ - (\underline{E}_f - \overline{\underline{D}}_1\,\overline{\underline{D}}_1^+)\tilde{\underline{L}}\,]\,\overline{\underline{K}} = \overline{\underline{K}}\,[\overline{\underline{D}}_1^+\,\underline{N} - (\underline{E}_f - \overline{\underline{D}}_1\,\overline{\underline{D}}_1^+)\,\tilde{\underline{L}}\,]\ . \qquad (6.70\ \text{g})$$

Der Übergang von (6.9) zu (6.69) wird dann durch die orthogonale, zeitvariante Ljapunov-Transformation (siehe 2.49-54))

$$\bar{z}(t) = \underline{L}(t)\,\underline{\zeta}(t)\ ,\tag{6.71 a}$$

$$\underline{\dot{L}}(t) = [\,-\bar{\underline{D}}_1^+\,\bar{\underline{N}} + (\underline{E}_f - \bar{\underline{D}}_1\,\bar{\underline{D}}_1^+)\,\tilde{\underline{L}}\,]\,\underline{L}(t)\ ,\quad \underline{L}(0) = \underline{E}_f\tag{6.71 b}$$

bewerkstelligt; die neuen zeitinvarianten Systemmatrizen ergeben
sich zu

$$\bar{\bar{\underline{D}}} = \bar{\underline{D}}\ ,\tag{6.72 a}$$

$$\bar{\bar{\underline{G}}} = \bar{\underline{G}} - 2\,\bar{\underline{D}}_1^+\,\bar{\underline{N}} + 2(\underline{E}_f - \bar{\underline{D}}_1\,\bar{\underline{D}}_1^+)\,\tilde{\underline{L}}\ ,\tag{6.72 b}$$

$$\bar{\bar{\underline{K}}} = \bar{\underline{K}} - \bar{\underline{N}}'(\bar{\underline{D}}_1^+)^2\,\bar{\underline{N}} + \bar{\underline{G}}'\,\bar{\underline{D}}_1^+\,\bar{\underline{N}} + (\underline{E}_f - \bar{\underline{D}}_1\,\bar{\underline{D}}_1^+)\,\tilde{\underline{L}}\,(\tilde{\underline{L}} + \bar{\underline{G}})\ .\tag{6.72 c}$$

Das Stabilitätsverhalten von (6.9) kann mit Hilfe der Verallgemeinerung des Satzes von Thomson-Tait, Satz 6.13, bezüglich des Systems
(6.69) ohne zirkulatorische Matrix untersucht werden.

Hierbei bedeutet $\bar{\underline{D}}_1^+$ die verallgemeinerte Penrose-Inverse von $\bar{\underline{D}}_1$
[59, S.303-307]. Die Bedingungen (6.70 a) stellen nur eine Rechen-
erleichterung dar; sie können insbesondere auch für $\underline{D}_2 = \underline{O}$ erfüllt werden.

<u>Beweis:</u>

Mit einer Ljapunov-Transformation (6.71 a), die das Stabilitätsverhalten eines linearen Systems nicht verändert, geht (6.9) über in

$$\underline{L}'\,\underline{L}\,\ddot{\underline{\zeta}} + [\,2\,\underline{L}'\,\dot{\underline{L}} + \underline{L}'\,(\bar{\underline{D}} + \bar{\underline{G}})\,\underline{L}\,]\,\dot{\underline{\zeta}} +$$

$$+ [\,\underline{L}'\,\ddot{\underline{L}} + \underline{L}'\,(\bar{\underline{D}} + \bar{\underline{G}})\,\dot{\underline{L}} + \underline{L}'\,(\bar{\underline{K}} + \bar{\underline{N}})\,\underline{L}\,]\,\underline{\zeta} = \underline{O}\ .$$

Die Forderungen

$$\underline{L}'(t)\,\underline{L}(t) = \underline{L}'(0)\,\underline{L}(0) = \underline{E}_f\ ,$$

$$2\,\underline{L}'(t)\,\dot{\underline{L}}(t) + \underline{L}'(t)\,(\bar{\underline{D}} + \bar{\underline{G}})\,\underline{L}(t) = \bar{\bar{\underline{D}}} + \bar{\bar{\underline{G}}} = \underline{\text{const}}\ ,$$

$$\underline{L}'(t)\,\ddot{\underline{L}}(t) + \underline{L}'(t)\,(\bar{\underline{D}} + \bar{\underline{G}})\,\dot{\underline{L}}(t) + \underline{L}'(t)\,(\bar{\underline{K}} + \bar{\underline{N}})\,\underline{L}(t) = \bar{\bar{\underline{K}}} = \bar{\bar{\underline{K}}}' = \underline{\text{const}}$$

führen auf

$$\underline{L}'\dot{\underline{L}} + \dot{\underline{L}}'\underline{L} = \underline{0} \ , \quad \underline{L}'\ddot{\underline{L}} + \ddot{\underline{L}}'\underline{L} = -2\dot{\underline{L}}'\dot{\underline{L}} \ ,$$

$$\underline{L}'\overline{\underline{D}}\,\underline{L} = \overline{\overline{\underline{D}}} \ , \quad \underline{L}'\dot{\overline{\underline{D}}}\underline{L} + \dot{\underline{L}}'\overline{\underline{D}}\underline{L} = \dot{\overline{\overline{\underline{D}}}} = \underline{0} \ ,$$

$$2\,\underline{L}'\dot{\underline{L}} + \underline{L}'\overline{\underline{G}}\underline{L} = \overline{\overline{\underline{G}}} \ ,$$

$$\underline{L}'\ddot{\underline{L}} - \ddot{\underline{L}}'\underline{L} + \underline{L}'\overline{\underline{G}}\dot{\underline{L}} + \dot{\underline{L}}'\overline{\underline{G}}\underline{L} = \dot{\overline{\overline{\underline{G}}}} = \underline{0} \ ,$$

$$\underline{L}'\overline{\underline{K}}\underline{L} - \dot{\underline{L}}'\dot{\underline{L}} + \frac{1}{2}(\underline{L}'\overline{\underline{G}}\dot{\underline{L}} - \dot{\underline{L}}'\overline{\underline{G}}\underline{L}) = \overline{\overline{\underline{K}}} \ ,$$

$$\underline{L}'\overline{\underline{D}}\dot{\underline{L}} + \underline{L}'\overline{\underline{N}}\underline{L} = \overline{\overline{\underline{N}}} = \underline{0} \ .$$

Die letzte Beziehung ist genau dann erfüllt, wenn gilt [59, S.302-303]

$$(\underline{E}_f - \overline{\underline{D}}\,\overline{\underline{D}}^+)\,\overline{\underline{N}} = \underline{0} \ . \tag{6.73}$$

Ist $\overline{\underline{D}}$ in zwei Anteile $\overline{\underline{D}}_1$ und $\overline{\underline{D}}_2$ gemäß (6.70 a) aufteilbar, so gilt

$$\overline{\underline{D}}^+ = \overline{\underline{D}}_1^+ + \overline{\underline{D}}_2^+ \ ,$$

$$(\underline{E}_f - \overline{\underline{D}}\,\overline{\underline{D}}^+)\overline{\underline{N}} = (\underline{E}_f - \overline{\underline{D}}_1\overline{\underline{D}}_1^+ - \overline{\underline{D}}_2\overline{\underline{D}}_2^+)\overline{\underline{N}} = (\underline{E}_f - \overline{\underline{D}}_1\overline{\underline{D}}_1^+)\overline{\underline{N}} = \underline{0} \ ,$$

so daß Bedingung (6.70 b) folgt. Damit wird

$$\dot{\underline{L}}(t)\,\underline{L}'(t) = -\overline{\underline{D}}_1^+\overline{\underline{N}} + (\underline{E}_f - \overline{\underline{D}}_1\overline{\underline{D}}_1^+)\,\tilde{\underline{L}}$$

mit beliebigem $\tilde{\underline{L}}$, wobei nur $\dot{\underline{L}}\,\underline{L}'$ schiefsymmetrisch sein muß:

$$\overline{\underline{D}}_1^+\overline{\underline{N}} = \overline{\underline{N}}\,\overline{\underline{D}}_1^+ \ ,$$

$$(\underline{E}_f - \overline{\underline{D}}_1\overline{\underline{D}}_1^+)\,\tilde{\underline{L}} = -\tilde{\underline{L}}'(\underline{E}_f - \overline{\underline{D}}_1\overline{\underline{D}}_1^+) \ .$$

Damit sind (6.70 c) und (6.70 e) nachgewiesen. Wegen $\overline{\underline{D}}_1^+\overline{\underline{D}}_1 = \overline{\underline{D}}_1\overline{\underline{D}}_1^+$ ist auch die Gültigkeit von (6.71) gezeigt, wobei o.B.d.A. $\underline{L}(0) = \underline{E}_f$ gewählt wird. Aus der Forderung $\dot{\overline{\overline{\underline{D}}}} = \underline{0}$ folgt die Beziehung (6.70 d). Mit $\dot{\overline{\overline{\underline{G}}}} = \underline{0}$ erhält man (6.70 f), und schließlich ergibt sich aus $\dot{\overline{\overline{\underline{K}}}} = \underline{0}$ die Gleichung (6.70 g). Mit der Abkürzung

$$\underline{S} = -\,\overline{\underline{D}}_1^{+}\,\overline{\underline{N}} + (\underline{E}_f - \overline{\underline{D}}_1\,\overline{\underline{D}}_1^{+})\,\widetilde{\underline{L}}$$

ergeben sich die neuen Systemmatrizen aus obigen Rechnungen zu

$$\overline{\overline{\underline{D}}} = \overline{\underline{D}}\ ,$$

$$\overline{\overline{\underline{G}}} = \overline{\underline{G}} + 2\,\underline{S}\ ,$$

$$\overline{\overline{\underline{K}}} = \overline{\underline{K}} - \underline{S}'\,\underline{S} + \overline{\underline{G}}\,\underline{S}\ ,$$

woraus sich die Beziehungen (6.72) bestimmen lassen. Umgekehrt erhält man aus (6.70) mit einer Transformation (6.71) für das gegebene
System (6.9) die neue Darstellung (6.69) mit den Matrizen (6.72).

□

Folgerung 6.7: Transformations-Theorem für $\underline{M}\,\underline{D}_1\,\underline{D}_1^{+} = \underline{D}_1\,\underline{D}_1^{+}\,\underline{M}$

Gilt für das System (6.63) bei einer Aufteilung der Dämpfungsmatrix
$\underline{D}$ in

$$\underline{D} = \underline{D}_1 + \underline{D}_2\ ,\quad \underline{D}_2\,\underline{M}^{-1}\,\underline{D}_1 = \underline{O}\ ,\quad \underline{D}_2\,\underline{M}^{-1}\,\underline{N} = \underline{O} \qquad (6.74)$$

zusätzlich

$$\underline{M}\,\underline{D}_1\,\underline{D}_1^{+} = \underline{D}_1\,\underline{D}_1^{+}\,\underline{M}\ , \qquad\qquad (6.75)$$

was z.B. für Diagonalmatrizen $\underline{M}$ und $\underline{D}_1$ erfüllt ist, so können
die Bedingungen (6.70) ersetzt werden durch

$$(\underline{E}_f - \underline{D}_1\,\underline{D}_1^{+})\,\underline{N} = \underline{O}\ , \qquad\qquad (6.76\ a)$$

$$(\underline{E}_f - \underline{D}_1\,\underline{D}_1^{+})\,\widetilde{\underline{L}} = -\,\widetilde{\underline{L}}'\,(\underline{E}_f - \underline{D}_1\,\underline{D}_1^{+})\ , \qquad\qquad (6.76\ b)$$

$$\underline{D}_2\,\underline{M}^{-1}\,\widetilde{\underline{L}} = -\,(\underline{D}_2\,\underline{M}^{-1}\,\widetilde{\underline{L}})' = -\,\widetilde{\underline{L}}'\,\underline{M}^{-1}\,\underline{D}_2\ , \qquad\qquad (6.76\ c)$$

$$\underline{N}\,\underline{D}_1^{+}\,\underline{M} = -\,(\underline{N}\,\underline{D}_1^{+}\,\underline{M})' = \underline{M}\,\underline{D}_1^{+}\,\underline{N}\ , \qquad\qquad (6.76\ d)$$

$$[\,\underline{N}\,\underline{D}_1^{+}\,\underline{M} - (\underline{E}_f - \underline{D}_1\,\underline{D}_1^{+})\,\widetilde{\underline{L}}\,]\,\underline{M}^{-1}\,\underline{G} = \underline{G}\,\underline{M}^{-1}\,[\,\underline{N}\,\underline{D}_1^{+}\,\underline{M} - (\underline{E}_f - \underline{D}_1\,\underline{D}_1^{+})\,\widetilde{\underline{L}}\,]\ , \quad (6.76\ e)$$

$$[\,\underline{N}\,\underline{D}_1^{+}\,\underline{M} - (\underline{E}_f - \underline{D}_1\,\underline{D}_1^{+})\,\widetilde{\underline{L}}\,]\,\underline{M}^{-1}\,\underline{K} = \underline{K}\,\underline{M}^{-1}\,[\,\underline{N}\,\underline{D}_1^{+}\,\underline{M} - (\underline{E}_f - \underline{D}_1\,\underline{D}_1^{+})\,\widetilde{\underline{L}}\,]\ . \quad (6.76\ f)$$

Die Transformation (6.71) lautet dann

$$\underline{z}(t) = \underline{L}(t)\,\underline{\zeta}(t)\;,\;\; \underline{L}(t) = \exp\!\left(\underline{M}^{-\frac{1}{2}}\,[-\underline{N}\,\underline{D}_1^+\,\underline{M} + (\underline{E}_f - \underline{D}_1\,\underline{D}_1^+)\,\underline{\tilde{L}}]\,\underline{M}^{-\frac{1}{2}}\right)t$$

$$(6.77)$$

und führt auf das M-D-G-K-System

$$\underline{M}\,\ddot{\underline{\zeta}}(t) + [\,\underline{D} + (\underline{G} - 2\,\underline{N}\,\underline{D}_1^+\,\underline{M} + 2\,(\underline{E}_f - \underline{D}_1\,\underline{D}_1^+)\,\underline{\tilde{L}})\,]\,\dot{\underline{\zeta}}(t) +$$

$$+\,[\,\underline{K} - \underline{N}'\,\underline{D}_1^+\,\underline{M}\,\underline{D}_1^+\,\underline{N} + \underline{G}'\,\underline{D}_1^+\,\underline{N} +$$

$$+\,(\underline{E}_f - \underline{D}_1\,\underline{D}_1^+)\,\underline{\tilde{L}}\,\underline{M}^{-1}(\underline{\tilde{L}} + \underline{G})\,]\,\underline{\zeta}(t) = \underline{O}\;,$$

$$(6.78)$$

auf das zur Stabilitätsuntersuchung Satz 6.13 angewendet werden
kann.

Diese Folgerung beruht auf der Voraussetzung (6.75), die es erlaubt
$\overline{\underline{D}_1^+}$ in den Gleichungen (6.70) auszurechnen:

$$(\underline{M}^{-\frac{1}{2}}\,\underline{D}_1\,\underline{M}^{-\frac{1}{2}})^+ = \underline{M}^{\frac{1}{2}}\,\underline{D}_1^+\,\underline{M}^{\frac{1}{2}}\;.$$

Das führt auf die Vereinfachungen der Folgerung 6.7 .

Der Satz 6.20 und die Folgerung 6.7 setzen weder die Invertierbarkeit
der Dämpfungsmatrix voraus wie in [84] noch eine spezielle zirkulato-
rische Matrix $\underline{N} = \underline{D}\,\underline{\Omega}$ mit einer schiefsymmetrischen Drehgeschwin-
digkeitsmatrix $\underline{\Omega} = -\underline{\Omega}^T$ wie in [85]. Die Formulierung des Satzes
6.20 ist allgemeiner und enthält beide Sonderfälle. Die Aufteilung
der Dämpfung in zwei Anteile erlaubt häufig eine einfache Interpreta-
tion von $\underline{D}_1$ als innere Dämpfung (Werkstoffdämpfung) und $\underline{D}_2$ als
äußere Dämpfung. Betrachtet man das Beispiel 10 des elastisch gela-
gerten Doppelrotors, so entspricht $\underline{D}_1$ der inneren Gelenkdämpfung
und im Vergleich mit [85] gilt $\underline{N} = \underline{D}_1\,\underline{\Omega}$, und $\underline{D}_2$ rührt von den
äußeren Lagerdämpfungen her.

Beispiel 8: Elastisch gelagerter Rotor

Für die Bewegungsgleichungen (2.117) mit den Systemmatrizen (2.118)
wählt man $\underline{D}_1 = \underline{D}$ und $\underline{D}_2 = \underline{O}$. Da $\underline{M}$ und $\underline{D}$ Diagonalmatrizen
sind, kann Folgerung 6.7 angewandt werden. Wegen $\underline{N} = \underline{D}\,\underline{\Omega} = \underline{\Omega}\,\underline{D}$ mit

$$\underline{\Omega} = \begin{bmatrix} \underline{O} & -\Omega\,\underline{E}_4 \\ \Omega\,\underline{E}_4 & \underline{O} \end{bmatrix}$$

gilt (6.76 a). Die frei zu wählende Matrix $\underline{\widetilde{L}}$ wird

$$\underline{\widetilde{L}} = -\,\underline{\Omega}\,\underline{M}$$

gesetzt. Damit weist man schnell nach, daß auch die Beziehungen (6.76 b - f) erfüllt sind. Für die Transformationsmatrix (6.77) ergibt sich

$$\underline{M}^{-\frac{1}{2}}\left[\,-\underline{N}\,\underline{D}^+\,\underline{M} + (\underline{E}_8 - \underline{D}\,\underline{D}^+)\,\underline{\widetilde{L}}\,\right]\underline{M}^{-\frac{1}{2}} = -\,\underline{\Omega}\;,$$

so daß gilt

$$\underline{L}(t) = \begin{bmatrix} \cos\Omega t\,\underline{E}_4 & \sin\Omega t\,\underline{E}_4 \\ -\sin\Omega t\,\underline{E}_4 & \cos\Omega t\,\underline{E}_4 \end{bmatrix}.$$

Die Matrizen

$$\underline{G} - 2\,\underline{M}\,\underline{D}^+\,\underline{N} + 2\,(\underline{E}_8 - \underline{D}\,\underline{D}^+)\,\underline{\widetilde{L}} = \begin{bmatrix} \underline{O} & -\underline{G}_1 \\ \underline{G}_1 & \underline{O} \end{bmatrix}\;,$$

$$\underline{K} - \underline{N}'\,\underline{D}^+\,\underline{M}\,\underline{D}^+\,\underline{N} + \underline{G}'\,\underline{D}^+\,\underline{N} + (\underline{E}_8 - \underline{D}\,\underline{D}^+)\,\underline{\widetilde{L}}\,\underline{M}^{-1}\,(\underline{\widetilde{L}} + \underline{G}) = \begin{bmatrix} \underline{K}_1 & \underline{O} \\ \underline{O} & \underline{K}_1 \end{bmatrix}$$

ergeben sich gerade als die in (2.113) verwendeten Systemgrößen. Der Formalismus des Transformations-Theorems hat eine Transformation vom mitdrehenden in das inertiale Koordinatensystem erzeugt.

□

Die Betrachtungen von Satz 6.20 sind auch allgemeiner noch von Interesse. So ist auf diese Weise in [86] ein nichtlineares System - eine rotierende Welle mit innerer und äußerer Dämpfung - erfolgreich auf Stabilität untersucht worden.

Beispiel 10: Elastisch gelagerter Doppel-Rotor

Möchte man Satz 6.20 auf das System (2.119) anwenden, so ist für $\underline{D}_1$

die Matrix der inneren Gelenkdämpfung

$$\underline{D}_1 = \underline{D}_i = \begin{bmatrix} \underline{D}_{1i} & \underline{O} \\ \underline{O} & \underline{D}_{1i} \end{bmatrix}, \quad \underline{D}_{1i} = d_g \begin{bmatrix} 0 & 0 & 0 & 0 & 0 \\ 0 & 1 & 0 & -1 & 0 \\ 0 & 0 & 0 & 0 & 0 \\ 0 & -1 & 0 & 1 & 0 \\ 0 & 0 & 0 & 0 & 0 \end{bmatrix},$$

und für $\underline{D}_2$ die Matrix der äußeren Lagerdämpfungen

$$\underline{D}_2 = \underline{D}_a = \begin{bmatrix} \underline{D}_{1a} & \underline{O} \\ \underline{O} & \underline{D}_{1a} \end{bmatrix}, \quad \underline{D}_{1a} = \underline{\text{diag}} \begin{bmatrix} d_o & 0 & 0 & 0 & d_u \end{bmatrix}$$

anzusetzen. Die Ergebnisse von Folgerung 6.7 sind nicht anwendbar, da $\underline{M}\,\underline{D}_i\,\underline{D}_i^+ \neq \underline{D}_i\,\underline{D}_i^+\,\underline{M}$ ist.

Wegen des speziellen Aufbaus von

$$\overline{\underline{N}} = \Omega \begin{bmatrix} \underline{O} & -\overline{\underline{D}}_{1i} \\ \overline{\underline{D}}_{1i} & \underline{O} \end{bmatrix}$$

ist (6.70 b) erfüllt. Die Beziehungen (6.70 c) und (6.70 d) werden durch

$$\underset{\sim}{\underline{L}} = \begin{bmatrix} \underline{O} & -\underline{L}_i \\ \underline{L}_i & \underline{O} \end{bmatrix},$$

$$\underline{L}_i = \underline{\text{diag}} \begin{bmatrix} 0 & L_2 & L_3 & L_2 & 0 \end{bmatrix} \quad (L_4 = L_2)$$

befriedigt. Die Bedingung (6.70 e) führt auf

$$\overline{\underline{N}}\,\overline{\underline{D}}_i^+ = \overline{\underline{D}}_i^+\,\overline{\underline{N}} = \Omega \begin{bmatrix} \underline{O} & \overline{\underline{D}}_{1i}\,\overline{\underline{D}}_{1i}^+ \\ -\overline{\underline{D}}_{1i}\,\overline{\underline{D}}_{1i}^+ & \underline{O} \end{bmatrix}$$

und ergibt für

$$\overline{\underline{N}}\,\overline{\underline{D}}_i^+ - (\underline{E}_{10} - \overline{\underline{D}}_i\,\overline{\underline{D}}_i^+)\,\tilde{\underline{L}} = \begin{bmatrix} \underline{0} & \underline{L}_i + \overline{\underline{D}}_{1i}\,\overline{\underline{D}}_{1i}^+\,(\Omega\underline{E}_5 - \underline{L}_i) \\[2em] -\underline{L}_i - \overline{\underline{D}}_{1i}\,\overline{\underline{D}}_{1i}^+\,(\Omega\underline{E}_5 - \underline{L}_i) & \underline{0} \end{bmatrix}$$

$$= \begin{bmatrix} \underline{0} & \underline{L}_i \\[1em] \underline{L}_i & \underline{0} \end{bmatrix} \quad \text{für} \quad L_2 = L_4 = \Omega \; .$$

Damit sind die Forderungen (6.70 f) und (6.70 g) zu überprüfen. Diese beiden Bedingungen sind erfüllt, falls

$$\underline{L}_i\,\overline{\underline{G}}_1 = \overline{\underline{G}}_1\,\underline{L}_i \; ,$$

$$\underline{L}_i\,\overline{\underline{K}}_1 = \overline{\underline{K}}_1\,\underline{L}_1$$

gilt. Die Berechnung von

$$\overline{\underline{G}}_1 = \underline{R}'^{\,-1}\,\underline{G}_1\,\underline{R}^{-1} \; , \quad \overline{\underline{K}}_1 = \underline{R}'^{\,-1}\,\underline{K}_1\,\underline{R}^{-1}$$

mit $\underline{R}'\,\underline{R} = \underline{M}_1$ wird umgangen, indem man fordert

$$\underline{R}'\,\underline{L}_i\,\underline{R}'^{\,-1}\,\underline{G}_1 = \underline{G}_1\,\underline{R}^{-1}\,\underline{L}_i\,\underline{R} \; ,$$

$$\underline{R}'\,\underline{L}_i\,\underline{R}'^{\,-1}\,\underline{K}_1 = \underline{K}_1\,\underline{R}^{-1}\,\underline{L}_i\,\underline{R} \; .$$

Es ist

$$\underline{R}^{-1}\,\underline{L}_i\,\underline{R} = \begin{bmatrix} 0 & 0 & 0 & 0 & 0 \\[0.5em] 0 & \Omega & (\Omega - L_3)\,\dfrac{m_1 s_1}{A_1 + m_1 s_1^2} & 0 & 0 \\[1em] 0 & 0 & L_3 & 0 & 0 \\[1em] 0 & 0 & (L_3 - \Omega)\,\dfrac{m_2 s_2}{A_2 + m_2 s_2^2} & \Omega & 0 \\[1em] 0 & 0 & 0 & 0 & 0 \end{bmatrix}$$

Hieraus folgt, daß die Bedingung mit der Matrix $\underline{G}_1$ genau für $L_3 = \Omega$ erfüllt werden kann. Dann ist

$$\underline{L}_i = \underline{\text{diag}}\,[\,0 \quad \Omega \quad \Omega \quad \Omega \quad 0\,] \; ,$$

$$\underline{R}^{-1}\,\underline{L}_i\,\underline{R} = \underline{L}_i \quad , \quad \underline{L}_i\,\underline{G}_1 = \underline{G}_1\,\underline{L}_i \; .$$

Die letzte Bedingung mit der Fesselungsmatrix $\underline{K}_1$ gemäß (2.120) ist
nur für

$$k_1 = k_2 = 0$$

erfüllt, d.h. Satz 6.20 ist nur anwendbar, wenn zwischen den Lagern
und dem oberen bzw. dem unteren Ende des Doppelrotors keine elastischen Kräfte wirken. Damit entfällt aber gerade die wichtige Kopplung
zwischen den Rotoren und den Lagern. Für den ungefesselten Doppelrotor ist eine Stabilitätsaussage möglich, sonst aber nicht. Da der ge-
meinsame Schwerpunkt der beiden Rotoren dann keinen äußeren Horizon-
talkräften unterworfen ist, kann der Schwerpunkt mit beliebiger konstanter Geschwindigkeit in der Ebene senkrecht zur Symmetrieachse
verschoben werden; das System ist also instabil. Das kommt auch darin
zum Ausdruck, daß für den freien Doppelrotor z.B.

$$\underline{z}(t) = t\,\begin{bmatrix} 0 & 0 & 1 & 0 & 0 & 0 & 0 & 0 & 0 & 0 \end{bmatrix}'$$

eine instabile Lösung ist.   □

Das Beispiel 10 zeigt, daß für quantitative Stabilitätsaussagen bei
allgemeinen zirkulatorischen Systemen der Satz 6.20 nur begrenzt anwendbar ist. Obwohl das System (2.119) wegen der Rotationssymmetrie
schon besonders übersichtlich strukturierte Bewegungsgleichungen aufweist, ist eine explizite Stabilitätsuntersuchung entsprechend der
Sätze 6.20 und 6.13 nicht möglich. Bei Verwendung komplexer Koordinaten

$$\underline{\xi} = \overline{\underline{z}}_1 + i\,\overline{\underline{z}}_2 \; ,$$

wie das in der Kreiseltheorie üblich ist, lassen sich die Gleichungen
(2.119) auch komplex zusammenfassen in

$$\underline{M}_1\,\ddot{\underline{\xi}}(t) + (\underline{D}_1 + i\,\underline{G}_1)\dot{\underline{\xi}}(t) + (\underline{K}_1 + i\,\underline{N}_1)\underline{\xi}(t) = \underline{0} \; .$$

Bei der Aufspaltung der Dämpfungsmatrix

$$\underline{D}_1 = \underline{D}_{1i} + \underline{D}_{1a}$$

in Anteile der inneren Gelenkdämpfung und der äußeren Lagerdämpfung
gilt zusätzlich

$$\underline{N}_1 = - \Omega \, \underline{D}_{1i} \; .$$

Wegen $\underline{G}_1 = - \Omega \, \underline{G}_0$, $\underline{G}_0 = \underline{diag} \, [\; 0 \;\; c_1 \;\; 0 \;\; c_2 \;\; 0 \;]$ läßt sich damit
allgemein folgendes ungelöste Problem aufstellen.

Problem: Stabilität von rotationssymmetrischen Kreiselsystemen

Das Stabilitätsverhalten von statisch stabilen, rotationssymmetrischen Kreiselsystemen, die sich durch komplexe Bewegungsgleichungen
der Form

$$\underline{M} \, \ddot{\underline{z}}(t) + (\underline{D}_a + \underline{D}_i + i \, \Omega \, \underline{G}) \dot{\underline{z}}(t) + (\underline{K} + i \, \Omega \, \underline{D}_i) \underline{z}(t) = \underline{0} \qquad (6.79)$$

mit $\underline{M} = \underline{M}' > \underline{0}$, $\underline{D}_a = \underline{D}_a' \geq \underline{0}$, $\underline{D}_i = \underline{D}_i' \geq \underline{0}$, $\underline{G} = \underline{G}' \geq \underline{0}$, $\underline{K} = \underline{K}' > \underline{0}$

beschreiben lassen, ist in Abhängigkeit der (Rotor-)Drehzahl Ω zu
untersuchen.

Für $\Omega = 0$ ist (6.79) ein M-D-K-System, das bei durchdringender Dämpfung asymptotisch stabil ist. Für wachsendes Ω_g kann das System
(6.79) stabil bleiben (Beispiel 8, (2.119)) oder ab einer kritischen
Drehzahl Ω_{krit} instabil werden (Beispiel 10, siehe [110]). Dieses
unterschiedliche Stabilitätsverhalten ist noch nicht allgemein untersucht und stellt ein ungelöstes Problem dar.

Für die zirkulatorischen Systeme können neben den quantitativen Stabilitätsaussagen der Sätze 6.19 und 6.20 auch noch einige grundsätzliche, qualitative Feststellungen getroffen werden.

Satz 6.21: Instabilität für M-D-G-K-N-Systeme

(a) Ein zirkulatorisches System

$$\underline{M} \, \ddot{\underline{z}}(t) + \underline{D} \, \dot{\underline{z}}(t) + \underline{N} \, \underline{z}(t) = \underline{0} \qquad (6.80)$$

$(\underline{N} \neq \underline{0})$ ist unabhängig von $\underline{D}$ stets instabil.

(b) Ebenfalls ist das System

$$\underline{M}\,\underline{\ddot{z}}(t) + \underline{D}\,\underline{\dot{z}}(t) + (\underline{K} + \underline{N})\underline{z}(t) = \underline{O} \qquad (6.81\ a)$$

mit

$$\underline{K} < \underline{O} \qquad (6.81\ b)$$

unabhängig von $\underline{D}$ und $\underline{N}$ stets instabil.

<u>Beweis:</u>

Die erste Aussage wird nach einer Modaltransformation in der Darstellung (6.9) der Bewegungsgleichungen bewiesen. Die Ljapunov-Gleichungen (6.4) werden dann mit

$$\overline{\underline{P}}_{11} = -\alpha\,\overline{\underline{D}}\ ,\quad \overline{\underline{P}}_{22} = \underline{E}_f\ ,$$

$$\overline{\underline{P}}_{12} = -\overline{\underline{N}} - \alpha\,\underline{E}_f\ ,$$

$$\overline{\underline{Q}}_{11} = 2\,\overline{\underline{N}}\,\overline{\underline{N}}'\ ,\quad \overline{\underline{Q}}_{12} = -\overline{\underline{N}}\,\overline{\underline{D}} - \overline{\underline{N}}\ ,$$

$$\overline{\underline{Q}}_{22} = 2\,\overline{\underline{D}} + 2\,\alpha\,\underline{E}_f$$

erfüllt. Für hinreichend großes α ist $\overline{\underline{P}}$ (6.3) indefinit und $\overline{\underline{Q}}$ (6.3) mindestens positiv semidefinit. Ebenfalls läßt sich hier ein beobachtbarer Zustand $\overline{\underline{x}}$ finden, der $\overline{\underline{x}}'\,\overline{\underline{P}}\,\overline{\underline{x}} < O$ ergibt:

$$\overline{\underline{x}} = \begin{bmatrix} \overline{\underline{x}}_1 \\[2mm] \overline{\underline{x}}_2 \end{bmatrix} = \overline{\underline{Q}}\begin{bmatrix} \overline{\underline{q}}_1 \\[2mm] \overline{\underline{q}}_2 \end{bmatrix}$$

mit $\overline{\underline{q}}_2 = [\,2\,\alpha\,\underline{E}_f + 2\,\overline{\underline{D}} + \overline{\underline{N}}\,\overline{\underline{D}} + \overline{\underline{N}}\,]^{-1}[\,2\,\overline{\underline{N}}\,\overline{\underline{N}}' + \overline{\underline{D}}\,\overline{\underline{N}}' + \overline{\underline{N}}'\,]\,\overline{\underline{q}}_1 \neq \underline{O}$

führt auf $\overline{\underline{x}}_1 = \overline{\underline{x}}_2 \neq \underline{O}$, so daß

$$\overline{\underline{x}}'\,\overline{\underline{P}}\,\overline{\underline{x}} = -\,\overline{\underline{x}}_1'\,[\,2(\alpha - \tfrac{1}{2})\underline{E}_f + \alpha\,\overline{\underline{D}}\,]\,\overline{\underline{x}}_1$$

für hinreichend großes α negativ ausfällt.

Die zweite Behauptung ergibt sich mit den Matrizen

$$\underline{\bar{P}}_{11} = \underline{O} \ , \quad \underline{\bar{P}}_{22} = \underline{\bar{D}} \ , \quad \underline{\bar{P}}_{12} = \underline{\bar{K}} - \underline{\bar{N}} \ ,$$

$$\underline{\bar{Q}}_{11} = 2\,(\underline{\bar{K}} + \underline{\bar{N}})\,{}'\,(\underline{\bar{K}} + \underline{\bar{N}}) \ , \quad \underline{\bar{Q}}_{22} = -\,2\,\underline{\bar{K}} + 2\,\underline{\bar{D}}^{2} \ ,$$

$$\underline{\bar{Q}}_{12} = 2\,(\underline{\bar{K}} + \underline{\bar{N}})\,{}'\,\underline{\bar{D}} \ .$$

Wegen $\underline{\bar{K}} < \underline{O}$ ist $\underline{\bar{K}} + \underline{\bar{N}}$ eine reguläre Matrix und damit $\underline{\bar{Q}}_{11} > \underline{O}$.
Weiterhin ist gemäß (6.5 a)

$$\underline{\bar{Q}}_{22} - \underline{\bar{Q}}_{12}'\,\underline{\bar{Q}}_{11}^{-1}\,\underline{\bar{Q}}_{12} = -\,2\,\underline{\bar{K}} > \underline{O} \ ,$$

so daß nach (6.3) $\underline{\bar{Q}} > \underline{O}$ gilt. Andererseits ist $\underline{\bar{P}}$ (6.3) gewiß indefinit, so daß nach dem Ljapunovschen Instabilitätssatz (Folgerung
5.3) das System (6.81) instabil ist.

□

Satz 6.22: Stabilisierung von M-D-G-K-N-Systemen

(a) Das instabile System

$$\underline{M}\,\underline{\ddot{z}}(t) + \underline{N}\,\underline{z}(t) = \underline{O} \tag{6.82}$$

läßt sich durch Hinzufügen geeigneter geschwindigkeitsabhängiger
Kräfte $-\,(\underline{D} + \underline{G})\,\underline{\dot{z}}(t)$ stabilisieren; für det $\underline{N} \neq 0$ ist sogar asymptotische Stabilität erreichbar.

(b) Das instabile System

$$\underline{M}\,\underline{\ddot{z}}(t) + \underline{K}\,\underline{z}(t) = \underline{O} \ , \quad \underline{K} < \underline{O} \ , \tag{6.83}$$

läßt sich genau dann durch Hinzufügen geeigneter Kräfte $-\,(\underline{D} + \underline{G})\,\underline{\dot{z}}(t) -$
$-\,\underline{N}\,\underline{z}(t)$ stabilisieren, wenn die Anzahl der Freiheitsgrade des Systems gerade ist (det $\underline{K} > 0$) .

Beweis:

(a) Zuerst führt man (6.82) wieder in die normierte Schreibweise
(6.9) über,

$$\underline{\ddot{z}}(t) + \underline{\bar{N}}\,\underline{\bar{z}}(t) = \underline{O} \ .$$

Die Stabilisierung wird z.B. durch

$$(\overline{\underline{D}} + \overline{\underline{G}})\,\dot{\overline{z}}(t) = (2\,\underline{E}_f + \overline{\underline{N}})\,\dot{\overline{z}}(t)$$

erreicht. Auf das System

$$\ddot{\overline{z}}(t) + (2\,\underline{E}_f + \overline{\underline{N}})\,\dot{\overline{z}}(t) + \overline{\underline{N}}\,\overline{z}(t) = \underline{O}$$

läßt sich das Transformations-Theorem anwenden. Die Bedingungen (6.70) sind alle erfüllt. Man erhält

$$\ddot{\underline{\zeta}}(t) + 2\,\dot{\underline{\zeta}}(t) + \frac{1}{4}\,\overline{\underline{N}}'\,\overline{\underline{N}}\,\underline{\zeta}(t) = \underline{O}\ .$$

Nach Satz 6.9 ist dieses System stabil und für reguläres $\overline{\underline{N}}$ sogar asymptotisch stabil.

(b) Wenn die Anzahl der Freiheitsgrade ungerade ist, so ist wegen $\underline{K} < \underline{O}$ auch det $\underline{K} < O$ und damit det $(\underline{K} + \underline{N}) < O$. Nach Satz 6.4, Ungleichung (6.8 e), ist das System dann stets instabil. Ist umgekehrt det $\underline{K} > O$ und damit die Anzahl der Freiheitsgrade gerade, so wird durch das Hinzufügen von $-\underline{D}\,\dot{z}(t) - \underline{N}\,z(t)$ nach Satz 6.21 keine Stabilisierung erreicht. Werden jedoch auch noch zusätzlich gyroskopische Kräfte $-\underline{G}\,\dot{z}(t)$ hinzugefügt, so kann bei geeigneter Wahl der Matrizen $\underline{D}$, $\underline{G}$, $\underline{N}$ das System asymptotisch stabil werden. Zuerst kann für $\underline{D} = \underline{O}$, $\underline{N} = \underline{O}$ mit einem regulären $\underline{G}$ eine gyroskopische Stabilisierung (Satz 6.7) erreicht werden. Eine Dämpfung mit $\underline{D} = \underline{D}' > \underline{O}$ würde nach Satz 6.12 die gyroskopische Stabilisierung wieder aufheben, jedoch kann dieser Effekt durch eine entsprechende zirkulatorische Kraft vermieden werden. Ohne auf den Beweis genauer einzugehen, ergibt sich ein asymptotisch stabiles System.

□

Bei der Untersuchung elastischer Systeme, die durch mechanische Systeme mit endlich vielen Freiheitsgraden angenähert werden, ist es noch interessant zu wissen, ob Instabilitäten vom Divergenz- oder vom Flattertyp sind (vgl. [105,113], siehe auch Abschnitt 6.25). Hier gilt folgender einfacher Satz

<u>Satz 6.23: Flatter-Instabilität</u>

Gilt für ein allgemeines zirkulatorisches System (6.63) stets $\underline{K} > \underline{O}$, so sind eventuell auftretende Instabilitäten vom Flattertyp.

Diese Aussage ergibt sich sofort aus $\det(\underline{K} + \underline{N}) > 0$ wegen $\underline{K} > \underline{O}$. Damit ist eine Divergenz-Instabilität ausgeschlossen.

Die Matrizenverfahren in der Stabilitätstheorie allgemeiner zirkulatorischer Systeme (6.63) haben einerseits eine Reihe von sehr brauchbaren Ergebnissen gebracht (Sätze 6.19 - 6.23), jedoch auch verschiedene Stabilitätsfragen offen gelassen. Wie das Problem der rotationssymmetrischen Kreiselsysteme mit inneren und äußeren Dämpfungen zeigt, besteht das Hauptproblem in einer quantitativen Erfassung der Stabilitätsgrenzen. Andererseits kann für eine hinreichend große Dämpfung bei zirkulatorischen Systemen mit positiv definiter potentieller Energie stets ein asymptotisch stabiles Verhalten erreicht werden.

6.2.7. Ergänzung: Elastische Systeme

Die Stabilitätsanalyse elastischer Systeme, d.h. von Systemen, deren Massen, Dämpfungen und Elastizitäten kontinuierlich über das ganze mechanische Gebilde verteilt sind, geschieht auf sehr verschiedene Arten, wie die Übersicht [43] von Herrmann, die Symposien - Berichte [64] und [66] oder die Lehrbücher von Leipholz [63] und Ziegler [156] zeigen. Die eine Vorgehensweise geht von einer mathematischen (Stichwort: Ritz-Galerkin) oder einer physikalischen (Stichwort: Systeme mehrerer starrer Körper) Diskretisierung des kontinuierlichen Systems aus. Hierbei ist nach Ziegler auf die Annehmbarkeit der Ersatzmodelle zu achten [106,157]. Das Stabilitätsproblem wird dann mit den in den Abschnitten 6.2.1 bis 6.2.6 zur Verfügung gestellten Sätzen gelöst. Einen anderen Lösungsweg ging Movchan [89], der die Ljapunovsche Stabilitätstheorie auf elastische Systeme ausdehnte (siehe auch [34, S.213-219; 66, S.281-319]). Für elastische Systeme kommt als ein Ljapunov-Funktional häufig wieder ein mit dem Hamilton-Funktional gebildeter Energieausdruck in Frage [65, S.249-251; 141], wie das für ein diskretes M-K-System mit (6.14) und (6.15) angedeutet wurde. Die Auswertung solcher Hamilton-Funktionale geschieht jedoch bei komplizierteren Systemen, wie z.B. bei rotierenden, flexiblen Raumstationen, schließlich doch wieder durch eine Diskretisierung des Problems [3,78]. Einen dritten Weg hat Barston [6,7,8] eingeschlagen, der durch eine Operatorschreibweise einzelne Ergebnisse der vorhergehenden Abschnitte auf kontinuierliche Systeme übertragen hat. Im Zusammenhang mit den früheren Betrachtungen werden zwei Verallgemeinerungen für elastische Systeme kurz aufgeführt.

Es wird ein elastisches, dissipatives System

$$\underset{\sim}{M}\,\underset{\sim}{\ddot{z}}(t) + \underset{\sim}{D}\,\underset{\sim}{\dot{z}}(t) + \underset{\sim}{K}\,\underset{\sim}{z}(t) = \underset{\sim}{O} \qquad\qquad (6.84)$$

betrachtet, wobei $\underset{\sim}{z}$ Elemente eines Hilbertraums $\underset{\sim}{H}$ und $\underset{\sim}{M},\underset{\sim}{D}$ und $\underset{\sim}{K}$ zeitinvariante, lineare, selbstadjungierte Operatoren sind, die $\underset{\sim}{H}$ in $\underset{\sim}{H}$ abbilden. Hierbei sind $-\underset{\sim}{M}\,\underset{\sim}{\ddot{z}}$ die Trägheits-, $-\underset{\sim}{D}\,\underset{\sim}{\dot{z}}$ die Dämpfungs- und $-\underset{\sim}{K}\,\underset{\sim}{z}$ die elastischen Fesselungskräfte eines kontinuierlichen Systems. Die Operatoren $\underset{\sim}{M},\underset{\sim}{D}$ und $\underset{\sim}{K}$ sind üblicherweise Differentialoperatoren bezüglich der Ortskoordinaten. Betrachtet man z.B. die freien Schwingungen eines einseitig eingespannten Stabes (Bild 6.2),die durch die partielle Differentialgleichung

$$\frac{\partial^2}{\partial x^2}\left[\,E\,I(x)\,\frac{\partial^2 z}{\partial x^2}\,\right] + \mu(x)\,\frac{\partial^2 z}{\partial t^2} = 0 \qquad\qquad (6.85)$$

mit der Auslenkung z , der Längenkoordinate x , dem konstanten Elastizitätsmodul E , dem Flächenträgheitsmoment $I(x)$ und der je Längeneinheit genommenen Masse $\mu(x)$ beschrieben werden [77, S.135], so ist

$$\underset{\sim}{M} = \mu(x)\ ,\quad \underset{\sim}{D} = O\ ,\quad \underset{\sim}{K} = \frac{\partial^2}{\partial x^2}\left[\,E\,I(x)\,\frac{\partial^2}{\partial x^2}\,\right]\ .$$

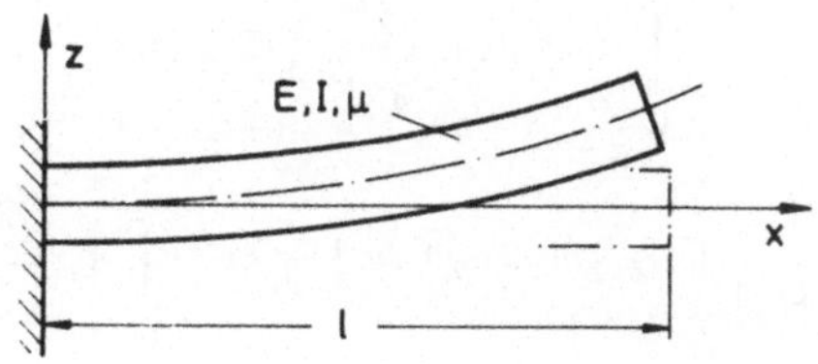

Bild 6.2. Einseitig eingespannter Stab

<u>Satz 6.24: Stabilität elastischer Systeme (6.84)</u>

Sind die Operatoren $\underset{\sim}{M}$ und $\underset{\sim}{D}$ positiv semidefinit und $\underset{\sim}{K}$ positiv definit,

$$\underset{\sim}{M} \geq \underset{\sim}{O} \ , \quad \underset{\sim}{D} \geq \underset{\sim}{O} \ , \quad \underset{\sim}{K} > \underset{\sim}{O} \ , \tag{6.86}$$

so ist das elastische System (6.84) stabil.

<u>Satz 6.25: Instabilität elastischer Systeme (6.84)</u>

Gilt für die Operatoren von (6.84)

$$\underset{\sim}{M} > \underset{\sim}{O} \ , \quad \underset{\sim}{D} > \underset{\sim}{O} \ , \quad \underset{\sim}{K} \not\geq \underset{\sim}{O} \ , \tag{6.87}$$

so ist das elastische System (6.84) instabil.

Hierbei bedeutet $\underset{\sim}{K} \not\geq \underset{\sim}{O}$, daß

$$\inf_{\underset{\sim}{z} \in \underset{\sim}{H}} \left\{ \frac{(\underset{\sim}{z}, \underset{\sim}{K} \underset{\sim}{z})}{(\underset{\sim}{z}, \underset{\sim}{z})} \right\} < O$$

gilt, wobei $(\underset{\sim}{z}, \underset{\sim}{K} \underset{\sim}{z})$ das innere Produkt im Hilbertraum $\underset{\sim}{H}$ symbolisiert.

Die Beweise dieser beiden Sätze sind in [7] zu finden, wobei die Sätze mit größerer mathematischer Strenge formuliert sind als hier, wo es nur auf den wesentlichen Inhalt ankommt.

Wendet man diese Sätze auf die Stabschwingungen (6.85) an, so ist

$$(\underset{\sim}{z}, \underset{\sim}{K} \underset{\sim}{z}) = \int_O^1 z(x,t) \frac{\partial^2}{\partial x^2} \left[E\, I(x)\, \frac{\partial^2 z(x,t)}{\partial x^2} \right] dx$$

$$= E\, I_O \left\{ \left[z\, z''' - z'\, z'' \right]_O^1 + \int_O^1 \left[\frac{\partial^2 z}{\partial x^2} \right]^2 dx \right\}$$

$$= E\, I_O \int_O^1 \left[\frac{\partial^2 z}{\partial x^2} \right]^2 dx > O \ , \quad z(x,t) \neq O \ ,$$

für einen Stab der Länge 1 mit konstantem Querschnitt $(I(x) = I_O)$, der bei $x = O$ einseitig eingespannt ist:

$$z(0,t) = 0 \ , \quad z'(0,t) = 0 \ , \quad z''(1,t) = 0 \ , \quad z'''(1,t) = 0 \ .$$

Die Voraussetzungen des Satzes 6.24 sind erfüllt, da für $\mu(x) > 0$ auch

$$(\underset{\sim}{z} \, , \, \underset{\sim}{M} \, \underset{\sim}{z}) \ = \ \int\limits_0^1 \mu(x) z^2(x)\,dx \ > \ 0$$

ausfällt. Mit $\underset{\sim}{M} > \underset{\sim}{0} \, , \ \underset{\sim}{D} = \underset{\sim}{0} \, , \ \underset{\sim}{K} > \underset{\sim}{0}$ ist das System (6.85) stabil.

Die Sätze 6.24 und 6.25 sind Verallgemeinerungen der Sätze 6.9 und 6.10 für diskrete M-D-K-Systeme. Sie überraschen nicht, da eine Diskretisierung der Bewegungsgleichungen (6.84) mittels des Galerkinschen Verfahrens [63, Kap. 1.6.5] unter gewissen Stetigkeitsvoraussetzungen an die Operatoren $\underset{\sim}{M}$, $\underset{\sim}{D}$ und $\underset{\sim}{K}$ auf endliche Systeme des M-D-K-Typs führen. Die Definitheitsforderungen an die Operatoren übertragen sich auf die entsprechenden Matrizen.

Das Beispiel der Sätze 6.24 und 6.25 zeigt, daß die Matrizenmethoden in der Stabilitätstheorie linearer, diskreter, dynamischer Systeme sicher in vielen Fällen verallgemeinert werden können auf Operatormethoden in der Stabilitätstheorie linearer, kontinuierlicher, dynamischer Systeme.

Literaturverzeichnis

1. Achareke, C.; Lastman, G.J.: Simple Controllability Test for Systems of the Form $\ddot{X} = AX + BU$. AIAA J. 8 (1970) 944-945.

2. Ackermann, J.: Abtastregelungen. Berlin - Heidelberg - New York: Springer 1972.

3. Barbera, F.J.; Likins, P.: Liapunov Stability Analysis of Spinning Flexible Spacecraft. AIAA J. 11 (1973) 457-466.

4. Barnett, S.: Matrices in Control Theory. London: Van Nostrand Reinhold Company 1971.

5. Barnett, S., und Storey, C.: Matrix Methods in Stability Theory. London: Nelson 1970.

6. Barston, E.M.: Eigenvalue Problem for Lagrangian Systems: I, II, III. J.Math.Physics 8 (1967) 523-532; 8 (1967) 1886-1892; 9 (1968) 2069-2075.

7. Barston, E.M.: Stability of Dissipative Systems. Comm. Pure Appl. Math. 22 (1969) 627-637.

8. Barston, E.M.: Stability of Dissipative Systems with Applications to Fluids and Magnetofluids. In: P.K.C. Wang (Hrsg.): Optimization and Stability Problems in Continuum Mechanics. Lecture Notes in Physics 21, 83-94, Berlin - Heidelberg - New York: Springer 1973.

9. Bingulac, S.P.: An Alternate Approach to Expanding $PA + A'P = - Q$. IEEE Transact. Automatic Control AC-15 (1970) 135-137.

10. Brockett, R.W.: Finite Dimensional Linear Systems. New York - London - Sydney - Toronto: John Wiley 1970.

11. Brommundt, E.: Stabilitätsaussagen mit Hilfe von Energieausdrücken
    bei einem Turborotor mit Kreiseleinfluß. Ing.-Arch. 42 (1973)
    208-214.

12. Carlson, D.; Schneider, H.: Inertia Theorems for Matrices: The
    Semidefinite Case. J.Math.Anal.Appl. 6 (1963) 430-446.

13. Caughey, T.K.: Classical Normal Modes in Damped Linear Dynamic
    Systems. ASME Transact., Ser. E, J.Appl.Mech. 27 (1960) 269-271.

14. Caughey, T.K.; O'Kelly, M.E.J.: Classical Normal Modes in Damped
    Linear Dynamic Systems. ASME Transact., Ser. E, J.Appl.Mech. 32
    (1965) 583-588.

15. Chen, C.F.; Shieh, L.S.: A Note on Expanding $PA + A^T P = -Q$.
    IEEE Transact. Automatic Control AC-13 (1968) 122-123.

16. Chen, C.T.: Introduction to Linear System Theory. New York: Holt,
    Rinehart and Winston 1970.

17. Chen, C.T.: A Generalization of the Inertia Theorem. SIAM J.
    Appl.Math. 25 (1973) 158-161.

18. Chetayev, N.G.: The Stability of Motion. New York - Oxford -
    London - Paris: Pergamon Press 1961.

19. Connell, G.M.: Asymptotic Stability of Second-Order Linear
    Systems with Semidefinite Damping. AIAA J. 7 (1969) 1185-1187.

20. Cremer, L.: Ein neues Verfahren zur Beurteilung der Stabilität
    linearer Regelungssysteme. Z.Angew.Math.Mech. 25/27 (1947)
    161-163.

21. Cremer, L.: Die Verringerung der Zahl der Stabilitätskriterien
    bei Voraussetzung positiver Koeffizienten der charakteristischen
    Gleichung. Z.Angew.Math.Mech. 33 (1953) 221-227.

22. Datko, R.: The Asymptotic Stability of a Class of Second Order
    Differential Equations. J.Inst.Math.Appl. 4 (1968) 276-281.

23. Falk, S.: Klassifikation gedämpfter Schwingungssysteme und Ein-
    grenzung ihrer Eigenwerte. Ing.-Arch. 29 (1960) 436-444.

24. Fischer, U.; Stephan, W.: Prinzipien und Methoden der Dynamik.
    Leipzig: VEB Fachbuchverlag 1972.

25. Formalskii, A.M.: Stabilität von Systemen mit trockener Reibung;
    der kraftgestützte Kreiselstabilisator (Russisch). Mekhanika
    Tverdogo Tela 1972, Heft 4, 15-23.

26. Freund, E.: Zeitvariable Mehrgrößensysteme. Lecture Notes in
    Operations Research and Mathematical Systems, Vol. 57.
    Berlin - Heidelberg - New York: Springer 1971.

27. Frik, M.: Zur Stabilität nichtkonservativer linearer Systeme.
    Z.Angew.Math.Mech. 52 (1972) T47-T49.

28. Fuller, A.T.: Stability Criteria for Linear Systems and Realiz-
    ability Criteria for RC-Networks. Proc. Cambridge Phil.Soc. 53
    (1957) 878-896.

29. Gantmacher, F.: Lectures in Analytical Mechanics. Moskau: MIR
    Publ. 1970.

30. Gantmacher, F.R.: Matrizenrechnung I und II. 2. Aufl., Berlin:
    Deutscher Verlag der Wissenschaften 1965 und 1966.

31. Genin, J.; Maybee, J.S.: Nonconservative Linear Systems with
    Constant Coefficients. J.Inst.Math.Appl. 8 (1971) 358-370.

32. Gottzein, E.; Lange, B.: Magnetic Suspension Control Systems
    for the MBB High Speed Train. Automatica 11 (1975) 271-284.

33. Gressang, R.V.: Comments on "Second-Order n-Dimensional Systems
    and the Lyapunov Matrix Equation". IEEE Transact. Automatic
    Control AC-17 (1972) 276-277.

34. Hagander, P.: Numerical Solution of $A^T S + SA + Q = 0$. Inform.
    Sci. 4 (1972) 35-50.

35. Hagedorn, P.: Über die Instabilität konservativer Systeme mit
    gyroskopischen Kräften. Arch.Rat.Mech.Anal. 58 (1975) 1-9 .

36. Hahn, W.: Stability of Motion. Die Grundlehren der mathemati-
    schen Wissenschaften, Bd. 138. Berlin - Heidelberg - New York:
    Springer 1967.

37. Hahn, W.: Zur Stabilitätstheorie linearer autonomer Differential-
    gleichungssysteme. Monatshefte für Mathematik 75 (1971) 118-122.

38. Hamel, G.: Theoretische Mechanik. Die Grundlehren der mathemati-
    schen Wissenschaften, Bd. 57, Berichtigter Nachdruck. Berlin -
    Heidelberg - New York: Springer 1967.

39. Hautus, M.L.J.: Controllability and Observability Conditions
    of Linear Autonomous Systems. Indagationes Mathematicae 31
    (1969) 443-448.

40. Heeß, G.: Stabilität von Systemen mit zufälliger Parametererre-
    gung. Dissertation, Universität Stuttgart 1972.

41. Heinen, J.A.; Crum, L.A.: Second-Order n-Dimensional Systems and
    the Lyapunov Matrix Equation. IEEE Transact. Automatic Control
    AC-16 (1971) 72-73.

42. Hermite, Ch.: Sur le nombre des racines d'une équation algébrique
    comprises entre deux limites données. J. Reine Angew.Math. 52
    (1856) 39-51.

43. Herrmann, G.: Stability of Equilibrium of Elastic Systems
    Subjected to Nonconservative Forces. Appl.Mech.Rev. 20 (1967)
    103-108.

44. Howland, J.L.: Matrix Equations and the Separation of Matrix
    Eigenvalues. J.Math.Anal.Appl. 33 (1971) 683-691.

45. Hughes, P.C.; Gardner, L.T.: Asymptotic Stability of Linear
    Stationary Mechanical Systems. ASME Transact., Ser. E, J.Appl.
    Mech. 42 (1975) 228-229.

46. Hurwitz, A.: Über die Bedingungen, unter welchen eine Gleichung
    nur Wurzeln mit negativen reellen Teilen besitzt. Math.Ann. 46
    (1895) 273-284.

47. Kalman, R.E.: On the General Theory of Control Systems. Proc.
    First Internat. Congress Automatic Control, Moskau 1960; London:
    Butterworths Scientific Publications, Vol. 1, 1961, 481-492.

48. Kalman, R.E.; Bertram, J.E.: Control System Analysis and Design
    Via the "Second Method" of Lyapunov; I: Continuous-Time Systems;
    II: Discrete-Time Systems. ASME Transact., Ser. D, J. Basic Engi-
    neering 82 (1960) 371-393, 394-400.

49. Kalman, R.E.; Falb, P.L.; Arbib, M.A.: Topics in Mathematical
    System Theory. New York: McGraw-Hill 1969.

50. Kalman, R.E.; Ho, Y.C.; Narendra, K.S.: Controllability of
    Linear Dynamical Systems, Contrib. Diff. Equations 1 (1962)
    189-213.

51. Kleinman, D.L.: On an Iterative Technique for Riccati Equations
    Computations. IEEE Transact. Automatic Control AC-13 (1968)
    114-115.

52. Klotter, K.: Technische Schwingungslehre, 2. Aufl., 2. Band:
    Schwinger von mehreren Freiheitsgraden (Mehrläufige Schwinger).
    Berlin - Göttingen - Heidelberg: Springer 1960.

53. Koupan, A.; Müller, P.C.: Zur numerischen Lösung der Ljapunov-
    schen Matrizengleichung $A^T P + PA = - Q$. Regelungstechnik 24
    (1976) 167-169.

54. Krasovskii, N.N.: Stability of Motion. Stanford, Calif.:
    Stanford University Press 1963.

55. Kreindler, E.; Jameson, A.: Conditions for Nonnegativeness of
    Partitioned Matrices. IEEE Transact. Automatic Control AC-17
    (1972) 147-148.

56. Kreisselmeier, G.: A Solution of the Bilinear Matrix Equation
    $AY + YB = - Q$. SIAM J. Appl. Math. 23 (1972) 334-338.

57. Kučera, V.: The Matrix Equation $AX + XB = C$. SIAM J. Appl.
    Math. 26 (1974) 15-25.

58. K. Küpfmüller: Einführung in die theoretische Elektrotechnik.
    8. Aufl., Berlin - Heidelberg - New York: Springer 1965.

59. Lancaster, P.: Theory of Matrices. New York - London: Academic
    Press 1969.

60. Lancaster, P.: Explicit Solutions of Linear Matrix Equations.
    SIAM Review 12 (1970) 544-566.

61. LaSalle, J.; Lefschetz, S.: Die Stabilitätstheorie von Ljapunov
    - Die direkte Methode mit Anwendungen. BI-HTB 194*, Mannheim:
    Bibliographisches Institut 1967.

62. Lehnigk, S.H.: Stability Theorems for Linear Motions with an
    Introduction to Liapunov's Direct Method. Englewood Cliffs, N.J.:
    Prentice-Hall 1966.

63. Leipholz, H.: Stabilitätstheorie - Eine Einführung in die Theorie
    der Stabilität dynamischer Systeme und fester Körper. Stuttgart:
    Teubner 1968.

64. Leipholz, H. (Hrsg.): Instability of Continuous Systems, IUTAM
    Symposium Herrenalb 1969. Berlin - Heidelberg - New York:
    Springer 1971.

65. Leipholz, H.H.E.: Dynamic Stability of Elastic Systems. In:
    H.H.E. Leipholz (Hrsg.): Stability. SM-Study No. 6, Solid
    Mechanics Division, University of Waterloo, 1972, 243-279.

66. Leipholz, H.H.E. (Hrsg.): Stability. SM-Study No.6, Solid
    Mechanics Division, University of Waterloo, 1972.

67. Leonhard, A.: Neues Verfahren zur Stabilitätsuntersuchung. Arch.
    Elektrotechnik 38 (1944) 17-28.

68. Liénard, A.; Chipart, M.H.: Sur le signe de la partie réelle des
    racines d'une équation algébrique. J.Math. Pures Appl. 10 (1914)
    291-346.

69. Ljapunov, A.M.: Problème générale de la stabilité de mouvement.
    Ann.Fac.Sci. Toulouse 9 (1907) 203-474 (Franz. Übersetzung der
    1893 erschienenen russ. Originalarbeit in Comm.Soc.Math.Charkow).

70. Ljapunov, A.M.: Stability of Motion. Mathematics in Science and
    Engineering, Vol. 30, New York - London: Academic Press 1966.

71. Lückel, J.; Müller, P.C.: Analyse von Steuerbarkeits-, Beobacht-
    barkeits- und Störbarkeitsstrukturen linearer zeitinvarianter
    Systeme. Regelungstechnik 23 (1975) 163-171.

72. Macfarlane, A.G.J.: The Calculation of Functionals of the Time
    and Frequency Response of a Linear Constant Coefficient Dynamical
    System. Quart. J. Mech. Appl. Math. 16 (1963) 259-271.

73. Magnus, K.: Zur Entwicklung des Stabilitätsbegriffes in der
    Mechanik. Naturwiss. 46 (1959) 590-595.

74. Magnus, K.: Der Einfluß verschiedener Kräftearten auf die Stabili-
    tät linearer Systeme. Z.Angew.Math.Phys. 21 (1970) 523-534.

75. Magnus, K.: Kreisel - Theorie und Anwendungen. Berlin - Heidel-
    berg - New York: Springer 1971.

76. Malkin, I.G.: Theorie der Stabilität einer Bewegung. München:
    R. Oldenbourg 1959.

77. Meirovitch, L.: Analytical Methods in Vibrations. New York -
    London: Macmillan 1967.

78. Meirovitch, L.; Calico, R.A.: A Comparative Study of Stability
    Methods for Flexible Satellites. AIAA J. 11 (1973) 91-98.

79. Merkin, D.R.: Kreiselsysteme (Russisch). Moskau: Staatsverlag
    für technisch-theoretische Literatur 1956.

80. Merkin, D.R.: Einführung in die Theorie der Stabilität von Bewe-
    gungen (Russisch). Moskau: Staatsverlag "Nauka", Abteilung für
    physikalisch-mathematische Literatur 1971.

81. Meyer-Spasche, R.: Ein Verfahren zur Lösung des Stabilitätspro-
    blems für komplexe Matrizen. Bericht IPP 6/104, Max-Planck-
    Institut für Plasmaphysik, Garching bei München 1972.

82. Meyer-Spasche, R.: A Constructive Method of Solving the Liapunov
    Equation for Complex Matrices. Numer. Math. 19 (1972) 433-438.

83. Michailov, A.V.: Die Methode der harmonischen Analyse in der
    Regelungstheorie (Russisch), Avtomatika i Telemechanika 3 (1938)
    27-81.

84. Mingori, D.L.: A Stability Theorem for Mechanical Systems with
    Constraint Damping. ASME Transact., Ser. E, J.Appl.Mech. 37
    (1970) 253-258.

85. Mingori, D.L.: Stability of Linear Systems with Constraint
    Damping and Integral of the Motion. Astronautica Acta 16 (1971)
    251-258.

86. Mingori, D.L.: Stability of Whirling Shafts with Internal and
    External Damping. Internat. J. Non-Linear Mechanics 8 (1973)
    155-159.

87. Molinari, B.P.: Algebraic Solution for the Matrix Linear
    Equations in Control Theory. Proc. IEE 116 (1969) 1748-1754.

88. Moran, T.J.: A Simple Alternative to the Routh-Hurwitz Criterion
    for Symmetric Systems. ASME Transact., Ser. E, J.Appl.Mech. 37
    (1970) 1168-1170.

89. Movchan, A.A.: On Lyapunov's Direct Method in Problems of Elastic
    Systems. Prikl. Mat. Mekh. 23 (1959) 483-492.

90. Müller, P.: Die Berechnung von Ljapunov-Funktionen und von qua-
    dratischen Regelflächen für lineare, stetige, zeitinvariante
    Mehrgrößensysteme. Regelungstechnik 17 (1969) 341-345.

91. Müller, P.C.: Diskussionsbemerkung zum Beitrag von E. Plote "Die
    Numerische Berechnung des Funktionals $J(t) = \int_0^t x^T(\tau)\, Qx(\tau)\, d\tau$ " ,
    Regelungstechnik 18 (1970), Heft 2, Seite 77-78. Regelungstechnik
    und Prozeß-Datenverarbeitung 18 (1970) 363.

92. Müller, P.C.: Solution of the Matrix Equations AX + XB = - Q
    and $S^T X + XS = - Q$. SIAM J.Appl.Math. 18 (1970) 682-687.

93. Müller, P.C.: Special Problems of Gyrodynamics. Courses and
    Lectures No. 63, International Centre for Mechanical Sciences
    (CISM), Udine, 1970, und Wien - New York: Springer 1972.

94. Müller, P.C.: Schnelligkeitsoptimales Ausrichten von Trägheits-
    plattformen. Ing.-Arch. 40 (1971) 248-265.

95. Müller, P.C.: Asymptotische Stabilität von linearen mechanischen
    Systemen mit positiv semidefiniter Dämpfungsmatrix. Z.Angew.Math.
    Mech. 51 (1971) T 197 - T 198.

96. Müller, P.C.: Verallgemeinerung des Stabilitätssatzes von Thomson-
    Tait-Chetaev auf mechanische Systeme mit scheinbar nichtkonserva-
    tiven Lagekräften. Z.Angew.Math.Mech. 52 (1972) T 65 - T 67.

97. Müller, P.C.: Stability Theory of Linear Autonomous Mechanical
    Systems. XIII. Internat. Congress Theor. Appl. Mechanics, IUTAM,
    Moskau, 21. - 26.8.1972.

98. Müller, P.C.: Stabilität und Instabilität bei linearen, zeitin-
    varianten, dynamischen Systemen. Z.Angew.Math.Mech. 54 (1974)
    T 55 - T 56.

99. Müller, P.C.: Stabilität und Instabilität bei linearen, zeitva-
    rianten, dynamischen Systemen. Z.Angew.Math.Mech. 55 (1975)
    T 57 - T 58.

100. Müller, P.C.: Durchdringende Dämpfung, Stabilität, und Beobacht-
    barkeit. In: Topics in Contemporary Mechanics, International
    Centre for Mechanical Sciences (CISM), Udine 1974 und Wien - New
    York: Springer 1975, A 165 - A 167.

101. Müller, P.C.: Neuere Beiträge zur Ljapunovschen Stabilitäts-
    theorie. Abhandlungen der Akademie der Wissenschaften der DDR,
    erscheint demnächst (1977).

102. Müller, P.C.; Schiehlen, W.: Forced Linear Vibrations. Courses
    and Lectures, International Centre for Mechanical Sciences
    (CISM), Udine, 16. - 19.10.1973, erscheint demnächst.

103. Müller, P.C.; Schiehlen, W.O.: Lineare Schwingungen. Wiesbaden:
    Akademische Verlagsgesellschaft 1976.

104. Naas, J.; Schmid, H.L.: Mathematisches Wörterbuch, I und II.
    3. Aufl., Berlin: Akademie-Verlag - Stuttgart: Teubner 1967.

105. Nemet-Nasser, S.: On Stability Under Nonconservative Loads. In:
    H.H.E. Leipholz (Hrsg.): Stability. SM-Study No. 6, Solid
    Mechanics Division, University of Waterloo, 1972, 351-384.

106. Niederer, P.F.: Annehmbare Modelle in der linearen Stabilitäts-
    theorie. Dissertation Nr. 4837, ETH Zürich 1972; auszugsweise
    in Z.Angew.Math.Phys. 23 (1972) 691-702.

107. Ostrowski, A.; Schneider, H.: Some Theorems on the Inertia of
    General Matrices. J.Math.Anal.Appl. 4 (1962) 72-84.

108. Pace, I.S.; Barnett, S.: Comparison of Numerical Methods for
    Solving Liapunov Matrix Equations. Internat. J. Control 15
    (1972) 907-915.

109. Parks, P.C.: Further Comment on "A Symmetric Matrix Formulation
    of the Hurwitz-Routh Stability Criterion". IEEE Transact.
    Automatic Control 8 (1963) 270-271.

110. Pichert, H.: Bewegungsverhalten eines elastisch gelagerten Ro-
     tors mit innerer Dämpfung. Dissertation, Technische Universität
     München 1972. Auszugsweise: Modellfindung und Bewegungsverhal-
     ten bei schnellaufenden Rotoren. Konstruktion 26 (1974) 392-394.

111. Plote, E.: Die Numerische Berechnung des Funktionals J(t) =
     $= \int_0^t x^T(\tau)\, Qx(\tau)\, d\tau$. Regelungstechnik 18 (1970) 77-78.

112. Popp, K.: Stabilität mechanischer Systeme mit nicht durchdrin-
     gender Dämpfung. Z.Angew.Math.Phys. 23 (1972) 587-603.

113. Prasad, S.N.; Herrrmann, G.: Some Theorems on Stability of
     Discrete Circulatory Systems. Acta Mechanica 6 (1968) 208-216.

114. Pringle, R., Jr.: Stability of Damped Mechanical Systems. AIAA
     J. 3 (1965) 363-364.

115. Pringle, R., Jr.: On the Stability of a Body with Connected
     Moving Parts. AIAA J. 4 (1966) 1395-1404.

116. Pritchard, A.J.: Stability and Stabilization of Second-Order
     Systems. J.Inst.Math.Appl. 7 (1971) 348-360.

117. Ralston, A.: A Symmetric Matrix Formulation of the Hurwitz-Routh
     Stability Criterion. IEEE Transact. Automatic Control AC-7
     (1962) 50-51.

118. Roberson, R.E.: Notes on the Thomson-Tait-Chetaev Stability
     Theorem. J.Astronaut.Sci. 15 (1968) 319-322.

119. Roth, W.E.: The Equation $AX - YB = 'C$ and $AX - XB = C$ in
     Matrices. Proc. Amer.Math.Soc. 3 (1952) 392-396.

120. Rothschild, D.; Jameson, A.: Comparison of Four Numerical Algo-
     rithms for Solving the Liapunov Matrix Equation. Internat. J.
     Control 11 (1970) 181-198.

121. Routh, E.J.: A Treatise on the Stability of a Given State of
     Motion (Adams Price Essay). London: Macmillan 1877.

122. Sagirow, P.: Satellitendynamik. BI-HTB 719/719a[*], Mannheim -
     Wien - Zürich: Bibliographisches Institut 1970.

123. Sagirow, P.: Stochastic Methods in the Dynamics of Satellites.
     Courses and Lectures No. 57, International Centre for Mechanical
     Sciences (CISM), Udine 1970, und Wien - New York: Springer 1972.

124. Schiehlen, W.: Dynamics of Satellites. Courses and Lectures No.
     56, International Centre for Mechanical Sciences (CISM), Udine,
     1970, und Wien - New York: Springer 1972.

125. Schiehlen, W.: Zustandsgleichungen elastischer Systeme. Z.Angew.
     Math.Phys. 23 (1972) 575-586.

126. Schiehlen, W.: Zur Untersuchung von Zufallsschwingungen. Z.
     Angew.Math.Mech. 54 (1974) T 64 - T 65.

127. Schiehlen, W.: Zur Klassifizierung von Mehrkörpersystemen. In:
     Beiträge zur Mechanik und Systemtheorie, Universität Stuttgart,
     Institut A für Mechanik; Deutsche Luft- und Raumfahrt, DLR-FB
     75 - 32, 1975, 254-269.

128. Schwarz, H.: Mehrfachregelungen, Grundlagen einer Systemtheorie,
     2. Band. Berlin - Heidelberg - New York: Springer 1971.

129. Schwarz, H.-R.: Ein Verfahren zur Stabilitätsfrage bei Matri-
     zen-Eigenwertproblemen. Z.Angew.Math.Phys. 7 (1956) 473-500.

130. Schweitzer, G.; Schiehlen, W.; Müller, P.C.; Hübner, W.;
     Lückel, J.; Sandweg, G.; Lautenschlager, R.: Kreiselverhalten
     eines elastisch gelagerten Rotors. Ing.-Arch. 41 (1972) 110-140.

131. Seshu, S.; Balabanian, N.: Linear Network Analysis. New York:
     John Wiley 1959.

132. Silverman, L.M.; Meadows, H.E.: Controllability and Observability
     in Time-Variable Linear Systems. SIAM J. Control 5 (1967) 64-73.

133. Smith, R.A.: Matrix Equation $XA + BX = C$. SIAM J.Appl.Math.
     16 (1968) 198-201.

134. Snyders, J.; Zakai, M.: On Nonnegative Solutions of the Equation
     $AD + DA' = - C$. SIAM J.Appl.Math. 18 (1970) 704-714.

135. Stein, P.: Some General Theorems on Iterants. J. Research Nat.
     Bur. Standards 48 (1952) 82-83.

136. Taussky, O.: Positive-Definite Matrices and Their Role in the
     Study of the Characteristic Roots of General Matrices. Advan.
     Math. 2 (1968) 175-186.

137. Taussky-Todd, O.: On Stable Matrices. Programmation en mathéma-
     tiques numériques, Besancon, 7. - 14. Sept. 1966; Colloques
     Internationaux du Centre National de la Recherche Scientifique,
     No. 165, S. 75-88, Paris 1968.

138. Thomson, W.; Tait, P.G.: Treatise on Natural Philosophy, Vol. I,
     Part I. Cambridge: At the University Press 1879.

139. Walker, J.A.: On the Stability of Linear Discrete Dynamic
     Systems. ASME Transact., Ser. E, J.Appl.Mech. 37 (1970) 271-275.

140. Walker, J.A.: A Note on Stabilizing Damping Configurations for
     Linear Nonconservative Systems. Int. J. Solids Structures 9
     (1973) 1543-1545.

141. Walker, J.A.: Energy-Like Liapunov Functionals for Linear
     Elastic Systems on a Hilbert Space. Quart.Appl.Math. 30 (1973)
     465-480.

142. Walker, J.A.: On the Application of Liapunov's Direct Method
     to Linear Lumped-Parameter Elastic Systems. ASME Transact.,
     Serie E, J.Appl.Mech. 41 (1974) 278-284.

143. Walker, J.A.; Schmitendorf, W.E.: A Simple Test for Asymptotic
     Stability in Partially Dissipative Symmetric Systems. ASME
     Transact., Ser. E, J.Appl.Mech. 40 (1973) 1120-1121.

144. Wang, P.K.C.: A Simple Test for Asymptotic Stability in
     Partially Dissipative Symmetric Systems. ASME Transact., Ser. E,
     J.Appl.Mech. 41 (1974) 835.

145. Wehrli, Ch.; Ziegler, H.: Zur Klassifikation von Kräften.
     Schweiz. Bauzeitung 84 (1966) 851-855.

146. Weidner, P.: Zur Stabilität linearer Systeme unter dem Einfluß
     von Dämpfungs- und Kreiselkräften. Z.Angew.Math.Mech. 50 (1970)
     T 249 - T 250.

147. Wilkinson, J.H.; Reinsch, C.: Linear Algebra; Handbook for
     Automatic Computation, Vol. II. Berlin - Heidelberg - New York:
     Springer 1971.

148. Willems, J.L.: Stability Theory of Dynamical Systems. London:
     Nelson 1970.

149. Wimmer, H.K.: Über Matrizen mit semidefinitem Realteil. Monats-
     hefte für Mathematik 76 (1972) 276-281.

150. Wimmer, H.K.: Inertia Theorems for Matrices, Controllability
     and Linear Vibrations. Linear Algebra Appl. 8 (1974) 337-343.

151. Wimmer, H.K.: Eine Bemerkung zu einem Satz von W. Hahn aus der
     Stabilitätstheorie linearer Systeme. Monatshefte für Mathema-
     tik 79 (1975) 75-76.

152. Zajac, E.E.: The Kelvin-Tait-Chetaev Theorem and Extensions.
     J.Astronaut.Sci. 11 (1964), No. 2, 46-49.

153. Zajac, E.E.: Comments on "Stability of Damped Mechanical
     Systems" and Further Extension. AIAA J. 3 (1965) 1749-1750.

154. Ziegler, H.: Die Stabilitätskriterien der Elastomechanik. Ing.-
     Arch. 20 (1952) 49-56.

155. Ziegler, H.: Linear Elastic Stability. Z.Angew.Math.Phys. 4
     (1953) 89-121.

156. Ziegler, H.: Principles of Structural Stability. Waltham, Mass.
     - Toronto - London: Blaisdell 1968.

157. Ziegler, H.: Trace Effects in Stability. In: H. Leipholz
     (Hrsg.): Instability of Continuous Systems, IUTAM Symposium
     Herrenalb 1969. Berlin - Heidelberg - New York: Springer 1971,
     96-111.

158. Zurmühl, R.: Matrizen und ihre technischen Anwendungen. 4. Aufl.,
     Berlin - Göttingen - Heidelberg: Springer 1964.

Nachtrag:

159. Lakhadanov, V.M.: On the Influence of Structure of Forces on
     the Stability of Motion. Appl.Math.Mech.38 (1974) 220-227.

160. Lakhadanov, V.M.: On Stabilization of Potential Systems.
     Appl.Math.Mech.39 (1975) 53-58.

Sachverzeichnis